全国船舶工业职业教育教学指导委员会"十三五"推荐教材
江苏省高等学校立项建设精品教材

U0292941

# 电气设备控制与维修技术
## （第 2 版）

主编　黄建龙　季肖枫
主审　曹京生

哈尔滨工程大学出版社
Harbin Engineering University Press

## 内 容 简 介

本书是全国船舶工业职业教育教学指导委员会"十三五"推荐教材,是江苏省高等学校立项建设精品教材。

本书是根据《中华人民共和国职业技能鉴定规范——维修电工》的知识要求和技能要求,依照"实用、够用、精练、科学"的原则编写的。本书共分十个项目:电工测量技术、变压器、三相交流电机、直流电机、特种电机、电器知识、电力拖动自动控制技术、机床电气维修技术、晶体管电路知识、PLC控制电路的安装与调试。每个项目后附有若干个技能训练,并配有技能考核评分标准,以方便教学和学员的实训。书末附有职业技能鉴定的理论和技能考核试卷,供学员综合复习和自我鉴定用。

本书适用于高等职业院校电气工程相关专业教学使用。

### 图书在版编目(CIP)数据

电气设备控制与维修技术/黄建龙,季肖枫主编. —2版
.— 哈尔滨 : 哈尔滨工程大学出版社,2019.12
ISBN 978 - 7 - 5661 - 2378 - 7

Ⅰ.①电… Ⅱ.①黄… 季… Ⅲ.①电气设备 - 自动控制系统 - 高等职业教育 - 教材 ②电气设备 - 设备检修 - 高等职业教育 - 教材 Ⅳ.①TM762②TM64

中国版本图书馆 CIP 数据核字(2019)第 257964 号

选题策划　张玮琪
责任编辑　雷　霞
封面设计　李海波

出版发行　哈尔滨工程大学出版社
社　　址　哈尔滨市南岗区南通大街 145 号
邮政编码　150001
发行电话　0451 - 82519328
传　　真　0451 - 82519699
经　　销　新华书店
印　　刷　哈尔滨市石桥印务有限公司
开　　本　787 mm×1 092 mm　1/16
印　　张　22
字　　数　562 千字
版　　次　2019 年 12 月第 2 版
印　　次　2019 年 12 月第 1 次印刷
定　　价　58.00 元

http://www.hrbeupress.com
E-mail:heupress@ hrbeu.edu.cn

# 前　言

　　高职教育的主要任务就是适应经济社会发展和就业市场的需要,培养生产、建设、服务、管理等一线岗位的高素质技能型人才。而实行职业技能鉴定,推行国家职业资格证书制度,是培养高素质技能型人才的一项重要举措。为了帮助参加职业技术鉴定的学生和学员了解、掌握考核的知识要求和技能要求,我们根据《中华人民共和国职业技能鉴定规范——维修电工》的知识要求和技能要求,以"项目教学法"为编写主线,以"实用、够用、精练、科学"为原则,结合编者几十年来的实践教学和理论教学经验,编写了这本《电气设备控制与维修技术》教材。

　　本书由南通航运职业技术学院黄建龙、季肖枫同志主编,曹京生教授主审。

　　本书内容精练、语言通俗、实用性强,可作为高等职业技术学院、职业技术鉴定机构、工矿企业的教学用书,也可作为广大维修电工的自学用书。

　　编者在编写过程中参考了许多有关书籍,借用了部分图表,在此向原作者致以衷心的感谢!

　　由于编者水平有限,书中难免存在不足之处,敬请各位专家和广大读者批评指正,以便再版时给予修正。

编　者

2019 年 3 月

# 目　　录

# 项目一　电工测量技术

1. 熟悉电工仪表的分类、基本工作原理、表面符号含义。
2. 掌握测量误差种类、减少测量误差的方法。
3. 掌握常用电工仪表的使用方法。

## 任务分析

电工仪表是工矿企业维修电工检修电气设备的必备仪表,各种各样的电气故障,通过电工仪表的检查,再从原理进行分析,一般都能找出故障原因,直至排除故障。因此,从某种意义上说,电工仪表是维修电工的左膀右臂,掌握常用电工仪器、仪表的使用,对于电工极其重要。

## 常用电工仪表的基本知识

# 一、电工测量仪表的分类与基本工作原理

把被测的电量与同类标准量相比较的过程叫电工测量。用来测量各种电量的仪器、仪表统称为电工测量仪表。

电工测量仪表的种类繁多,分类方法也各有不同,了解电工测量仪表的分类,有助于了解它们的特性和工作原理。

1. 指示类仪表

这类仪表直接从仪表指针指示的读数来确定被测电量的大小。它可分为安装式仪表和便携式仪表。如果按照测量机构的工作原理分类,还可分为以下几种。

(1)磁电系仪表

磁电系仪表是电工测量指示仪表中应用比较广泛的仪表,如图1-1所示。它是根据载流线圈在磁场中受到的电磁力矩与游丝产生的反作用力矩进行比较平衡的原理制成的。指针的偏转角度与通过线圈的电流成正比,因此其标尺上的刻度是线性分布的,这样读数比较方便准确,常制作成直流电流表、直流电压表等。

这类仪表的特点是刻度均匀、灵敏度高、准确度高、阻尼强、受外界磁场干扰影响小,但是过载能力比较差,表头只能用来测量直流量(当采用整流装置后也可以用来测量交流量)。当误测交流电时,指针虽

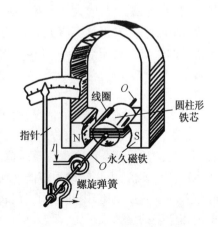

图1-1　磁电系仪表结构示意图

然无指示,但线圈中仍然有电流通过,若电流过大,将损坏仪表。

(2)电磁系仪表

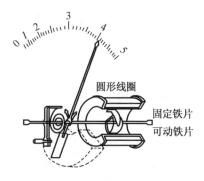

电磁系仪表分为吸引型和排斥型两种结构。这两种结构虽然形式有异,但是其基本工作原理是相同的。排斥型电磁系仪表的结构如图1-2所示。它的固定部分由圆形的固定线圈和固定在其内壁的固定铁片组成,活动部分由固定在转轴上的可动铁片、游丝、指针及阻尼片等组成。当线圈中通有电流时,电流所产生的磁场使固定铁片和可动铁片同时被磁化,并且两个铁片同一侧的磁化极性相同,从而产生排斥力,使指针偏转。当转动力矩与游丝产生的反作用力

**图1-2　排斥型电磁系仪表结构示意图**

矩平衡时,指针便稳定在某一位置,从而指示出被测量的大小。当线圈中的电流方向发生改变时,它所建立的磁场方向随之改变,两个被磁化铁片的极性也随着改变,但两个铁片仍然相互排斥,因此转动力矩的方向依然保持不变,即指针的偏转方向不会改变,所以这种排斥型电磁系测量机构也可用于交流电路中。

电磁系仪表指针偏转的角度与直流电流或交流电流有效值的平方成正比。

这类仪表的特点是刻度不均匀、准确度低,但是其过载能力强,可交、直流两用,价格低。

(3)电动系仪表

它是根据可动线圈(电压线圈串联一定的附加电阻后与负载并联,以反映负载电压)、固定线圈(电流线圈与负载串联,以反映负载电流)之间产生的电动力矩与游丝产生的反作用力矩进行比较平衡的原理制成的,如图1-3所示。

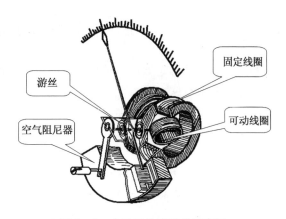

固定线圈中通入直流电流 $I_1$ 时产生磁场,磁感应强度 $B_1$ 正比于 $I_1$。如果可动线圈通入直流电流 $I_2$,则可动线圈在此磁场中就要受到电磁力的作用而带动指针偏转,电磁力 $F$ 的大小与磁感应强度 $B_1$ 和电流 $I_2$ 成正比。直到转动力矩

**图1-3　电动系仪表结构示意图**

与游丝的反抗力矩相平衡时,才停止偏转。仪表指针的偏转角度与两线圈电流的乘积成正比,即

$$\alpha = KI_1I_2$$

对于线圈通入交流电的情况,由于两线圈中电流的方向均改变,因此产生的电磁力方向不变,这样可动线圈所受到转动力矩的方向就不会改变。设两线圈的电流分别为 $i_1$ 和 $i_2$,则转动力矩的瞬时值与两个电流瞬时值的乘积成正比。而仪表可动部分的偏转程度取决于转动力矩的平均值,由于转动力矩的平均值不仅与 $i_1$ 及 $i_2$ 的有效值成正比,而且还与 $i_1$ 和 $i_2$ 相位差的余弦成正比,因此电动式仪表用于交流时,指针的偏转角与两个电流的有效值及两电流相位差的余弦成正比,即

$$\alpha = KI_1I_2\cos\varphi$$

电动系仪表可以制成电压表、电流表、功率表等。

这类仪表的特点是准确度高,可交、直流两用;作为电流表、电压表时刻度不均匀,但是作为功率表时刻度均匀;过载能力差、防外磁干扰能力低。

(4)感应系仪表

感应系仪表是利用电磁感应原理制成的。感应系仪表目前主要用来制作电能表,用于交流电能的测量。

以单相交流电能表为例,它主要由驱动元件、转动元件、制动元件、积算机构等组成。基本工作原理是:电压线圈在负载电压 $U$ 的作用下,产生了 $\Phi_U$,$\Phi_U$ 的一部分穿过铝盘,并在铝盘上感应出涡流($i_{ou}$);电流线圈在负载电流 $I$ 的作用下产生了磁通 $\Phi_I$,也在铝盘上感应出电流($i_{oi}$)。通过 $\Phi_U$ 与 $i_{oi}$ 及 $\Phi_I$ 与 $i_{ou}$ 的作用,产生了使铝盘转动的转矩 $T$,使铝盘转动起来。此后通过永久磁铁的作用在铝盘上感应出涡流,该涡流又在永久磁铁的磁场作用下产生了制动转矩 $T_Z$。当 $T = T_Z$ 后铝盘速度恒定。可见铝盘转速与负载消耗的有功功率 $P$ 成正比。再经积算机构将累计的转数以电能的度数显示出来。感应系仪表外形如图 1 − 4 所示。

**图 1 − 4   感应系仪表外形图**

感应系仪表的特点是:只能测量指定频率的交流电能,抗外磁场干扰能力比较强,但是精确度比较低。

除此之外,还有整流系、静电系、电子系、比率系仪表等。

若按照使用环境条件分类,指示类仪表可分为 A,B,C 三组:

A 组   工作环境为 0 ~ 40 ℃,相对湿度 85% 以下;

B 组   工作环境为 − 20 ~ 50 ℃,相对湿度 85% 以下;

C 组   工作环境为 − 40 ~ 60 ℃,相对湿度 98% 以下。

2. 比较类仪表

这类仪表需要在测量过程中,将被测量与某一标准量比较后才能确定其大小,包括直流比较仪器(直流电桥、电位差计、标准电阻箱等)和交流比较仪器(交流电桥、标准电感、标准电容等),如图 1 − 5 所示。

3. 数字式仪表

数字式仪表是采用逻辑电路,用数码显示器显示被测量的仪表,如数字万用表、数字频率计等,如图1-6所示。

(a)电位差计　　　　　　　　　　　　(b)标准电阻箱

图1-5　比较类仪表实物图

　　数字式仪表灵敏度高、输入阻抗大、频率范围宽、测量速度快、显示清晰直观、操作方便,并向着智能化方向发展,在现代电工测量中应用越来越广泛。

(a)数字式万用表　　　(b)数字式钳形电流表　　　(c)数字式交流毫伏表

图1-6　数字式仪表实物图

### 4. 记录仪表

记录仪表是把被测量随时间变化的关系记录下来的仪表(见图1-7),如X-Y记录仪。

(a)漏电流记录仪　　　　　　　(b)记录式温度计

图1-7　记录仪表实物图

#### 5. 示波器

示波器是用来观察电压、电流的波形并能测量其大小等参数的一种电子仪器,如图1-8所示。

 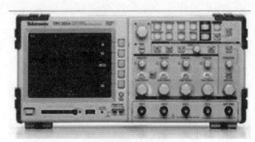

(a)双踪示波器(模拟)　　　　　　(b)数字存储示波器

**图1-8　示波器实物图**

#### 6. 扩大量程装置

扩大量程装置包括分流器、分压器、电压互感器、电流互感器等,如图1-9所示。

(a)电流互感器　　　　(b)电压互感器　　　　(c)分流器

**图1-9　扩大量程装置实物图**

另外,按照精度等级分类,可将仪表分为0.1,0.2,0.5,1.0,1.5,2.5,5.0等7个等级。精度等级数值越小,允许基本误差越小,表示仪表精度越高。一般而言,0.1和0.2级仪表可作为标准表;0.5～1.5级仪表用于实验室;2.5和5.0级仪表用于工程测量。

# 二、测量误差及数据处理

1. 测量误差

在实际测量过程中,由于各种因素的影响,测量结果与被测量真实值之间存在误差,这个差异称为测量误差。测量误差一般可以分为如下三类:

(1)系统误差

在测量过程中遵循一定规律并且保持不变的误差,称为系统误差,它是由确定的因素引起的。系统误差主要包括以下几种:

①仪器误差。它是由测量仪器的设计原理不完善或制作上有缺陷,以及没有按照规定条件使用仪器而造成的误差。

②环境误差。它是由于外界环境(如温度、湿度、气压、电磁场等)与仪器要求的标准状态不一致所造成的。

③理论误差。它是由测量所依据的理论公式本身的近似性,或试验条件不能达到理论公式所规定的要求,或对测量方法考虑不周所带来的误差。

④习惯误差。它是由观察者生理或心理特点造成的,这类误差往往因人而异。

系统误差不能通过增加测量次数来消除,只能找出产生系统误差的原因,再采取一定的方法来消除它的影响或对测量结果进行修正。

(2)偶然误差

在测量中出现的大小和符号都不确定的误差称为偶然误差。这是由某些偶然的或不确定的因素造成的。

(3)疏失误差

严重歪曲测量结果的误差称为疏失误差。这是由实验者使用仪器的方法不正确、实验的方法不合理、实验时粗心大意等原因造成的。

2. 误差的表达形式

(1)绝对误差

仪表的指示值 $x$ 与被测量的实际值 $x_0$ 之间的差值称为绝对误差,用 $\Delta x$ 表示,即

$$\Delta x = x - x_0$$

在通常情况下,实际值 $x_0$ 是未知的。为了确定指示值的绝对误差,一般用测试精度更高的表的测量值作为实际值。

绝对误差这种表示方法的缺点在于不能确切地反映测量的精确程度。例如,测量两个电压,其中电压 $U_1 = 1$ V,绝对误差 $\Delta U_1 = 0.1$ V,电压 $U_2 = 100$ V,绝对误差 $\Delta U_2 = 1$ V。显然,尽管 $\Delta U_1 < \Delta U_2$,但是不能认为测量 $U_1$ 的仪表精度比测量 $U_2$ 的高。因为 $U_1$ 的误差 0.1 V 相对于 1 V 而言占10%,而 $U_2$ 的误差 1 V 相对于 100 V 而言只占1%,即测量 $U_2$ 的仪表精度比测量 $U_1$ 的仪表精度高。

(2)相对误差

相对误差 $\gamma$ 等于绝对误差 $\Delta x$ 与实际值 $x_0$ 之比,通常用百分比表示,即

$$\gamma = \frac{\Delta x}{x_0} \times 100\%$$

因为一般情况下,被测量 $x$ 与实际值 $x_0$ 很接近,所以相对误差也可以近似地用下式

表示：

$$\gamma \approx \frac{\Delta x}{x} \times 100\%$$

例如，有一只量程为 10 A 的电流表，用来测量实际值为 10 A 的电流时，其测量值为 10.1 A。而测量实际值为 2 A 的电流时，测量值为 2.1 A。显然，它们的绝对误差均为 0.1 A，而相对误差分别为

$$\gamma_1 = \frac{10.1 - 10}{10} \times 100\% = 1\%$$

$$\gamma_2 = \frac{2.1 - 2}{2} \times 100\% = 5\%$$

这说明，该表测量 10 A 电流比测量 2 A 电流准确。因此为了提高测量精度，合理选择仪表量程相当重要。相对误差越小，测量的准确度越高。

（3）引用误差

相对误差虽然可以评价测量结果的准确程度，但它却不能用来评价指示类仪表本身的准确度。这是因为相对误差与被测量有关，而指示仪表是测量某一规定范围内的量值。所以，即使在仪表标尺的全长上，绝对误差保持不变，但在仪表标尺的各个刻度上，相对误差也不是一个常数。例如，一只测量范围为 0 ~ 250 V 的电压表，在测量 200 V 电压时，绝对误差为 $\Delta U_1 = 1$ V，则其相对误差 $\gamma_1 = 0.5\%$；同一只电压表测量 10 V 电压时，如绝对误差 $\Delta U_2 = 0.9$ V，则相对误差 $\gamma_2 = 9\%$，比较 $\gamma_1$，$\gamma_2$ 可以看出，随着被测量的变化，相对误差也随之变化，并且随着被测量的减小，相对误差反而增大，而在零值附近，相对误差有增至无限大的趋势。显然，相对误差反映不了仪表的准确度。因此，指示仪表的精确度不能用相对误差来表示。

引用误差能比较好地反映仪表的基本误差。引用误差 $\gamma_n$ 就是仪表指示值的绝对误差 $\Delta x$ 与其满刻度值 $x_m$ 之比，通常用百分数表示，即

$$\gamma_n = \frac{\Delta x}{x_m} \times 100\%$$

实际上，仪表刻度线上的绝对误差并不相等。为了评价仪表的精确度，采用仪表标尺上出现的最大绝对误差 $\Delta x_m$。这时

$$\gamma_n = \frac{\Delta x_m}{x_m} \times 100\%$$

3. 减小测量误差的方法

（1）减小系统误差

①合理选择测量方法。

a. 直接测量法：简便但是精度较低。

b. 比较法：精度及灵敏度高，但是操作麻烦，设备较复杂。

c. 间接法：测量后要经过计算才能得出结果，精度较低。

②合理选择仪表（包括精度、量程等），并定期对仪器仪表进行校准。

③正确使用、安装仪器仪表，采取必要的屏蔽措施。

④采用特殊的方法（替代法、正负误差消去法等）进行处理。

（2）减小偶然误差

在条件许可的前提下，尽可能多次重复测量，求所得数据的算术平均值，即可以得到比

较准确的测量结果。

(3)对疏失误差的处理

主要是加强责任心及提高测量的业务能力。

我们已经知道,电工仪表的种类繁多,不同种类的电工仪表具有不同的技术特性。为了使用方便,通常把这些技术特性用不同的符号标示在仪表的刻度盘上,具体含义如表1-1所示。

表1-1 常见电工仪表表面符号及其含义

| 符号 | 含义 | 符号 | 含义 |
|------|------|------|------|
|  | 磁电系 | 1.5 | 以标尺上量限百分数表示的精确度等级 |
| 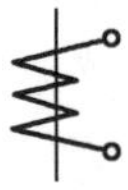 | 电磁系 | 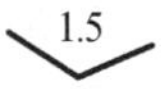 1.5 | 以标度尺长度百分数表示的精确度等级 |
|  | 整流系 |  1.5 | 以指示值的百分数表示的精确度等级 |
| 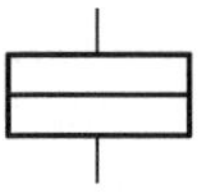 | 电动系 | ⊥ | 仪表垂直放置 |
|  | 比率系 | 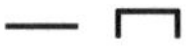 | 仪表水平放置 |
| 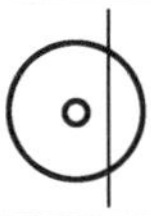 | 感应系 | 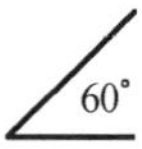 60° | 仪表倾斜60°放置 |
| I | I级防外磁场 |  ☆ | 仪表经过500 V试验电压 |
| II | II级防外磁场 |  ☆2 | 仪表经过2 000 V试验电压 |
| III | III级防外磁场 |  A | A组仪表 |
| IV | IV级防外磁场 | 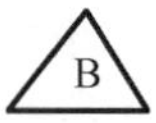 B | B组仪表 |
|  ! | 注意:遵照使用说明书规定 | 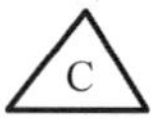 C | C组仪表 |

**技能训练**

# 技能训练一　常用电工仪表的使用

## 一、实训目的

1. 学习万用表、钳形电流表、兆欧表的使用方法
2. 学会电动机绕组绝缘电阻的测量方法

## 二、实训器材

| | |
|---|---|
| 1. 指针式万用表 | 1 只 |
| 2. 交、直流电源(可调压) | 1 台 |
| 3. 电工基础实验箱 | 1 只 |
| 4. 连接导线 | 若干 |
| 5. 钳形电流表 | 1 只 |
| 6. 三相异步电动机 | 1 台 |
| 7. 兆欧表 | 1 只 |

## 三、实训内容与步骤

1. 指针式万用表的使用

指针式万用表是一种多用途、多量程便携式的磁电系仪表,如图 1 – 10 所示。万用表一般均可测量电阻、交直流电压、直流电流及音频电平,有的还可测量交流电流、电容、电感及晶体管的放大系数等,是机电、电子设备维修的通用仪表。

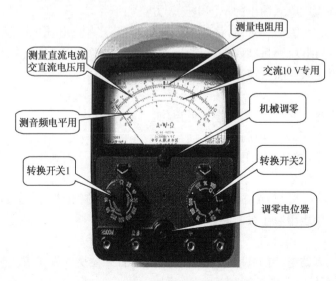

图 1 – 10　500 型万用表示意图

测量前,先将指针调在机械零位。

(1)电阻的测量

测量所给出的各电阻的阻值,方法如下:

①将"转换开关1"置于"Ω"挡,将"转换开关2"置于合适的倍率挡(以测量时指针指在刻度线的中心区域为宜)。

②调零。将两表棒短接,调节调零电位器,使指针指在零位,调节速度要快。

③(断电)测量。

④读数。得到的数据记录在表1-2中。

表1-2　用万用表测量电阻记录表

| 被测电阻 | $R_1$ | $R_2$ | $R_3$ | $R_4$ | $R_5$ |
|---|---|---|---|---|---|
| 标称值 | | | | | |
| 测量值 | | | | | |
| 相对误差 | | | | | |

注意事项:

①严禁带电测量电阻,否则会烧坏万用表。

②每换一个挡位必须重新调零。

③不准用两只手捏住表笔的金属部分测电阻,否则会将人体电阻并接于被测电阻两端而引起测量误差。

④测量低压小功率二极管、三极管时,应选用 $R \times 100$ 或 $R \times 1$ k 挡,不宜用 $R \times 1$ 或 $R \times 10$ 挡,否则容易损坏二极管、三极管。

⑤测量完毕,将转换开关置于交流电压最高挡或空挡。

(2)直流电压的测量

测量直流可调稳压电源输出的不同电压。方法如下:

①将"转换开关2"置于"V"挡,将"转换开关1"置于直流电压的合适量程挡位(测量时,指针越是接近满刻度,测量精度越高,所选的量程应大于被测电压值)。

②测量。将万用表并联于被测线路中。

注意事项:

①极性。红表棒接高电位,黑表棒接低电位。

②测量过程中不宜带电切换挡位。

③若事先不知道被测电压的大小范围,则量程的选择应从大到小。

(3)直流电流的测量

①将"转换开关1"置于"A"挡,将"转换开关2"置于直流电流的合适量程挡位。

②测量。将万用表串联于被测线路中。

注意事项:

①严禁将万用表的电流挡并联于被测量线路中,否则会烧坏万用表。

②极性。电流从"+"端流入,从"-"端流出。

③测量过程中不宜带电切换挡位。

④若事先不知道被测电流的大小范围,则量程的选择应从大到小。

⑤如果错用直流电流挡测量交流电流，虽然无读数，但当通过表头线圈的电流过大时，也会烧坏万用表。

**2.数字万用表的使用**

数字万用表采用数字化测量技术，将被测电量转换成电压信号，并且以数字形式加以显示，显示结果一目了然，解决了指针式万用表的视觉误差问题。

（1）数字万用表的显示位数及其显示特点

判断数字仪表位数有两个原则：

①能够显示从 0～9 所有数字的位是整数位。

②分数位的数字是以最大显示值中最高位的数字为分子，而用满量程时最高位的数字作分母。

例如：某数字万用表的最大显示值是 ±1 999，满量程的计数值为 2 000。则根据上述原则很容易判定：该数字万用表是由 3 个整数位（个、十、百位）和一个 1/2 位（千位，它只能显示 0 或者 1）构成的，统称为"$3\frac{1}{2}$"，读作三位半。

（2）数字万用表的基本测量原理

数字万用表的类型多达上百种，按量程转换方式分类，可分为手动量程式数字万用表、自动量程式数字万用表和自动/手动量程数字万用表；按用途和功能分类，可分为低挡普及型（如 DT830 型数字万用表）数字万用表、中挡数字万用表、智能数字万用表、多重显示数字万用表和专用数字仪表等；按形状大小分，可分为袖珍式和台式两种。数字万用表的类型虽多，但测量原理基本相同。下面以袖珍式 DT830 型数字万用表为例，介绍数字万用表的测量原理。DT830 型属于袖珍式数字万用表，采用 9 V 叠层电池供电，整机功耗约 20 mW；采用 LCD 液晶显示数字，最大显示数字为 ±1 999，因而属于三位半万用表。

同其他数字万用表一样，DT830 型数字万用表的核心也是直流数字电压表 DVM（基本表）。它主要由外围电路、双积分 A/D 转换器及显示器组成。其中，A/D 转换、计数、译码等电路都是由大规模集成电路芯片 ICL7106 构成的。

①直流电压测量电路

图 1-11 为数字万用表直流电压测量电路原理图，该电路是由电阻分压器所组成的外围电路和基本表构成。把基本量程为 200 mV 的量程扩展为五量程的直流电压挡。图中斜线区是导电橡胶，起连接作用。

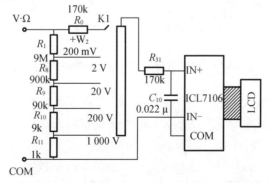

**图 1-11  数字万用表直流电压测量电路原理图**

注：为了简便起见，图中电阻单位 Ω 和电容单位 F 均未标出，以下图同。

②直流电流测量电路

图1-12为数字万用表直流电流测量电路原理图,图中VD1、VD2为保护二极管,当基本表IN+、IN-两端电压大于200 mV时,VD1导通;当被测量电位端接入IN-时,VD2导通,从而保护了基本表的正常工作,起到"守门"的作用。$R_2 \sim R_5$、$R_{Cu}$分别为各挡的取样电阻,它们共同组成了电流-电压转换器($I/U$),即测量时,被测电流在取样电阻上产生电压,该电压输入至IN+、IN-两端,从而得到了被测电流的量值。若合理地选配各电流量程的取样电阻,就能使基本表直接显示被测电流量的大小。

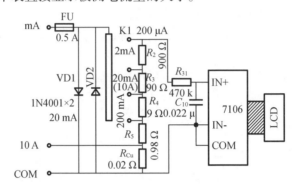

图1-12　数字万用表直流电流测量电路原理图

③交流电压测量电路

图1-13为数字万用表交流电压测量电路原理图。由图1-13可见,它主要由输入通道、降压电阻、量程选择开关、耦合电路、运算放大器输入保护电路、运算放大器、交-直流(AC/DC)转换电路、环形滤波电路及ICL7106芯片组成。

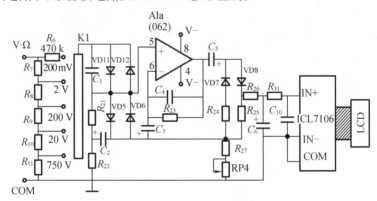

图1-13　数字万用表交流电压测量电路原理图

图1-13中,$C_1$为输入电容。VD11、VD12是$C_1$的阻尼二极管,它可以防止$C_1$两端出现过电压而影响放大器的输入端。$R_{21}$是为防止放大器输入端出现直流分量而设计的直流通道。VD5、VD6互为反向连接,称为钳位二极管,起"守门"作用,防止输入至运算放大器062的信号超过规定值。运算放大器062完成对交流信号的放大,放大后的信号经$C_5$加到二极管VD7、VD8上,信号的负半周通过VD7,正半周通过VD8,完成对交流信号的全波整流。经整流后的脉动直流电压经电阻$R_{26}$、$R_{31}$和电容$C_6$、$C_{10}$组成的滤波电路滤波后,在$R_{27}$、RP4上提取部分信号输入至基本表的输入端IN+。同时输入至基本表的部分信号经$C_3$反

馈到运算放大器 062 的反相输入端,以改善检波器的整流特性。电容器 $C_2$ 经 $R_{22}$ 接地,$C_2$、$C_3$ 的电容量及质量直接影响着放大器的频率响应。$C_2$ 对高频部分影响较大,$C_3$ 对低频部分影响较大。$C_4$、$R_{23}$ 承担抑制或消除电路自励的任务。若使基本表所获得的直流电压与交流输入电压的平均值成比例变化,可通过 RP4 进行调节。$R_6 \sim R_{11}$ 为分压电阻,与直流电压挡的分压电阻共用。

④交流电流测量电路

交流电流测量电路与图 1 – 13 所示出的交流电压测量电路基本相同。只需将图中的分压器改成图 1 – 12 中的分流器即可。故其分流电阻与直流电流挡共用,耦合电路及其后的电路与交流电压测量电路共用。

⑤直流电阻测量电路

图 1 – 14(a)为数字万用表直流电阻测量原理图,图中标准电阻 $R_0$ 与待测电阻 $R_x$ 串联后接在基本表的 V + 和 COM 之间。V + 和 $V_{REF+}$、$V_{REF}$ 和 IN + 、IN – 和 COM 两两接通,用基本表的 2.8 V 基准电压向 $R_0$ 和 $R_x$ 供电。其中 $U_{R_0}$ 为基准电压,$U_{R_x}$ 为输入电压。根据设计,当 $R_x = R_0$ 时显示读数为 1 000,当 $R_x = 2R_0$ 时溢出显示(因为 2 000 > 1 999(最大显示数)。

因此,只要固定若干个标准电阻 $R_0$,就可实现多量程电阻测量。图 1 – 14(b)为实际电阻测量电路。其中,$R_7 \sim R_{12}$ 均为标准电阻,且与交流电压挡分压电阻共用。

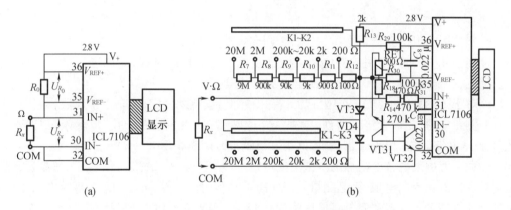

**图 1 – 14 数字万用表直流电阻测量电路**

(3)数字万用表的使用要点

①使用之前,应该熟悉电源开关、转换开关、输入插孔、专用插孔等。

②刚测量时仪表会出现跳数现象,这是正常的(类似于模拟万用表的指针摆动)。应当在数字显示稳定 1 ~ 2 s 后再读数。

③切勿进行误操作,以免损坏仪表。如用电流挡去测量电压、用电阻挡测量电压或电流、用电容挡测量带电的电容器等,均会烧坏仪表。

④在事先未知被测电压(或电流)大小时,应该先选择最高量程挡位进行测试,再根据试测的情况选择合适的量程。

⑤某些数字万用表具有自动关机功能。使用中如果发现突然消隐,说明电源已经被切断,进入"休眠"状态,只要重新启动电源即可恢复工作。

⑥数字万用表每个功能挡的使用,都由表内电池供电。因此,为了延长电池的使用寿命,每次测量完成后应该及时断开电源开关,并且将转换开关拨到交流电压最高挡位,以免

下次使用时损坏仪表。若长期不用数字万用表时,应将表内电池取出。

⑦数字万用表的功能比较多,挡位也比较多,所以相邻两个挡位之间的距离做得很小,对于初学者来讲,容易造成跳挡和拨错挡位,使用时要注意。另外,由于挡位之间的距离很小,量程的标识也不得不简化。以优利德 UT52 型万用表为例,其交、直流电压的 200 mV 挡以及交、直流电流的 200 mA 挡均标识为 200 m,所以在选用量程挡位时要特别小心,加以区别。

⑧在测量高电压、大电流时,严禁再改变挡位,以免产生电弧烧坏转换开关。

⑨电流测量完毕,应该将红表棒插回 VΩ 插孔,如果忘记这一步而直接去测量电压,那么万用表将会报废。

⑩测量大电容时,应先将电容器放电,以免损坏数字万用表。

(4)具体使用方法

①电阻的测量

a. 将红表棒插入 VΩ 插孔,黑表棒插入 COM 插孔。

b. 根据被测电阻的阻值大小,将转换开关置于适当的电阻量程挡位(注意与指针式万用表的区别)。

c. 两表棒分别搭在电阻两端进行测量。

d. 读数。

注意事项:

a. 严禁用电阻挡去测量电压、电流,否则会烧坏万用表。

b. 当显示"1"时,说明被测电阻阻值已经超过所选择的量程,应该选择更大的量程挡位。反之,当显示接近于"0"时,应换至更小的量程。

c. 对于测量大于 1 MΩ 的电阻,要等待几秒钟后读数才稳定,这是正常现象。

d. 测量电阻、二极管等元器件,检查线路通断时,红表棒插 VΩ 孔,黑表棒插 COM 孔。此时,红表棒带正电,黑表棒带负电,这正好与模拟万用表相反。

e. 数字万用表的各电阻挡的测试电流均很小(小于 1 mA),故对于二极管、三极管,通常不测量它们的正反向电阻,而是测量其正向压降。利用这一点,可以判断二极管的制作材料是硅管还是锗管。一般锗管的正向压降为 0.15~0.3 V,硅管正向压降为 0.5~0.7 V。

②直流电压的测量

a. 将红表棒插入 VΩ 插孔,黑表棒插入 COM 插孔。

b. 根据被测电压的大小,将转换开关置于适当的直流电压量程挡位上。

c. 将表棒并接到待测电源或者负载两端。

注意:

a. 如果不知道被测电压的范围,则量程的选择应从大到小逐渐下调(不能带电转换量程挡位)。

b. 如果只显示"1",表示已过量程,此时应该选择更高量程挡位。

c. ⚠ 表示不要输入高于 1 000 V 的直流电压。显示更高的电压值是可能的,但是有损坏内部线路的危险。

③交流电压的测量

a. 将红表棒插入 VΩ 插孔,黑表棒插入 COM 插孔。

b. 根据被测电压的大小,将转换开关置于适当的交流电压量程挡位上。

c.将表棒并接到待测电源或者负载两端。

注意事项：

a.参考直流电压测量的"注意事项"的 a、b 两点。

b.⚠表示不要输入高于 750 V 的交流电压。显示更高的电压值是可能的,但是有损坏内部线路的危险。

④直流电流的测量

a.将黑表棒插入 COM 插孔,当测量小于 200 mA 的电流时,红表棒插入 mA 插孔;当测量值大于 20 A(10 A)时,红表棒插入 A 插孔。

b.将转换开关置于适当的直流电流量程挡位上。

c.将表串联于被测线路中。

注意事项：

a.严禁将表(即电流表)并联于线路中,否则会烧坏万用表。

b.如果不知道被测电流的范围,则量程的选择应从大到小逐渐下调(不能带电转换量程挡位)。

c.如果只显示"1",表示已过量程,此时应该选择更高量程挡位。

d.⚠表示不要输入高于 20 A(或 10 A 等,视具体的表而定)的直流电流。显示更高的电压值是可能的,但是有损坏内部线路的危险。该量程一般未加保护装置,因此测量大电流时间不得超过 10 s,以免损坏万用表。

⑤交流电流的测量

a.将黑表棒插入 COM 插孔,当测量小于 200 mA 的电流时,红表棒插入 mA 插孔;当测量值大于 20 A(10 A)时,红表棒插入 A 插孔。

b.将转换开关置于适当的交流电流量程挡位上。

c.将表串联于被测线路中。

注意事项：

同上述直流电流测量的"注意事项"。

⑥电容的测量

电容器是一种储能元件,在电路中用于滤波、旁路、耦合、调谐、延时等,用符号 $C$ 表示。

a.电容器的分类

◆按照结构分

固定电容：电容量不能改变。

可变电容：电容量在一定范围内可以调节。适用于需要经常调整的线路中。

半可变电容(微调电容器)：容量可以在比较小的范围内变化。适用于整机调整后容量不需要改变的场合。

◆按照电容器材料分

电解电容器：包括铝电解电容器、钽电解电容器等。

有机介质电容器：包括纸介电容器、塑料薄膜电容器等。

无机介质电容器：包括瓷介电容器、云母电容器等。

图 1-15 为几种常见的电容器实物图。

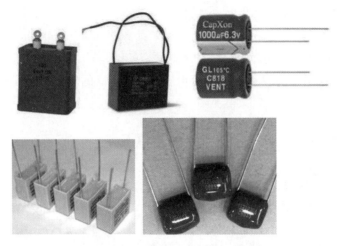

图 1 - 15　几种常见的电容器实物图

b. 电容器的识别(图 1 - 16)

◆直标法　电容器的容量等参数直接标在电容器表面。如图 1 - 16(a)(b)所示。

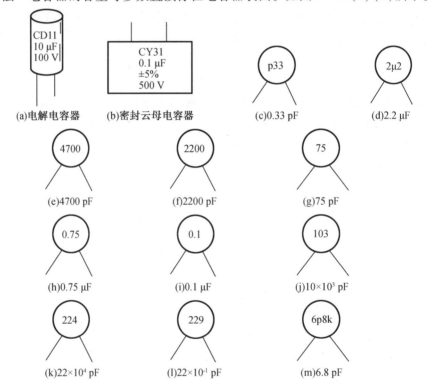

图 1 - 16　电容表示方法

规律:

ⓐ将容量的整数部分写在容量单位标志的前面,小数部分写在容量单位标志的后面。如图 1 - 16(c)(d)所示。

ⓑ凡是不带小数点的整数,若不标单位的,则直接表示容量,单位为 pF。如图 1 - 16(e)(f)(g)所示。

ⓒ带小数点的数,不标单位,单位为 μF。如图 1 – 16(h)(i)所示。

◆**数码法** 标在电容器表面的是三位整数,其中第一、二位表示容量的有效数字,第三位是 10 的次幂数。数码法表示电容量时,单位一律是 pF。如图 1 – 16(j)(k)(l)所示。

注意:当第三位数字是 9 时,并不表示 109,它是个特例。如图 1 – 16(l)所示。

◆**文字符号法** 用字母和数字有规律组合表示电容器的参数。

如图 1 – 16(m)所示,表示电容容量为 6.8 pF,误差为 ±10%。其中:p 为单位字母,k 为误差字母。

单位字母有 F、m、μ、n、p。误差字母有 B:表示 ±0.1 pF;C:表示 ±0.2 pF;D:表示 ±0.5 pF;F:表示 ±1%;G:表示 ±2%;J:表示 ±5%;K:表示 ±10%;M:表示 ±20%。单位字母所在位置表示小数点。

c. 用数字表检测电容器

◆将转换开关置于适当的电容量程挡位上。

◆将电容器先进行放电,然后插入电容测试插孔中。

注意:在国际单位制里,电容的单位是法拉(F)、毫法(mF)、微法(μF)、纳法(nF)和皮法(pF)。换算关系是:$1\ F = 10^3\ mF = 10^6\ \mu F, 1\ \mu F = 10^3\ nF = 10^6\ pF$。

⑦二极管的测试

a. 将红表棒插入 V Ω 插孔,黑表棒插入 COM 插孔。

b. 将转换开关置于"━▷━"挡位,并将表棒并接在二极管两端,再将表棒反接,读数小的那一次的读数为二极管正向压降的近似值,且红表棒接的是二极管的正极(注意:此结论与指针式表相反)。

⑧三极管的测试

a. 判断基极。将转换开关置于"━▷━"挡位,测量任意两电极之间的正反向电阻。若测得两电极之间的正反向电阻阻值均接近无穷大,则余下的一个极为基极。

进一步确定基极的极性。用判断二极管极性的方法,判断基极的极性,若基极为正,则该三极管的类型为 NPN;反之,为 PNP。

b. 将转换开关置于 hFE(直流电流放大倍数)位置上。假定集电极、发射极,将基极与假定的集电极、发射极分别插入表面相应的孔内,看数字表的读数。

c. 再反过来假定集电极、发射极,将基极与假定的集电极、发射极分别插入表面相应的孔内,看数字表的读数。将此读数与上述 b 的读数相比较:读数大的那一次,表上 c、e 孔内的引脚即分别为该三极管的集电极和发射极。

3. 便携式兆欧表的使用

便携式兆欧表又称绝缘电阻表、摇表,专门用来测量电气设备及供电线路的绝缘电阻值。常用的兆欧表由一台永磁式手摇发电机和磁电系比率表构成。

兆欧表上有三个接线柱,即"线路"端(标记"L")、"接地"端(标记"E"或者"⊥")、"屏蔽"端(标记"G"或者"保护环")。如果要测量电气设备的对地绝缘电阻,应把"E"端接设备的金属外壳,"L"端接设备的接线端子。如果测量电缆的绝缘电阻,则应将"E"端接在保护外皮上,"L"端接在电缆芯上,"G"端接在电缆最内层的绝缘皮上,以消除由表面漏电引起的测量误差。

兆欧表有各种不同规格,以其手摇发电机的最高电压决定,如 100 V,500 V,1 000 V,2 500 V 等。

使用兆欧表的方法如下:

(1)根据电气设备的额定电压,合理选择兆欧表。

测量绝缘电阻时,采用兆欧表的电压等级,应按下列规定执行:

①100 V以下的电气设备或回路,采用250 V兆欧表;

②100~500 V的电气设备或回路,采用500 V兆欧表;

③500~3 000 V的电气设备或回路,采用1 000 V兆欧表;

④3 000~10 000 V的电气设备或回路,采用2 500 V兆欧表;

⑤10 000 V及以上的电气设备或回路,采用2 500 V或5 000 V兆欧表。

(2)接上绝缘良好的单股导线(不能用裸线或绞线)。

(3)检查兆欧表的技术状态:先将引线分开,手摇兆欧表的手柄,指针应指向"∞";将引线短接,轻轻地摇动兆欧表的手柄,指针应指向"0"。上述试验中如果有一个条件不满足,则此兆欧表不正常。

(4)断开被测设备的电源。当设备有大电容时,应该首先将电容器放电,再进行测量。如果被测设备上有电子元器件时,应该断开相关连接线,以免测量时的高压损坏电子元器件。

(5)测量三相异步电动机相间绝缘电阻时,应先拆除连接封片。

(6)手摇手柄的转速应由慢到快,以120 r/min为宜,切忌忽快忽慢。

(7)指针稳定之后再读数。

测量电动机绝缘电阻的接线图见图1-17。将测量数据记录在表1-3内。

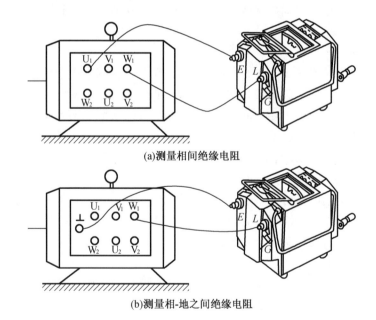

(a)测量相间绝缘电阻

(b)测量相-地之间绝缘电阻

**图1-17　用兆欧表测量电动机的绝缘电阻**

表1-3　电动机绝缘电阻值

| 相 间 绝 缘 | | | 相 对 地 绝 缘 | | |
|---|---|---|---|---|---|
| U—V | V—W | W—U | U—⊥ | V—⊥ | W—⊥ |
|  |  |  |  |  |  |

根据绝缘电阻判断该电动机能否投入运行？

测量电缆绝缘电阻的接线图见图 1-18。

注意事项：

（1）兆欧表放置应平稳，避免表身晃动。

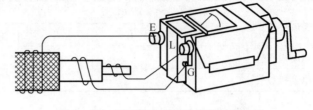

图 1-18 用兆欧表测量电缆的绝缘电阻

（2）严禁带电测量绝缘电阻。

（3）严禁使用兆欧表测量电子设备、仪表、传感器等低压设备的绝缘电阻，以免击穿电子元件。

（4）测量过程中，若发现指针已经指向 0，应立即停止摇手柄，以免损坏兆欧表。

4. 钳形电流表的使用

钳形电流表是在不断开电路的情况下，进行电流测量的一种仪表，通常用于测量交流电流。它由一只电流互感器和一只整流式电流表组成，当把载流导体卡入钳口时，相当于互感器的初级绕组流过电流，次级绕组将出现感应电流，整流式电流表的指针指示出电流被测数值，如图 1-19 所示。

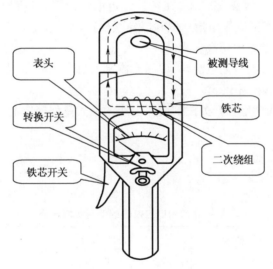

图 1-19 钳形电流表测量电流

用钳形电流表测量三相异步电动机的电流，步骤如下：

（1）检查仪表的钳口上是否有杂物或油污，待清理干净后再测量。

（2）进行仪表的机械调零。

（3）选择合适的量程。如无法估计被测电流大小，先用最高量程挡测量，然后根据测量情况调到合适的量程。

（4）检查电机定子绕组的绝缘电阻是否合格。

（5）检查电机结构件是否完整。

（6）将三相异步电动机按照电机铭牌要求接成 Y 或 △ 形。

（7）将电源线单相钳入钳口中央。

(8)通电,测量电动机的启动电流和空载电流。

将测量数据记录在表1－4内。

表1－4　电动机运行电流值

| 电动机转向 | 启 动 电 流 | | | 空 载 电 流 | | |
|---|---|---|---|---|---|---|
| | $I_1$ | $I_2$ | $I_3$ | $I_1$ | $I_2$ | $I_3$ |
| 电动机正转 | | | | | | |
| 电动机反转 | | | | | | |

使用钳形电流表应该注意以下事项:

(1)不允许测量高压线路的电流,不允许测量裸导线的电流,以防触电。

(2)测量前应先估计被测电流大小,选择合适的量程,或者选择较大的量程,再根据指针偏转的情况减小量程。

(3)进行电流测量时,被测载流导体应放在钳口的中央,以减少误差。

(4)为了使读数准确,钳口的两个端面应保证很好地接合。如果有杂音,可将钳口重新开合数次;如果杂音依然存在,则应检查钳口上有无污物。

(5)测量小电流时,为了测量准确,在条件许可的情况下,可将导线多绕几圈放进钳口进行测量,但是实际电流值应等于指示值除以导线根数。

(6)不要在测量的过程中切换量程。

(7)使用钳形电流表测量大电流时,要注意内部互感器的副绕组不能开路,否则会产生很高的电压,以致伤人和损坏仪表。

(8)测量完毕,将选择量程开关拨到交流电压的最大量程挡位上。

### 四、评分标准

评分标准见表1－5。

表1－5　常用电工仪表的使用考核评分

| 考核项目 | 考核内容及要求 | 评 分 标 准 | 配分 | 扣分 | 得分 |
|---|---|---|---|---|---|
| 万用表的使用 | 1. 用万用表测量电阻<br>2. 用万用表测量直流电压<br>3. 用万用表测量交流电压<br>4. 用万用表测量直流电流 | 1. 不会测量电阻,扣10分<br>2. 不会测量直流电压,扣10分<br>3. 不会测量交流电压,扣10分<br>4. 不会测量直流电流,扣10分 | 40 | | |
| 便携式兆欧表的使用 | 1. 兆欧表的选择<br>2. 兆欧表技术状态的判断<br>3. 用兆欧表测量定子绕组的绝缘电阻 | 1. 不会选择兆欧表,扣5分<br>2. 不会判断兆欧表的技术状态,扣5分<br>3. 不会测量相间绝缘,扣10分<br>4. 不会测量相对地绝缘,扣10分 | 30 | | |
| 钳形电流表的使用 | 1. 用钳形电流表测量交流电流<br>2. 用钳形电流表测量交流电压 | 1. 不会测量交流电流,扣14分<br>2. 不会测量交流电压,扣6分 | 20 | | |

表 1 -5(续)

| 考核项目 | 考核内容及要求 | 评 分 标 准 | 配分 | 扣分 | 得分 |
|---|---|---|---|---|---|
| 安全文明生产 | 1. 遵守操作规程<br>2. 尊重考评员,讲文明、懂礼貌<br>3. 考试结束要清理现场 | 1. 各项考试中,违反安全文明生产考核要求的任何一项扣2分,扣完为止<br>2. 当考评员发现考生有重大事故隐患时,要立即予以制止,并每次扣考生安全文明生产总分5分 | 10 | | |
| 备注 | | 合计 | | | |
| | | 考评员<br>签字<br>　　　　　　　　　年　月　日 | | | |

# 技能训练二　电桥的使用

## 一、实训目的

1. 学会直流单臂电桥的使用
2. 学会双臂电桥的使用

## 二、实训器材

1. 直流单臂电桥　　　　　　　1 台
2. 直流双臂电桥　　　　　　　1 台
3. 电阻　　　　　　　　　　　若干
4. 电缆线　　　　　　　　　　1 段

## 三、实训原理、实训内容与步骤

1. 单臂电桥的测量原理

它是用来测量中值电阻($1 \Omega \sim 0.1 M\Omega$)的高精度比较仪器。仪器最高精度达 0.01 级,其外形及原理图见图 1 -20。

图 1 -20(b)中,$R_2$,$R_3$,$R_4$ 是标准电阻,$R_x$ 为被测电阻,P 为检流计。

由电桥平衡条件

$$R_2 R_4 = R_3 R_x$$

可得

$$R_x = \frac{R_2}{R_3} R_4$$

式中　$R_2/R_3$——比率臂;

　　　$R_4$——比较臂,$\Omega$。

图 1 -20(c)是 QJ23 型单臂电桥的原理电路图。

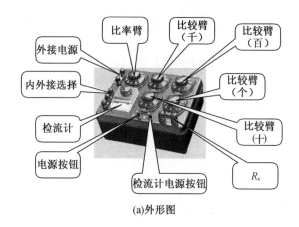

(a)外形图

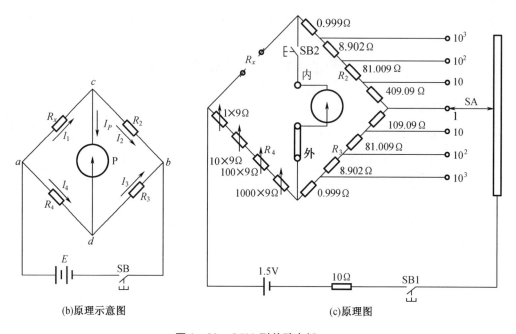

(b)原理示意图    (c)原理图

图 1-20    QJ23 型单臂电桥

比率臂:有 7 个挡,即 ×0.001, ×0.01, ×0.1, ×1 , ×10, ×100, ×1 000,可通过转换开关 SA 选择。

比较臂:制成四挡,可调形式分别为(0,1,2,3,…,9) ×1 Ω, ×10 Ω, ×100 Ω, ×1 000 Ω。比率臂 $R_2/R_3$ 的倍率,分别为 0.001,0.01,0.1,1,10,100,1 000。

QJ23 型单臂电桥测量范围达 1 ~ 9 999 000 Ω,精度等级为 0.2 级。

2. 直流单臂电桥的使用

(1)用万用表测量所给电阻的阻值,据此选择合适的比率挡。

(2)把检流计锁扣或者短路开关打开,调节调零器使指针置于零位。

(3)若使用外接电源应按照测量范围的规定选择电源电压,并注意外接电源的极性。

(4)将 $R_x$ 接入表的被测电阻端钮,并且确保其接触良好(若用连接导线,则所用导线应粗而短)。

（5）根据 $R_x$ 的估计值选择合适的比较臂。四个挡位调节旋钮都用上，特别要注意最高挡位（千位）不能为 0，以确保有四个有效数字。

（6）测量时，先接通电源按钮，再接通检流计按钮。若检流计指针向"＋"偏，则应增加比较臂数值；若指针向"－"偏，则应减小比较臂数值。反复调节比较臂数值直到指针或者光标指在零位，便可读数，即

$$R_x = 比率臂数值 \times 比较臂数$$

（7）测量完毕，先松开检流计按钮，再松开电源按钮，以防因有自感电动势而损坏检流计。

（8）测量完毕，应将检流计的锁扣锁住。将测量数据记录在表 1–6 内。

**表 1–6　用直流单臂电桥测量电阻**

| 被测电阻 | $R_1$ | $R_2$ | $R_3$ |
|---|---|---|---|
| 标称值 | | | |
| 测量值 | | | |
| 相对误差 | | | |

使用检流计的注意事项：

（1）必须轻拿轻放检流计，使用完毕必须将止动器锁住；

（2）对于无止动器的，要合上短接动线圈的开关或用电线将其端子短接；

（3）使用时要按照正常工作位置要求放置；

（4）具有水准仪的，使用前先调节水平；

（5）测量时要根据光点或指针的偏转情况，逐步提高灵敏度；

（6）不能用万用表或电桥测量检流计内阻，以防损坏检流计。

3. 直流双臂电桥的使用

用单臂电桥测电阻时，未考虑各桥臂之间的连线电阻和各接线端钮的接触电阻，这是因为被测电阻和各臂的电阻都比较大，导线电阻和接触电阻（通常称为附加电阻）很小，对测量结果的影响可忽略不计。附加电阻约 $10^{-2}$ Ω 量级，在测低电阻时就不能忽略了。

直流双臂电桥是用来精密测量小电阻（1 Ω 以下）的仪器。

使用直流双臂电桥除与直流单臂电桥的使用方法基本相同以外，还应注意以下几点：

（1）被测电阻 $R_x$ 的电流端应与电桥的电流端 $C_1$，$C_2$ 相连接；$R_x$ 的电位端应与电桥的电位端 $P_1$，$P_2$ 端相连接。一般电阻没有专门的电流及电位端，应人为设置 $R_x$ 的电流及电位端，并设法使每端引出两根电源线，分别接电压端和电流端，而且引线应该尽量短而粗，接头要牢靠。接线原则是电流端在电位端的外侧，如图 1–21 所示。

（2）外接电源端钮。在电桥面板上有两个外接电源端钮，标注"＋""－"。如使用时间比较长，最好使用外接电源，并且根据说明书规定选择直流电压值，注意电源极性。

（3）电源选择开关。电桥面板上设有电源选择开关，如果电桥使用外接电源，就将选择开关拨向"外"；如果电桥使用内部干电池，就将选择开关拨向"内"。

（4）倍率开关。面板上方设有倍率开关，标有"短路"，×1，×$10^{-1}$，×$10^{-2}$，×$10^{-3}$，×$10^{-4}$ 等不同数值。通过旋转倍率开关，选择不同的比例，可得到不同的电阻测量范围。

（5）检流计。电桥的平衡是通过检流计来指示的。未通电时，若检流计指针不在零点，

应通过旋钮将其调整在零点。

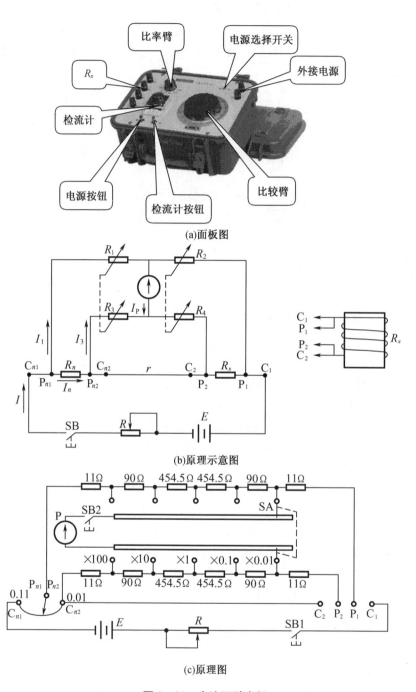

图1-21　直流双臂电桥

（6）刻度盘。刻度盘为可变电阻,在测量时调节倍率和刻度盘至检流计指零为止。

**四、评分标准**

评分标准见表1-7。

**表1-7　电桥的使用评分标准**

| 考核项目 | 考核内容及要求 | 评 分 标 准 | 配分 | 扣分 | 得分 |
|---|---|---|---|---|---|
| 直流单臂电桥的使用 | 1. 正确选择、使用、维护直流单臂电桥<br>2. 使用直流单臂电桥测量电阻,测量步骤正确,测量结果准确无误 | 1. 选择仪表错误,扣8分<br>2. 测量过程中,操作步骤每错一步,扣10分<br>3. 测量结果误差比较大或错误,扣10分<br>4. 仪器维护、保养有误,扣5分 | 40 | | |
| 直流双臂电桥的使用 | 1. 正确选择、使用、维护直流双臂电桥<br>2. 使用直流双臂电桥测量电阻,测量步骤正确,测量结果准确无误 | 1. 选择仪表错误,扣10分<br>2. 测量过程中,操作步骤每错一步,扣10分<br>3. 测量结果误差比较大或错误,扣10分<br>4. 仪器维护、保养有误,扣5分 | 50 | | |
| 安全文明生产 | 1. 遵守操作规程<br>2. 尊重考评员,讲文明、懂礼貌<br>3. 考试结束要清理现场 | 1. 各项考试中,违反安全文明生产考核要求的任何一项扣2分,扣完为止<br>2. 当考评员发现考生有重大事故隐患时,要立即予以制止,并每次扣考生安全文明生产总分5分 | 10 | | |
| 备注 | | 合计 | | | |
| | | 考评员<br>签字<br>　　　　　　　　年　月　日 | | | |

# 技能训练三　常用电子仪器的使用

## 一、实训目的

1. 学习毫伏表的使用方法,明确它与万用表测量交流电压的区别
2. 学习函数信号发生器、双踪示波器的使用方法

## 二、实训器材

1. 晶体管毫伏表　　　　　1只
2. 函数信号发生器　　　　1台
3. 双踪示波器　　　　　　1台

## 三、实训内容与步骤

1. 晶体管毫伏表的使用
晶体管毫伏表的主要功能是测量交流电压,它的特点是测量频率范围比较宽,通常为

20 Hz～2 MHz,而普通的万用表测量交流电压的上限为1 000 Hz。

　　(1)将毫伏表的量程开关旋在3 V以上,以防接通电源时指针过度右偏。

　　(2)接通电源。

　　(3)(将输入端短路)选择合适的量程。量程的选择从大到小。

　　(4)测量并且读数。

　　2. 函数信号发生器的使用

　　函数信号发生器的主要功能是产生输出电压和频率连续可调的正弦波、三角波、方波。

　　(1)接通电源。

　　(2)选择所需要的波形。

　　(3)关掉"占空比"等开关。

　　(4)调整"频率粗调""频率细调"旋钮,至所需要的频率。

　　(5)调整"输出幅度""输出衰减"旋钮,至所需要的电压。

　　用晶体管毫伏表测量函数信号发生器输出电压的方法如下:

　　①将晶体管毫伏表和函数信号发生器按照图1-22连接。

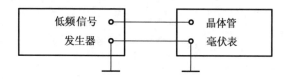

**图1-22　用晶体管毫伏表测量函数信号发生器的输出电压**

　　②将晶体管毫伏表的量程选择在"10 V";调节函数信号发生器,使之输出1 kHz,6 V的交流电压。

　　③令函数信号发生器"输出幅度"不变,改变"分贝衰减器"旋(按)钮,使输出衰减量从0依次递增到20 dB,40 dB,60 dB,毫伏表相应的读数记录在表1-8内。

表1-8　毫伏表的读数

| 函数信号发生器上"分贝衰减器"位置 | 0 | 20 | 40 | 60 |
|---|---|---|---|---|
| 晶体管毫伏表读数 | | | | |

　　3. 示波器的使用

　　示波器是用来观察电压、电流波形并且测量其大小等参数的一种电子仪器,经过变换也可以观察其他电量或非电量。通常由示波管、Y轴偏转系统、X轴偏转系统、扫描系统、整步系统、电源等组成。

　　示波器的使用方法如下:

　　(1)仔细阅读示波器的使用说明书,详细了解面板上各旋钮、开关、按钮等的用途及操作方法。

　　现列举几个常见的旋钮、开关、按钮的作用:

　　①Y轴输入(插座)。通过专用测量电缆及探头,将被测信号引入示波器。

　　②X轴输入(插座)。水平信号或外触发信号的输入端。

③输入衰减。Y轴输入灵敏度步进式挡位选择开关。

④扫描选择(开关)。用于根据被测信号频率选择适当的扫描速度。

⑤水平移位。顺时针方向调节使光点或信号波形沿X轴向右移,反之则左移。

⑥触发信号源选择(开关)。"内"——触发信号取自Y轴放大器;"外"——触发信号是由X轴输入引入的外部信号。

⑦聚集。用于调节示波管中电子束的焦距,使屏幕上显示出清晰的图形。

⑧辉度。顺时针调节辉度增大。

⑨输入耦合选择(开关)。用于改变被测信号与Y轴输入的耦合关系。

"AC"——交流耦合,显示波形不受输入被测信号中直流分量的影响;

"DC"——直流耦合,适用于观察变化缓慢的信号;

"⊥"——输入端处于接"地"状态,便于确定输入端为零电位时光点或光迹在屏幕上的位置。

(2)使用前的准备

①电源电压必须与示波器的额定电源电压相一致。

②将面板上的开关、旋钮置于如下位置:

a.垂直及水平移位均在中间位。

b.输入耦合方式在"⊥"。

c.输入衰减在"10 V/div"。

d.触发信号源选择在"内"。

e.接通电源,电源指示灯亮并预热至少2~3 min后,调节辉度使屏幕上水平线的亮度适当。

f.反复调节聚集,使亮线尽量显示得细而又清晰。

g.调节水平及垂直移位,使亮线处于屏幕中央位置。

(3)示波器的校准

利用示波器内部的校准方波信号进行校准。

4.测定正弦交流电压的频率和有效值

示波器校准后,将输入耦合选择在"AC"、接入Y轴输入。调整输入衰减、扫描速度等,使屏幕上显示出2~3个完整的交流波形,并且读出周期和幅值,填入表1-9内。计算相应的频率和电压有效值,也填入表1-9内。

表1-9　函数信号发生器、双踪示波器的使用

| 低频信号发生器的输出信号 | | $f$/Hz | 1 000 | 100 | 500 | 5 000 |
|---|---|---|---|---|---|---|
| | | $U$/V | 0.5 | 1 | 3 | 5 |
| 频率测量 | t/div | | | | | |
| | 读数(格) | | | | | |
| | 周期 | | | | | |
| | 频率 | | | | | |

表 1-9(续)

| 低频信号发生器的输出信号 | $f$/Hz | 1 000 | 100 | 500 | 5 000 |
|---|---|---|---|---|---|
| | $U$/V | 0.5 | 1 | 3 | 5 |

| 电压测量 | V/div | | | | |
|---|---|---|---|---|---|
| | 读数(格) | | | | |
| | 峰-峰值 $U_{P-P}$/V | | | | |
| | 有效值/V | | | | |

使用时注意以下几点:

(1)做电子线路测量时,被测线路及所配的其他电子仪器的参考点均应与示波器的参考点(金属外壳)连成公共的参考点。

(2)测量时人手不要接触探针。

(3)测量过程中,如果暂时不用示波器,只需将辉度调暗,不要关机,以延长仪器的使用寿命。

(4)正常使用时,辉度应适中,不宜过亮。光点不能长时间停留在一个挡上。

### 四、评分标准

评分标准见表 1-10。

表 1-10　常用电子仪器的使用评分标准

| 考核项目 | 考核内容及要求 | 评分标准 | 配分 | 扣分 | 得分 |
|---|---|---|---|---|---|
| 晶体管毫伏表的使用 | 1. 正确选择、使用、维护晶体管毫伏表<br>2. 测量过程正确无误<br>3. 测量结果在允许误差范围之内<br>4. 对毫伏表进行简单的维护 | 1. 测量过程中,操作步骤每错一步,扣5分<br>2. 测量结果误差比较大或错误,扣8分<br>3. 仪器维护、保养有误,扣3分 | 20 | | |
| 函数信号发生器的使用 | 1. 正确选择、使用、维护函数信号发生器<br>2. 正确选择和改变输出信号的波形、频率、有效值<br>3. 对函数信号发生器进行简单的维护 | 1. 使用过程中,操作步骤每错一步,扣5分<br>2. 输出结果误差比较大或错误,扣8分<br>3. 仪器维护、保养有误,扣3分 | 20 | | |

表 1–10（续）

| 考核项目 | 考核内容及要求 | 评 分 标 准 | 配分 | 扣分 | 得分 |
|---|---|---|---|---|---|
| 示波器的使用 | 1. 正确使用、维护示波器<br>2. 使用示波器观察信号波形，使波形清晰、稳定、符合要求<br>3. 操作步骤正确、测量结果准确无误 | 1. 开机准备工作不熟练，扣 5 分<br>2. 使用过程中，操作步骤每错一步，扣 8 分<br>3. 测量结果误差比较大或错误，扣 20 分<br>4. 仪器维护保养有误，扣 5 分 | 50 | | |
| 安全文明生产 | 1. 遵守操作规程<br>2. 尊重考评员，讲文明、懂礼貌<br>3. 考试结束要清理现场 | 1. 各项考试中，违反安全文明生产考核要求的任何一项扣 2 分，扣完为止<br>2. 当考评员发现考生有重大事故隐患时，要立即予以制止，并每次扣考生安全文明生产总分 5 分 | 10 | | |
| 备注 | | 合计 | | | |
| | | 考评员<br>签字<br><br>年 月 日 | | | |

# 技能训练四 单相功率表的使用

### 一、实训目的

1. 学会单相功率表的使用方法
2. 掌握三相交流电路功率的测量方法

### 二、实训器材

1. 单相功率表 　　　　2 只
2. 三相异步电动机 　　1 台

### 三、实训原理

1. 三相有功功率的测量方法

（1）一表法

在负载完全对称的情况下，用一只单相功率表（图 1–23）测量任意一相的功率，然后乘以 3，便可得到三相功率，如图 1–24 所示。

（2）两表法

在三相三线制电路中，不论电路是否对称，都可以用图 1–25 所示的两表法来测量它的功率。三相总功率 $P$ 为两个功率表读数 $P_1$ 和 $P_2$ 的代数和，即 $P = P_1 + P_2$。当负载的功率因数大于 0.5 时，两功率表读数相加即为三相总功率；当负载的功率因数小于 0.5 时，将有

 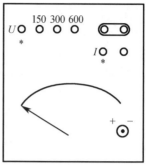

图 1 - 23　D26 - W 型单相功率表面板图

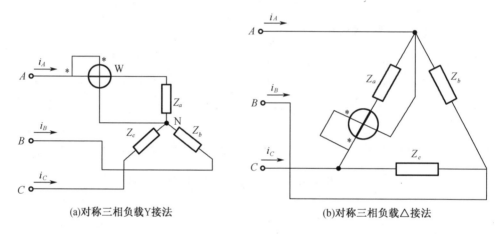

(a)对称三相负载Y接法　　　　　　　　　(b)对称三相负载△接法

图 1 - 24　一表法测量三相负载的功率

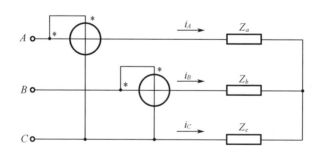

图 1 - 25　两表法测量三相负载的功率

一只功率表的指针反转,此时应将该表电流线圈的两个端钮反接,使指针正向偏转,该表的读数应为负,三相总功率就是两表读数之差。

(3)三表法

在三相四线制电路中,不论负载对称与否,都可以利用三只功率表测量出每一相的功率,然后三个读数相加即为三相总功率,接线如图 1 - 26 所示。

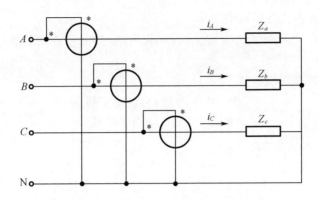

**图 1 – 26　三表法测量三相四线制负载的功率**

2. 功率表的选择及使用方法

（1）要正确地选择功率表的量程

功率表有三个量程，即电压量程、电流量程、功率量程。

（2）功率表的正确接法必须遵守"发电机端"的接线规则

①功率表标有"＊"的电流端必须接至电源的一端，而另一电流端则接至负载端。电流线圈是串联接入电路的。

②功率表标有"＊"的电压端钮有两种接线方式，即电压线圈前接（适用于负载电阻远比电流线圈电阻大得多的情况）、电压线圈后接（适用于负载电阻远比电压支路电阻小得多的情况）。

功率表的电压支路是并联接入被测电路的，如图 1 – 27 所示。

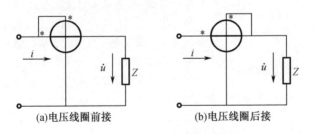

　　　(a)电压线圈前接　　　　　　　(b)电压线圈后接

**图 1 – 27　功率表线圈接法**

（3）功率表的读数

功率

$$P = C\alpha$$

式中　$C$——格数；

　　　$\alpha$——瓦/格。

## 四、实训内容与步骤

用两只单相功率表测量三相异步电动机的功率。

（1）熟悉单相功率表（D26—W）的使用方法。

（2）检查三相异步电动机是否正常。

(3)正确接线(参考图1-25)。

(4)经老师检查并同意后通电。

(5)若发现其中一只功率表指针反偏,则先断电,然后将该表的转换开关拨到另一位置,再通电。

(6)分别读出两表的指示值。

功率为 $\qquad P = P_1 + P_2($两只表均正偏$)$

或 $\qquad P = P_1 - P_2($一只表反偏$)$

操作过程中应注意安全。

### 五、评分标准

评分标准见表1-11。

表1-11　常用电子仪器的使用评分标准

| 考核项目 | 考核内容及要求 | 评分标准 | 配分 | 扣分 | 得分 |
|---|---|---|---|---|---|
| 单相功率表的使用 | 1. 正确选择、使用、维护单相功率表<br>2. 测量步骤正确,测量结果准确无误 | 1. 选择仪表错误,扣10分<br>2. 测量过程中,操作步骤每错一步,扣10分<br>3. 测量结果误差比较大或错误,扣10分 | 60 | | |
| 交流电动机的使用 | 电动机使用正确 | 1. 电动机使用过程中,操作步骤每错一步,扣10分<br>2. 造成短路扣20分 | 30 | | |
| 安全文明生产 | 1. 遵守操作规程<br>2. 尊重考评员,讲文明、懂礼貌<br>3. 考试结束要清理现场 | 1. 各项考试中,违反安全文明生产考核要求的任何一项扣2分,扣完为止<br>2. 当考评员发现考生有重大事故隐患时,要立即予以制止,并每次扣考生安全文明生产总分5分 | 10 | | |
| 备注 | | 合计 | | | |
| | | 考评员<br>签字<br>　　　　　　　年　月　日 | | | |

# 项目二　变　压　器

**教学目的**

1. 了解电力变压器的基本结构及维护、保养方法。
2. 熟悉交、直流电焊机的结构与使用维护。

**任务分析**

电力变压器是输配电线路上最重要的设备,它的基本结构及维护、保养方法,是维修电工应了解的知识,这对于提高供电质量意义重大。交、直流电焊机的应用范围很广,它的结构与使用维护是维修电工必须掌握的知识。

## 变压器的基本知识

## 一、中小型变压器的基本知识

1. 变压器的种类和用途

变压器是一种通过电磁感应原理将某一等级的交流电压转变成另一等级且同频率的交流电压的电气设备。发电厂发出的电能在传输和分配给用户的过程中,需要经过多次变压。发电厂发出的电压通常为 10 kV,而目前我国远距离输电的电网通常为 220 kV 和500 kV。采用高压输电的目的是降低输电线路上的电能损耗和节约金属材料。因此远距离输电必须用升压变压器将电压升高到所需的电压,再用降压变压器将电压逐步降到各用电设备所需要的电压。由此可见,变压器是电力系统中不可缺少的电气设备。变压器除了具有变压作用之外,还具有变换电流、变换阻抗及改变相位的作用。

变压器的种类很多,依照不同的分类方法,变压器可分为以下几种:

(1)按照用途分类

①电力变压器。它是用于输配电系统中将电压升高或降低,以满足输电或用户对电压的要求。

②供给特殊电源的变压器。它是以满足某些对电源电压、外特性等性能有特殊要求的负载或线路而制作的变压器。例如电焊机变压器、电炉变压器、整流变压器等。

③仪用互感器。它是利用电压或电流变换原理,用于扩大交流电压表或者交流电流表的量程,确保仪器仪表及操作人员安全而制作的变压器。如电压互感器、电流互感器。

④控制变压器。它是根据电子线路或者自动控制线路的一种或者多种线路电压的需要而制作的变压器。如在电力拖动自动控制线路中,供给控制线路、信号线路电压的变压器。

(2)按照相数分类

①单相变压器。

②三相变压器。

（3）按照铁芯形式分类

①芯式变压器。它的绕组包围铁芯。大中型变压器常采用此结构。

②壳式变压器。它的铁芯包围绕组。小型干式变压器常采用此结构。

（4）按照冷却方式分类

①油浸式变压器。它的绕组完全浸没在变压器油中。

②干式变压器。它的铁芯和绕组利用空气自然冷却。

③充气式变压器。它的整个器身放于密封的铁箱子内,箱子内充以绝缘性能好、传热快、化学性能稳定的气体。

图2-1为几种常见的变压器。

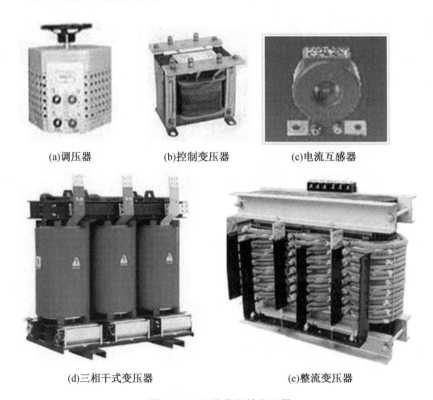

(a)调压器　　　　　　　(b)控制变压器　　　　　　(c)电流互感器

(d)三相干式变压器　　　　　　　　　(e)整流变压器

**图2-1　几种常见的变压器**

2. 电力变压器的构造及各部分的作用

一般称额定容量 $S_N < 630$ kVA 的为小型变压器; $S_N = 800 \sim 6\ 300$ kVA 的为中型变压器; $S_N = 8\ 000 \sim 63\ 000$ kVA 的为大型变压器。

目前应用最多的是 $S_N = 100 \sim 8\ 000$ kVA 的三相油浸式电力变压器。图2-2(a)所示是一台中小型电力变压器的外形与结构图。

（1）器身

变压器的主体如图2-2(b)所示。

①铁芯。为了提高导磁性能和减少铁芯内的磁滞损耗和涡流损耗,铁芯通常用0.35 mm 厚表面涂有绝缘漆的硅钢片冲成一定的形状叠装而成。

②绕组。绕组是变压器的重要部件,它是变压器的电路部分。变压器有两个或两个以

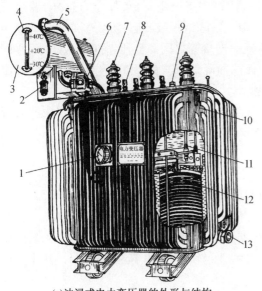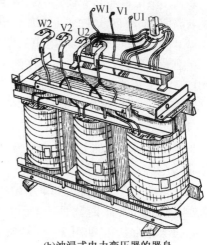

(a)油浸式电力变压器的外形与结构    (b)油浸式电力变压器的器身

1—信号温度计;2—吸湿器;3—储油柜;4—油表;5—安全气道;6—气体继电器;
7—高压套管;8—低压套管;9—分接开关;10—油箱;11—铁芯;12—绕组;13—放油阀门。

**图2-2　中小型电力变压器的外形与结构图**

上的绕组,小型变压器一般采用圆铜线,电力变压器多采用方形或长方形扁铜线。变压器绕组按照高、低压绕组形状以及在铁芯柱上的排放方法不同分为同心式和交叠式两种。

a. 同心式绕组。这种绕组是将高、低压绕组制成圆筒形,同心地套在铁芯柱上。同心式绕组结构简单、制造方便,国产电力变压器都采用这种结构。这种结构总是把低压绕组套在里面靠近铁芯柱,高压绕组则套在低压绕组的外边,以利于绝缘。

b. 交叠式绕组。这种绕组是将线圈制造成圆饼状,高、低压绕组相互交叠放置。为便于绝缘,最上层和最下层为低压线圈。这种绕组机械强度好、引出线的布置和焊接比较方便、漏抗小、容易接成多路并联,故多用于低电压、大电流的电焊变压器、电炉变压器及壳式变压器中。

③分接开关。利用它改变高压绕组中的抽头以调整输出电压,调节范围为 $U_N$ 的 ±5%,分为有载或无载调压,一般安装在铁轭上方。

(2)油箱

变压器的油箱用钢板焊接而成,一般呈椭圆形,器身(带绕组的变压器的铁芯)浸没于装有变压器油的油箱内,其余空间用变压器油充满。变压器油既是绝缘介质,又是冷却介质。

(3)其他附件

①信号温度计。它用来监视油温,并且当温度达到整定值后发出控制信号。

②吸湿器。它吸收从外面进入储油柜空气中的潮气等,以免降低油的性能。

③储油柜。它是变压器油箱中油的缓冲保护装置,能使变压器在温度变化时油箱中始终维持有充满的油,尽量减少油的受潮和氧化。变压器未投入运行时,油表可指示当温度分别为 -30°, +20°, +40°时的油面标志。

④安全气道。当出现短路、击穿等故障后,油箱内将产生高压,如压力过高,油箱将爆炸。安全气道在这个时候起作用,端部的玻璃板或酚醛纸板被冲破,防止爆炸事故的发生。

⑤气体继电器。它安装在油箱盖至储油柜的连接管之间。变压器如发生击穿、匝间短路等事故时,油箱内产生的气体或油箱漏油使油面降低,均将导致气体继电器动作发出信号,以实现报警或切断变压器电源的安全控制。

⑥绝缘套管。它作为引出线之间及引出线与外壳之间的绝缘。100 V 以下用实心瓷套管;10～35 kV 用空心充气或充油式套管;110 kV 及以上用电容式套管。

3. 变压器的外特性及电压变化率

(1)变压器的外特性

在变压器的原边加上额定电压及副边负载的功率因数 $\cos \varphi_2$ 不变的条件下,副边电压 $u_2$ 随副边电流变化 $i_2$ 的关系 $u_2 = f(i_2)$ 称为变压器的外特性。

通过相量分析可以得出如下结论:当变压器副边带电阻性或者电感性负载时,副边电压随副边电流的增加而下降,且功率因数越低,外特性越软;当带电容性负载时,副边电压随副边电流的增加而上升,如图 2 – 3(a)所示。

(2)电压变化率

在变压器的原边加上额定电压,变压器从空载到额定负载时,副边输出电压的变化值与副边额定电压之比的百分数叫作变压器的电压变化率(或叫电压调整率),即

$$\Delta U\% = \frac{U_{2N} - U_2}{U_{2N}} \times 100\%$$

$\Delta U\%$ 是变压器的主要性能指标之一,反映了电压的稳定性。在一般的电力变压器中,当 $\cos \varphi_2$ 接近于 1 时,电压变化率 $\Delta U\%$ 为 2%～3%;当 $\cos \varphi_2$ 下降到 0.8 时,电压变化率 $\Delta U\%$ 为 4%～6%,即电压变化率大大增加了。因此,必须提高用电企业的用电功率因数,通常采用并联电容器的方法来实现。

4. 变压器的效率特性

(1)变压器的损耗和效率

变压器在传输功率时,存在以下两种基本损耗:

①铁损 $p_{Fe}$。它包括涡流损耗和磁滞损耗两部分。电源电压不变时,变压器中磁通的幅值基本上是不变的,所以铁损 $p_{Fe}$ 也是不变的,而且近似地等于空载损耗 $p_0$。因此通常将铁损叫作不变损耗。

②铜损 $p_{Cu}$。它是原、副边绕组中通过电流时产生的,其大小与电流的平方成正比。

③效率 $\eta$。变压器输出功率 $P_2$ 与输入功率 $P_1$ 的百分比值叫作变压器的效率,以 $\eta$ 表示,即

$$\eta = \frac{P_2}{P_1} \times 100\% = \frac{P_2}{P_2 + p_{Fe} + p_{Cu}} \times 100\%$$

可以证明,当变压器的铜损等于空载损耗时,变压器的效率达到最大值。

(2)效率特性

二次电流 $I_2$ 与其额定值 $I_{2N}$ 的比值叫作负载系数,用 $K_L$ 表示,即

$$K_L = I_2 / I_{2N}$$

$\cos \varphi_2$ 为一定值时,变压器的 $\eta$ 与 $K_L$ 的关系 $\eta = f(K_L)$ 叫作变压器的效率特性,如图 2 – 3(b)所示。

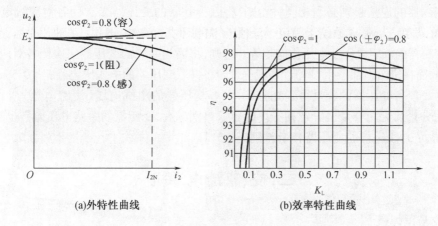

(a)外特性曲线　　　　　　　(b)效率特性曲线

**图 2 – 3　变压器的外特性及效率特性**

**5. 三相变压器连接组标号及并联运行**

**(1)三相变压器的连接组标号**

三相变压器一、二次绕组各相所对应的线电势之间的相位关系,不但与绕组的连接种类有关,还与绕组的绕向和首尾端的标定有关,所以,它们的连接组标号除了应标出一、二次绕组的连接种类外,还要以标号反映出一、二次绕组所对应的线电势的相位关系。

连接组标号采用"时钟表示法",原则是把一次绕组侧某线电势相量作为时钟的长针,固定在"12"上,再作与一次绕组对应的二次绕组侧线电势相量,并以它为短针,看它指在几点钟,即为连接组的标号。

三相变压器连接组标号的含义:

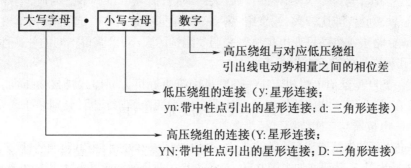

我国规定:三相变压器的连接组为 Y·yn0,Y·d11,YN·d11,YN·y0。

例如,YN·y0 含义是高压绕组和低压绕组均作星形连接,但低压绕组中性点引出来,高压侧 $U_1$、$V_1$ 之间电动势($E_U - E_V$)与低压侧 $u_1$、$v_2$ 之间电动势($E_u - E_v$)同相。又如,Y·d11 含义是高压绕组作星形连接,低压绕组作三角形连接,高压侧 $U_1$、$V_1$ 之间电动势($E_U - E_V$)与低压侧 $u_1$、$v_2$ 之间电动势($E_u - E_v$)相位差为(11 – 12)×30° = – 30°,即($E_u - E_v$)滞后于($E_U - E_V$)30°。

**(2)三相变压器的并联运行**

为了提高供电的可靠性、经济性,在电力系统中广泛采用变压器并联运行。变压器并联运行的理想状态是:不因变压器的并联而在绕组内部产生"环流";负载电流的分配与变压器的额定容量成正比。为此,变压器并联运行必须满足以下条件:

①变压器的连接组别必须相同。否则,将因为并联的变压器二次侧各对应线电压相位不同,而在绕组内部形成数倍于额定电流值的"环流"。

②变压器的额定电压及电压比应相等。否则,将因为并联的变压器二次侧各对应线电压大小不等,而在绕组内部产生"环流"。我国规定各并联变压器的电压比之差应≤0.5%。

③为了使各变压器的容量得到充分利用,各变压器的阻抗电压(短路电压)应相等,且它的有功分量及无功分量也分别相等。因容量差别越大,变压器的短路电压差别也越大,所以,我国规定并联运行的变压器容量差别应≤3∶1。

# 二、交、直流电焊机

## 1. 交流电焊机

交流电焊机由于结构简单、成本低廉、制造容易和维护方便而应用广泛。电焊变压器是交流电焊机的主要组成部分,它实质上是一种特殊的降压变压器。为保证弧焊质量和电弧燃烧的稳定性,对电焊变压器也有与直流电焊机相似的要求。

①应具有 60～75 V 的空载电压,以保证容易起弧。为了操作的安全,最高电压不得超过 85 V。

②有负载时,电压应随负载的增大而急剧下降,即有很陡的外特性。通常在额定负载时的输出电压为 30 V 左右。

③当短路时,短路电流不应过大,以免损坏电焊机,且要求变压器有足够的电动稳定性和热稳定性。

④为了适应不同焊接工件和不同焊条的需要,焊接电流应能在一定的范围内调节。为了满足上述要求,电焊变压器必须具有较大的漏抗,而且可以调节。因此,电焊变压器的结构特点是:铁芯的气隙比较大,原绕组、副绕组不是同心地套在一起,而是分装在两个铁芯柱上,再用磁分路法或串联可变电抗法等来调节漏抗的大小,以获得不同的外特性。

(1)几种常见的交流电焊机

①BX－500 型交流电焊机。BX－500 型交流电焊机为同体式焊接变压器,即变压器与电抗器装在一起,有一共同的铁轭。变压器绕组为两个筒形线圈,分别装于两个铁芯柱上,彼此串联。电抗器与二次绕组反接串联。

在铁芯上部的电抗器装有可动铁芯,通过螺杆与箱壁外的手柄相连。顺时针方向转动手柄,增加气隙、减少阻抗,从而增加焊接电流。动铁芯借用两个弹簧向下压紧,以减少振动和噪声。

②BX1 系列交流电焊机。BX1 型交流电焊机是等腰梯形动铁芯磁分路式交流弧焊电源,可借手柄转动螺杆,使动铁芯沿静铁芯做内外移动。具有改变漏抗,调节焊接电流大小,获得焊接所需的外特性,如图 2－4(a)所示。

该焊机具有电弧燃烧稳定、飞溅小、焊缝成形好、体积小、质量轻等优点。不仅可以实现酸性焊条对低碳钢的焊接,而且可以实现交直流碱性焊条对低合金钢的焊接。

③BX2 系列交流电焊机。BX2 系列交流电焊机为同体式焊接变压器,即变压器与电抗器部分制成一体,在电抗器部分铁芯的水平磁路中留有气隙,移动铁芯可改变气隙大小,从而获得所需的焊接电流。

④BX3 系列交流电焊机。BX3 型交流电焊机是动绕组式单相交流电焊机,一次绕组分成两部分,固定在铁芯柱的底部,二次绕组也分成两部分,套在两铁芯柱上,并固定于非导磁

材料做成的夹板上,可借手柄转动螺杆,使二次绕组沿铁芯柱做上下移动。改变二绕组之间的距离,即改变它们之间的漏抗,从而改变了焊接电流,如图2-4(b)所示。

(a)BX1系列交流电焊机   (b)BX3系列交流电焊机

**图2-4 交流电焊机的外形图**

(2)交流电焊机的常见故障及排除方法

为清楚起见,将交流电焊机的常见故障及排除方法列表说明,详见表2-1。

**表2-1 交流电焊机的常见故障及排除方法**

| 故　障 | 产生的原因 | 处 理 方 法 |
|---|---|---|
| 熔丝经常熔断 | 1. 电源线有短路或接地<br>2. 初级绕组或次级绕组短路 | 1. 检查电源线的情况<br>2. 检查绕组情况,更换绝缘,重绕绕组 |
| 电 焊 机 外 壳漏电 | 1. 绕组接地<br>2. 电源引线或焊接电缆碰外壳 | 1. 用兆欧表测量各绕组的绝缘电阻<br>2. 检查电源引线和焊接电缆的接线情况 |
| 电焊机振动或声音过大 | 1. 动铁芯上螺杆和拉紧弹簧松动或脱落<br>2. 传动动铁芯或动线圈的机构有故障<br>3. 绕组短路 | 1. 加固动铁芯及拉紧弹簧<br>2. 检修传动机构:手柄、螺杆、电动机等<br>3. 更换绝缘,重绕绕组 |
| 焊接电流不能调节 | 1. 传动动铁芯或动线圈的机构有故障<br>2. 重绕电抗器线圈的匝数不足,焊接电流不能调节得太小 | 1. 检修传动机构:手柄、螺杆、电动机等<br>2. 适当增加电抗器线圈匝数 |
| 调节手柄摇不动或动铁芯、动线圈不能移动 | 1. 调节机构上油垢太多或已经锈住<br>2. 移动路线上有故障<br>3. 调节机构已经磨损 | 1. 清洗或除锈<br>2. 清除障碍物<br>3. 检修或更换磨损的零件 |
| 电焊机不起弧 | 1. 电源没有电压<br>2. 电焊机接线错误<br>3. 绕组有短路或断路<br>4. 电源电压太低<br>5. 焊接电缆截面太小 | 1. 检查电源情况<br>2. 检查接线是否错误<br>3. 检查绕组情况<br>4. 调整电源电压<br>5. 选用足够截面的电线 |

表 2 –1(续)

| 故　障 | 产生的原因 | 处 理 方 法 |
|---|---|---|
| 电焊机绕组过热 | 1. 电焊机过载<br>2. 电焊机绕组短路<br>3. 通风机工作不正常 | 1. 按照规定的焊接电流使用<br>2. 更换绝缘,重绕绕组<br>3. 检查通风机是否反转或停止运行 |
| 电焊机铁芯过热 | 1. 电源电压太高<br>2. 硅钢片短路<br>3. 铁芯夹紧螺杆及夹件的绝缘损坏<br>4. 重绕一次绕组后,绕组匝数不足 | 1. 检查电源电压是否正常<br>2. 清洗硅钢片,并重刷绝缘漆<br>3. 更换绝缘材料<br>4. 检查绕组匝数 |

2. 直流电焊机

直流电焊机比交流电焊机具有起弧容易、电弧电流稳定、焊接质量可靠、能使用多种焊条等优点。它分旋转式和静止整流式两大类。

(1)旋转式直流电焊机

旋转式直流电焊机又称为直流电焊发电机,它是一种特殊的直流发电机。直流电焊发电机除了能发电之外,还具有能够满足焊接工艺要求的性能。

直流电焊发电机主要由三相异步电动机和直流发电机组成的同轴发电机组、控制箱、电流调节器等组成。在无动力电源的场合,拖动动力可用柴油机或汽油机来代替电动机。

在直流电焊发电机空载时,发电机应具有一定的空载电压,一般为 60 ~ 90 V。这个电压如果过高,会影响人身安全;电压如果过低,会影响起焊。在空载电压下,接触工件的瞬间,形成短路状态,这时电焊机的端电压立即下降到零,回路中有一定数量的短路电流。然后将焊条稍稍离开工件,便形成了稳定的焊接电流(电流弧),起弧后的工作电压(电弧压降)维持在 20 V 左右,并维持一定的短路工作电流供焊接使用。

各种不同类型的直流电焊发电机除了采用不同的方式获得能够满足焊接工艺要求的性能(具有陡降的外特性)外,还要求能在一定范围内方便地调节焊接电流。

直流电焊发电机主要有裂极式、换向极式和差复励式三种。

①裂极式直流电焊发电机。AX – 320 型直流电焊发电机是一种三电刷裂极式直流电焊发电机。这种直流电焊发电机的 4 个磁极不是按照正常交替(N – S – N – S)分布,而是按照两个 N 极($N_1$,$N_2$)和两个 S 极($S_1$,$S_2$)相邻分布的。这相当于两极直流发电机中两个 N 极和 S 极都分裂成两半,故称为裂极式。分裂后的 $N_1$,$S_1$ 称为主极,它的铁芯截面较小,且有狭径,使磁路易饱和;$N_2$,$S_2$ 称为交磁极,其铁芯截面较大,磁路不易饱和。

空载时,主磁极的磁路已经饱和,交磁极的磁路未饱和,能产生较高的空载电压。在焊接过程中,由于焊接电流的增大,引起电枢反应对交磁极产生去磁作用,使发电机的总磁通量减少,导致工作电压下降,从而获得焊接工艺要求的陡降的外特性。其焊接电流的调节分粗调节(移动电刷)和细调节(调节磁场变阻器)两种。

②换向极式直流电焊发电机。这种直流电焊发电机有 4 个主磁极和 4 个换向极。换向极的极面较宽,且与相邻的异性极的主磁极距离较近。换向极的作用是:增加主磁极的漏磁;在发电机工作时,增加对主磁极的去磁作用;当移动电刷调节焊接电流时,改善发电机的换向性能。

换向极式直流电焊发电机依靠换向极的去磁作用,可以获得较好的陡降的外特性。

③差复励式直流电焊发电机。这种直流电焊发电机由他励或并励绕组励磁,串励绕组产生的磁通与主磁通方向相反,故称为差复励。差复励直流电焊发电机依靠串励绕组的去磁作用,可以获得陡降的外特性。其初调焊接电流是利用外部接线端子的换接,改变串励绕组的匝数来实现的;细调则通过调节磁场变阻器来实现。

(2)直流电焊机的常见故障及其可能原因

为清楚起见,将直流电焊机的常见故障及排除方法列表说明,详见表2-2。

表2-2 直流电焊机的常见故障及排除方法

| 故 障 | 产生的原因 | 处 理 方 法 |
|---|---|---|
| 电动机反转 | 三相异步电动机反转 | 调整三相异步电动机转向 |
| 电动机不能启动,并发出嗡嗡声 | 1. 三相异步电动机的电源断相<br>2. 三相异步电动机的定子绕组断路 | 1. 检查三相电源并修复<br>2. 检修三相异步电动机定子绕组 |
| 发电机不发电 | 1. 发电机励磁绕组断路<br>2. 剩磁消失或磁极的极性不正确<br>3. 发电机旋转方向不对<br>4. 换向器上污垢太多,导致电刷与换向器接触不良 | 1. 检修励磁绕组<br>2. 充磁或调整极性<br>3. 改变发电机转向<br>4. 清洁换向器表面 |
| 焊接电流忽大忽小 | 1. 电流调节器可动部分松动<br>2. 电刷磨损过多<br>3. 电刷弹簧压力过小<br>4. 换向器表面烧蚀 | 1. 拧紧电流调节器可动部分<br>2. 更换相同牌号的电刷<br>3. 仔细调整电刷弹簧的压力<br>4. 修正、清理换向器表面 |
| 电刷下冒火花,换向器发热 | 1. 电刷弹簧压力太松或太紧<br>2. 电刷的牌号不合适<br>3. 换向器表面有油污<br>4. 换向片之间的云母片突出<br>5. 发电机电枢绕组有短路或接地故障 | 1. 调整弹簧压力<br>2. 换上原牌号的电刷<br>3. 清洁换向器表面<br>4. 换向片之间重新拉槽<br>5. 检查发电机电枢绕组并修复 |

### 3. 静止整流式电焊机

静止整流式电焊机是指利用硅整流器件将交流电变成直流电,并通过一些反馈环节使之伏安特性适合于电焊机的要求。静止式直流电焊机与旋转式直流电焊机相比具有噪声小、效率高、工作可靠、成本低、体积小、制造及维护方便等优点。常用的 ZXG 系列整流式电焊机有三种型号,它们的构造及线路基本相同,如图2-5所示。图2-5(c)为 ZXG-300 型电焊机的接线图。图中 T 是三相降压变压器;AM 为三相内反馈(用主绕组兼作反馈绕组)磁放大器(也称自饱和电抗器);$VD_1 \sim VD_6$ 是三相桥式整流线路的硅整流管;$L$ 是输出电抗器;TS 是谐振式稳压变压器,它与 U、$C_8$、$R_8 \sim R_{10}$ 构成了磁放大器控制绕组的直流稳压电源及焊接电流调整环节;M 是风冷电动机;SP 是风压继电器;另外还有由 $R_1 \sim R_6$、$R_{11} \sim R_{13}$ 及 $C_1 \sim C_7$ 组成的阻容"过压"吸收回路。

AM 由三组如图2-5(b)所示的硅钢片铁芯及主绕组(即交流绕组)和控制绕组构成。

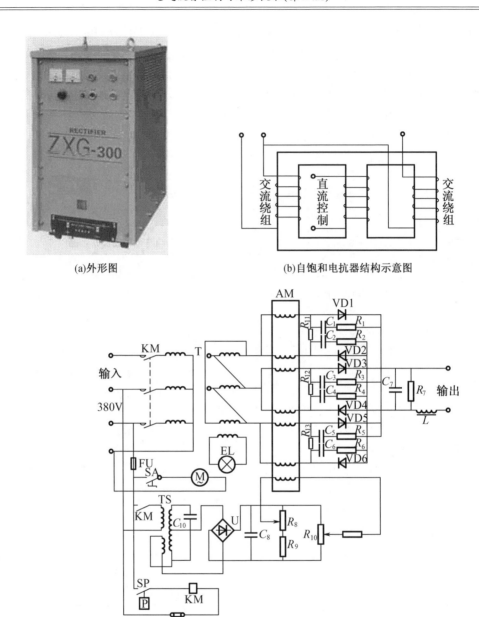

(a)外形图　　　　　　　(b)自饱和电抗器结构示意图

(c)ZXG-300型直流电焊机电路接线图

**图 2 – 5　ZXG – 300 型直流电焊机外形与电路图**

它与 T 的二次侧、$VD_1 \sim VD_6$、L 构成了三相桥式可控整流,作为电焊机的主电路。每相两个交流绕组中电流的直流分量所产生的磁通与控制绕组中电流所产生的磁通叠加,形成了内反馈,使之获得焊接所需的陡降的输出伏安特性。改变控制绕组的电流,便改变了交流绕组磁路的饱和程度,从而改变了交流绕组的阻抗,改变了焊接电流的大小。L 起滤波作用,使电弧稳定,减小金属飞溅。TS 的二次侧铁芯始终工作在磁饱和状态,所以电压很稳定,抑制了电网电压波动对控制绕组电流的影响。没有开风冷电动机或出口风力不足时,SP 是断开的,电焊机无法工作。

　　静止整流式电焊机的常见故障及排除方法见表 2 – 3 所示其中的元件对应图 2 – 5( c)

中的元件。

表 2 – 3　静止整流式电焊机的常见故障及排除方法

| 故　障 | 产生的原因 | 处 理 方 法 |
|---|---|---|
| 输出电压太低 | 1. 电源电压过低<br>2. 变压器绕组匝间短路<br>3. 饱和电抗器绕组匝间短路<br>4. 硅整流元件击穿 | 1. 调整电源电压<br>2. 检修变压器绕组<br>3. 检修饱和电抗器<br>4. 更换已经击穿的硅整流元件 |
| 焊接电流调节范围达不到 | 1. 电位差未调整好<br>2. 饱和电抗器控制绕组极性接反<br>3. 饱和电抗器铁芯受振动后性能变坏 | 1. 调整电位器 $R_8$<br>2. 更换绕组极性<br>3. 更换铁芯 |
| 焊接电流调节失灵或调节过程中电流突然降低 | 1. 饱和电抗器控制绕组匝间短路或断路<br>2. 焊接电流控制电位器 $R_{10}$ 动片接触不良<br>3. 谐振式稳压器线路中并联电容器 $C_{10}$ 被击穿<br>4. 谐振式稳压器绕组短路<br>5. 控制电路中 $R_8$ 或 $R_9$ 接触不良或断路<br>6. 硅整流器 U 中元件击穿 | 1. 检修绕组<br>2. 检修电位器<br>3. 更换电容器<br>4. 更换该绕组<br>5. 检修或更换 $R_8$ 和 $R_9$<br>6. 检修各硅片 |

# 三、中小型电力变压器的维护

1. 变压器日常维护的主要内容

（1）检查瓷套管是否清洁,有无裂纹和放电痕迹,螺栓是否损坏以及有无其他异常现象。

（2）检查各密封处有无漏油现象。

（3）检查储油箱的油位高度及油色是否正常,油表是否畅通。

（4）注意变压器的噪声与正常运行时相比是否有异常状况。

（5）检查箱顶油温度计的读数是否超过允许值(85 ~ 95 ℃)。

（6）检查安全气道的玻璃膜是否完整。

（7）检查油箱接地情况是否良好。

（8）检查一次、二次侧的电压和电流是否正常,是否符合规定要求。

（9）定期进行油样化验及检查硅胶是否吸潮变色,必要时进行更换。

（10）检查瓷套管引出排及电缆接头处有无发热变色和异状。

2. 变压器的检修项目

电力变压器的检修分为小修和大修两大类。一般情况下,对于容量在 1 800 kVA 以下,电压在 10 kV 以下的变压器每年进行一次小修;对于 35 kV 以上的变压器在投运 5 年应大修一次。

（1）变压器的小修项目

①清除油枕中的脏物和灌注变压器油。

②擦拭绝缘套管。

③拧紧所有螺栓连接处。

④拆开和清扫油位指示器。

⑤清扫和修理冷却装置。

（2）变压器的大修项目

①放出油箱中油并取样进行化学分析，必要时更换变压器油。

②清扫油枕的油箱，并用干燥油洗涤。

③取出铁芯（吊芯），重新绝缘。

④修理或更换高低压绕组。

⑤修理冷却和净油装置。

⑥分接开关检修。

⑦油箱及附件检修。

3. 中小型电力变压器的拆卸

变压器油和绕组很容易受到侵蚀，不能长时间与空气接触，故吊芯是变压器检修中技术性比较强的一项工作。

（1）吊芯的工艺流程

①拆线。变压器停电后，拆开高低压套管引线；拆开气体继电器、温度计等设备的电缆，把拆下来的各线头用绝缘胶布包扎好，并且做好标记，以便检修后的装复。拆下变压器的接地线等，对变压器的安装位置也应做好标记。

②小心地将变压器运输到检修场所。

③放出变压器油。

④拆卸附件。将套管、储油柜、安全气道、气体继电器等拆下。

⑤拆下油箱沿的螺栓。

⑥吊芯。

⑦把器身放至指定位置进行检修。

（2）吊芯的注意事项

①注意吊芯的气候条件。吊芯应在相对湿度不大于75%的良好天气下进行，不要在雨雾天或湿度比较大的天气下进行。

②注意吊芯场所的清洁。吊芯场所应无灰烟、尘土、水汽，最好在专用的检修场所进行。

③必要时提高铁芯温度以免受潮。如果任务紧急，必须在相对湿度大于75%天气下进行，则应使变压器铁芯温度（按照变压器上层油温度计）比大气温度高出10 ℃以上，或使室内温度高出大气温度10 ℃且铁芯温度不低于室温时进行吊芯。

④器身暴露在空气中的时间规定。吊芯过程中应监视空气的相对湿度，控制变压器器身暴露在空气中的时间：

干燥空气（相对湿度不超过65%）　　　　　16 h

潮湿空气（相对湿度不超过75%）　　　　　12 h

⑤起吊时的绑扎和人员指挥。起吊时应注意检查钢丝绳的强度和钩挂的可靠性。起吊时，吊绳之间的夹角不大于30°，并应有专人在一旁指挥、监视，防止器身与油箱碰撞损坏。

（3）吊芯后的检查

吊芯后,先对器身进行冲洗,清除油垢,用干净的变压器油按照从下到上,再从上到下的顺序冲洗一次,不能冲到的地方用软刷刷洗,冲洗后检查以下项目:

①绕组。检查各绕组是否有松动、位移、变形,绕组间隔衬垫是否牢固,木夹件是否完好。清理绕组中的纵、横油道,使其畅通。

②铁芯。检查铁芯是否紧密、整齐,硅钢片漆膜是否完好、颜色是否异常,铁芯接地是否牢固而有效,铁芯与绕组之间油道是否畅通。

③螺栓、螺母。检查器身和箱盖上的全部螺栓、螺母,对器身上松动的螺栓、螺母加以紧固。绝不允许螺母等掉在油箱内或器身中。

④铁轭夹件和穿心螺杆的绝缘状况。先取下接地铜片,检查铁轭和穿心螺杆是否松动,再用1 000 V兆欧表测量绝缘电阻。对于10 kV及以下的变压器,绝缘电阻不应低于2 MΩ。若测得的绝缘电阻很低,可能是绝缘损坏,应予以更换。

⑤引线。检查绕组的引线是否包扎严密、牢固和焊接良好,引线与分接开关和套管连接是否正确、接触紧密,引线之间的电气距离是否符合要求。

⑥绕组和引线的绝缘。对于运行年限较长的变压器,绕组的绝缘可能发生老化,通常以观察其颜色、弹性、密度、机械强度、有无损伤等情况来判断能否继续使用。一般根据经验,把绕组的老化程度分为以下四级:

a.一级（绝缘良好）　富有弹性,即手指压下后绝缘暂时变形,手松开后恢复原状,绝缘不会被手指按裂,而且表面颜色较淡。

b.二级（绝缘合格）　质地较硬,手按时不发生裂纹,颜色较深。

c.三级（绝缘不可靠）　绝缘有相当程度的老化,较坚硬,已经变脆,用手指按压后有较小的裂纹,而且颜色较深。这时如果受条件限制不能更新,则应进行浸漆处理,同时在运行中应加强监视。

d.四级（绝缘劣化）　老化严重的绝缘非常脆弱,用手按压后,绝缘即龟裂,呈片状脱落,略经弯曲即断裂,而且颜色发黑。遇到这种情况,一定要调换新的绕组,才能继续使用。

⑦油箱和散热器。清除油箱和散热器内部的油垢,再用合格的变压器油清洗一遍。

4. 变压器大修后的装配与验收

（1）器身检修完毕在回装前的检查项目

为避免因作业程序混乱造成返工,在回装前必须检查以下项目:

①器身及油箱内部是否清洁完毕。

②器身检修及与之配合的测试项目是否全部完毕。

③所需测绘的内容是否全部完毕。

④箱沿耐油橡胶是否已经备妥。

⑤各接地片是否全部接地。

⑥各套管引线电缆是否做好穿缆的准备。

⑦分接开关是否全部旋至额定分接位置。

⑧箱底排油塞及油活门的密封状态是否已经检查处理完毕。

⑨器身检查中所用工具是否清点完毕。

⑩回装前由专人负责复查,确认无误后方可回装。

（2）器身回装程序

①器身入壳,密封油箱。

②安装分接开关,并转动分接开关手柄检查是否插入轴内(指无励磁分接开关)。

③安装放油阀、蝶阀、手孔等。

④安装净油器并填装吸附剂,安装散热器或冷却器。

⑤110 V及以上的变压器必须真空注油,此时应安装抽真空装置。

⑥冲洗器身和注油至浸没上铁轭为止。对于220 kV级变压器油的击穿电压不应低于40 kV。

⑦对于220 kV级以上的变压器,应在73.15~79.8 kPa的真空度下缓缓注油,在4~6 h内注完,此后保持真空2 h,以排除剩余的气体。对于110 kV级的变压器,采用真空度为46.55 kPa、在8 h内将油注完。

⑧取油样进行试验,若不合格应立即进行过滤。

（3）变压器常规大修后验收的内容

①实际检修项目是否按照计划全部完成,检修质量是否合格。

②审查全部试验结果和试验报告。

③整理大修原始记录资料,特别注意对结论性数据的审查。

④做出大修技术报告。

⑤如有技术改造项目,应按照事先签订的施工方案、技术要求及有关规定进行验收。

⑥对检修质量进行评价。

5. 变压器大修后的电气性能试验内容

（1）绝缘电阻测量。

（2）交流耐压试验。

（3）绕组直流电阻测量。

（4）绝缘油电气强度试验。

6. 变压器的耐压试验

（1）耐压试验的目的

耐压试验的目的是验证变压器绕组主绝缘(一次、二次绕组之间和绕组)对油箱铁芯的耐压强度是否符合有关标准,以确保变压器的安全运行。

（2）耐压试验的方法

①试验一次绕组时,将一次绕组的各相线端连接起来接试验变压器,低压绕组的各相线端连接起来并和油箱一起接地,如图2-6所示。其中$R_1$为保护电阻,$R_2$为阻尼电阻。当试验二次绕组时,将上述接线对调一下即可。

②将试验电压加到额定试验电压的40%后,再以均匀、缓慢的速度(每秒3%的试验电压)升到额定试验电压,并保持1 min(如果发现电流急剧增大,应立即降压到零,停止试验)。然后再均匀降低,大约在5 s内降压到试验电压的25%或更低,再切断试验电源。切不可不经降压而切断电源,否则容易烧坏试验设备。高压侧试验完毕放电后方可接触。

③试验电源频率为50 Hz。被试验变压器、试验变压器、仪表等应可靠接地,以确保安全。

（3）试验中应注意的问题

①试验要在变压器注油6~7 h后进行,以使注油中留在绕组中的气泡尽可能地逸出。

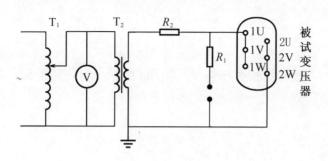

**图 2 - 6 变压器的耐压试验**

②被试验变压器、试验变压器、仪表等应可靠接地,以确保安全。

③试验电源频率为 50 Hz,波形为正弦波,电源电压应稳定。

④试验时油箱盖上或储油箱上的气孔应开启,以便绝缘击穿或放电严重时,固体绝缘中和油分解的气体或烟能被溢出。

⑤如发现仪表指示有变化,或冒烟或有放电的声响,必须拆开变压器消除缺陷后,再重新试验。

试验过程中,如发现变压器内部有放电声和电流表指示突然变化,且在重复试验时施加的电压比前一次低,则说明固体绝缘击穿了;如施加的电压未降低,则属于油隙的贯穿性击穿;如在试验过程中变压器内部有炒豆般的声响,但电流表的指示稳定,则可能是有悬浮金属件对地放电。

耐压试验是用于考核主绝缘的电气强度的。主绝缘击穿的主要原因是绝缘老化、变压器油受潮、变压器油变质、线圈中落入异物、短路故障使绝缘受到损伤、各种过电压引起的击穿等。

(3)耐压试验的标准

耐压试验的电压标准见表 2 - 4。

**表 2 - 4 油浸式变压器耐压试验电压标准**   单位:kV

| 变压器电压等级 | 0.525 以下 | 3 | 6 | 10 | 15 | 20 | 35 | 60 |
|---|---|---|---|---|---|---|---|---|
| 出厂试验 | 5 | 18 | 25 | 35 | 45 | 55 | 85 | 125 |
| 交接、预防性试验 | 5 | 15 | 21 | 30 | 38 | 47 | 72 | 105 |

**技能训练**

# 技能训练一　小型单相变压器的绕制

## 一、实训目的

初步学会小型变压器的绕制方法。

## 二、实训器材

1. 硅钢片　$a=38$ mm,$c=19$ mm,$h=57$ mm,$H=95$ mm　山字形，若干
2. Q 型漆包线　0.67 mm,1.64 mm,0.33 mm　若干
3. 电缆纸　0.07 mm,0.12 mm　若干
4. 黄蜡布　0.14 mm　若干
5. 黄蜡管　若干
6. 框架　1 只
7. 电工工具　1 套
8. 万用表　1 只
9. 兆欧表　1 只

## 三、实训内容与步骤

1. 一次侧绕组的绕制

用 0.67 mm 的漆包线绕 534 匝。绕线时,拉线的手要顺着绕线前进的方向移动,拉力要适当,每绕完一层要垫层间绝缘(0.07 mm)。漆包线要求绕得紧密、整齐,不允许有叠线现象。

2. 二次侧绕组的绕制

17 V,6 A 绕组用 1.64 mm 的漆包线绕 41 匝,层间绝缘用两层 0.12 mm 的电缆纸。30 V×2(中心插头),0.2 A 的绕组用 0.33 mm 漆包线绕 146 匝,层间绝缘用一层 0.07 mm 的电缆纸。

绕组的层次:按照一次绕组、静电屏蔽、二次高压绕组、二次低压绕组的顺序依次叠绕。每绕一组后,要垫绕组之间的绝缘(两层 0.07 mm 的电缆纸、一层黄蜡布)。对铁芯的绝缘也用两层 0.07 mm 的电缆纸、一层黄蜡布。每个绕组两头套上黄蜡管。

3. 外层绝缘

绕组绕完后,外层绝缘用青壳纸绕 2～3 层,将各绕组的引出线焊在焊片上。

4. 绝缘处理

绕组绕好后,为防潮和增加绝缘强度,应作绝缘处理。方法是将绕组放在烘箱内,加温到 70～80 ℃,预热 3～5 h 取出。立即浸入绝缘清漆中约 0.5 h,取出放在通风处滴干,然后在 80 ℃的烘箱内烘 8 h 左右即可。

## 5. 铁芯镶片

铁芯镶片要求紧密、整齐,不能损伤绕组。方法是镶片应从绕组两边一片一片地交叉对镶,镶到中部时有两片对镶,当余下几片硅钢片时,比较难镶,俗称紧片。紧片需要用旋具撬开两片硅钢片的夹缝才能插入,同时用木锤子轻轻敲入,切不可将硅钢片硬性插入,以免损伤框架和绕组。

## 6. 测试

(1)绝缘电阻的测试。用兆欧表测试各绕组之间、各绕组与铁芯之间的绝缘电阻,绝缘电阻应不低于 90 MΩ。

(2)空载电压的测试。当一次绕组加上额定电压时,二次各绕组的空载电压允许误差为 ±5%,中心抽头电压误差为 ±2%。

(3)空载电流的测试。当一次绕组加上额定电压时,其空载电流为 5%~8% 的额定电流值。如空载电流大于 10% 的额定电流值时,说明变压器的损耗比较大;当空载电流大于 20% 的额定电流值时,它的温升将超过允许值,就不能使用。

## 四、评分标准

评分标准见表 2-5。

表 2-5 小型变压器绕制评分标准

| 考核项目 | 考核内容及要求 | 评分标准 | 配分 | 扣分 | 得分 |
|---|---|---|---|---|---|
| 绕组质量 | 1. 二次侧绕组电压误差<br>2. 绕组之间的绝缘<br>3. 绕组对铁芯的绝缘 | 1. 二次侧绕组电压每超过允许误差1%,扣10分<br>2. 绕组之间短路,扣10分<br>3. 绕组对铁芯短路,扣10分 | 50 | | |
| 外形 | 1. 绕组绕制紧密、整齐<br>2. 铁芯镶片整齐、无空隙<br>3. 线头焊接牢靠<br>4. 输出电压有标记 | 1. 绕组绕制不紧密、整齐,扣5分<br>2. 铁芯镶片不整齐、有空隙,扣10分<br>3. 线头焊接不牢靠,扣10分<br>4. 引出线未套黄蜡管,扣10分<br>5. 输出电压无电压标记,扣5分 | 40 | | |
| 安全文明生产 | 1. 劳动保护用品穿戴整齐<br>2. 电工工具佩带齐全<br>3. 遵守操作规程<br>4. 尊重考评员,讲文明、懂礼貌<br>5. 考试结束要清理现场 | 1. 各项考试中,违反安全文明生产考核要求的任何一项扣2分,扣完为止<br>2. 当考评员发现考生有重大事故隐患时,要立即予以制止,并每次扣考生安全文明生产总分5分 | 10 | | |
| 备注 | | 合计 | | | |
| | | 考评员<br>签字<br><br>年 月 日 | | | |

# 技能训练二　变压器的检修

### 一、实训目的

1. 进一步熟悉变压器的结构
2. 初步掌握维修变压器的基本方法

### 二、实训器材

| | | |
|---|---|---|
| 1. 三相变压器 | 1 台 | |
| 2. 双臂电桥 | 1 只 | |
| 3. 兆欧表 | 1 只 | |
| 4. 工具 | 1 套 | |
| 5. 绝缘纸等配件 | 若干 | |

### 三、实训内容与步骤

1. 变压器过热分析及其修复

变压器过热的可能原因及其处理方法见表 2 - 6。

表 2 - 6　变压器过热的原因及其处理方法

| 可　能　原　因 | 处 理 方 法 |
|---|---|
| 由于涡流,使铁芯长期过热,引起硅钢片间的绝缘损坏,铁损增大,造成温升过高;<br>穿心螺杆绝缘损坏,造成穿心螺杆与硅钢片短接,有较大的电流流过穿心螺杆使变压器发热,温度升高;<br>绕组层间或匝间短路,造成温度升高,气体继电器动作 | 停电检修 |
| 分接开关接触不良,使得接触电阻过大,甚至造成局部放电或过热,导致变压器温升过高 | 停电吊芯,检修分接开关 |
| 超载运行 | 减轻负载 |
| 三相负载严重不平衡,使中性线上的电流超过额定相电流的25%,导致变压器温升过高 | 调整三相负载,使之尽量平衡 |
| 温度测量系统失控而误动作 | 检修温度测量系统 |
| 变压器的冷却系统发生故障,使温度升高 | 检修冷却系统 |

2. 变压器绕组短路故障的检修

变压器绕组短路故障分匝间和层间两种。短路故障通常会引起局部放电,其判断方法有测试绕组电阻值及变压器的温升、吊芯检查(查找漆色的改变、烧坏的痕迹)。

(1)试验检查

①先用 2 500 V 的兆欧表测量相间及相对地的绝缘电阻。若绝缘电阻不符合标准,则需要解体检查具体位置。

②用电桥测量各相绕组的电阻。若某相电阻值大于三相平均值的 2% ~ 3%,则该相存

在故障,可能是绕组出线头与引线的焊接不良、匝间短路、引线与导管间连接不良等。

绕组电阻的具体测试方法是各相分段测试,再相互之间进行比较。若与平均值相差甚远,则有缺陷。

(2)修复方法

通常采用解体的方法,判断出故障的性质和具体部位。对于固体绝缘击穿,多有炭渣沉积或产生焦臭味。因此,凡是有特殊臭味之处,均应该仔细检查。另外还可以根据绕组的颜色及绝缘的老化程度做出判断。对有缺陷之处,需要重新做绝缘处理。若不能进行局部修复的,必须更换整套绕组。

注意:重新绕制绕组之前,需要做好一些准备工作,抄录变压器的铭牌数据,铁芯尺寸,绕组尺寸及编号,一、二次绕组的缠绕方向和匝数等。绕组绕制后,先进行干燥处理,然后将尺寸压缩到要求的尺寸,再进行浸漆、烘干。

3. 绕组断线故障的检修

用万用表很容易检查到哪一相绕组断线,至于断线的具体部位,必须进行吊芯检查。对于轻度的断线,可先进行焊接,再做恢复绝缘处理。对于较为严重的断线,必须更换绕组。

4. 铁芯的故障检修

用干净的白布擦净绕组、铁芯支架、绝缘隔板上的油垢,检查有无异物及其他异常现象。对于烧熔不严重的铁芯,可用砂轮将熔化处刮除,再涂上绝缘漆即可;严重烧熔的铁芯必须更换。

(1)试验检查

①用兆欧表测试穿心螺杆的绝缘,若发现阻值较前次大修的测量值降低 1/2 以上,应立即查找原因并作相应处理。

②空载试验。空载试验目的是判断铁芯硅钢片的短路、局部振动、不正常的鸣叫、铁芯的其他故障。

(2)变压器器身的解体顺序

当进行铁芯的故障处理时,往往要拆卸铁轭,甚至拆卸铁芯柱。其拆卸顺序是:拆下引线及其附件、拆掉上夹件和上铁轭硅钢片后取出端部绝缘、取出绕组。

铁轭穿心螺杆的拆卸方法是:先拆下一根,取下绝缘管,再将光螺杆穿回原处并拧紧;然后用同样的顺序取下第二根;当拆卸完第三根后,再取下第一、第二根螺杆;最后取下钢夹件。

(3)不正常鸣叫声的检修

运行中变压器发出不正常的声音,通常是紧固件松动所致。此时,将穿心螺杆的螺母拧紧即可将其消除。但如果不正常的声音还不消失,可能是硅钢片未压紧而产生的振荡或硅钢片的端角部有振荡。此时应该适当加硅钢片,或用适当厚度的薄纸板塞紧即可。对于已经发生弯曲的硅钢片,应剔除不用。

对于负载的突变或空载合闸时出现的"叮当"声,可能是内部某些部件的松动所致,仔细检查找出松动部位作相应的拧紧处理。

(4)铁芯多点接地故障检修

小容量低电压变压器采用铁芯和结构件均通过油箱可靠接地;稍大容量的变压器采用铁芯通过套管从油箱上部引出可靠接地,而结构件通过油箱可靠接地;而大容量高压变压器采用铁芯和结构件分别通过套管从油箱上部引出可靠接地。

产生多点接地的主要原因是油箱底部存有金属异物。金属异物的种类有焊渣、铁屑等沉积物以及铁片、铁丝等。在不带电时它们沉积在油箱底部,而无多点接地反应;当带电时,因磁的吸附作用,就使下铁轭面与油箱底部形成通路。

对于这些故障,主要是用兆欧表测试。对于金属异物,可用强油压进行冲洗。

(5)铁芯的局部短路检修

铁芯的短路形式有:由结构件形成的闭合回路;硅钢片被某一结构件短接;有绝缘油道的铁芯,发生油道的两侧连通;接地片跨过相应厚度铁芯短接;硅钢片卷边或因金属粉末而形成的硅钢片之间的短接。因此在操作中绝不允许重击铁芯。

①变形或被电弧烧伤的芯片,应该剔除。对于铁轭上变形及电弧烧伤的芯片,可采用塞云母片、刷绝缘漆后紧固钢片夹件的办法,重新做好绝缘处理。

②当发现铁轭旁螺杆所包的绝缘损坏,应该重新包螺杆的绝缘和刷绝缘漆,然后再用纸板覆盖。

### 四、评分标准

评分标准见表2-7。

表2-7　变压器维修的评分标准

| 考核项目 | 考核内容及要求 | 评 分 标 准 | 配分 | 扣分 | 得分 |
|---|---|---|---|---|---|
| 调查研究 | 1. 对故障进行调查,弄清出现故障时的现象<br>2. 查阅有关记录<br>3. 检查变压器,必要时进行吊芯检查 | 排除故障前不进行调查研究,扣10分 | 10 | | |
| 故障分析 | 1. 根据故障现象,分析故障原因,思路正确<br>2. 判明故障部位 | 1. 故障分析思路不够清晰,扣15分<br>2. 不能确定最小的故障范围,每个故障点扣10分 | 50 | | |
| 故障排除 | 1. 正确使用工具和仪表<br>2. 找出故障点并排除故障<br>3. 排除故障时要遵守电力变压器修理的有关工艺要求<br>4. 对变压器进行观察和试验,判断其是否合格 | 1. 不能找出故障点,扣10分<br>2. 不能排除故障,扣15分<br>3. 排除方法不正确,扣10分<br>4. 对变压器进行观察和试验,不能判断其是否合格,扣15分 | 40 | | |
| 其他 | 操作如有失误,要从此项总分中扣分 | 1. 排除故障时,产生新的故障后不能自行修复,每个故障从本项总分中扣20分。已经修复,每个故障从本项中扣10分<br>2. 损坏变压器,从本项总分中扣20~80分 | | | |
| 备注 | | 合计 | | | |
| | | 考评员<br>签字 | | | |
| | | | 年　月　日 | | |

# 项目三　三相交流电机

**学习目的**

1. 熟悉三相异步电动机的结构、工作原理、运行特性。
2. 掌握三相异步电动机的使用及维护、保养方法。
3. 了解同步电机的基本知识。

**任务分析**

三相异步电动机具有结构简单、效率高、控制方便、运行可靠等优点,在工农业生产中得到广泛的应用,目前工矿企业的动力源80%以上来自三相异步电动机。熟悉三相异步电动机的运行原理、掌握三相异步电动机的使用和维护方法,对于提高电动机的使用寿命、提高生产率具有重大意义。

**电动机的基本知识**

## 一、三相异步电动机的基本知识

1. 三相异步电动机的类型与结构

按照转子的不同结构,三相异步电动机可分为两类,即鼠笼式和绕线式,如图3-1所示。

2. 三相旋转磁场产生的条件

(1)三相绕组对称

各相绕组的几何尺寸、匝数、线径一致,并在空间位置上相差120°的电角度。

(2)三相绕组中通入对称三相交流电

满足上述条件的三相绕组产生的合成磁场是一个大小不变的旋转磁场,即圆形旋转磁场,否则产生的合成磁场是椭圆形旋转磁场,甚至是脉动磁场。

旋转磁场的转速称为同步转速,且 $n_1 = \dfrac{60}{p}f_1 (\mathrm{r/min})$。

3. 三相绕组的分布原则

为了减少电动机的杂散损耗、提高效率、改善运行性能,除了要求三相绕组产生的合成磁场是圆形旋转磁场以外,还要求磁场在铁芯表面按照正弦规律分布。

(1)每相绕组在每对磁极均由几个分布线圈构成,即为分布绕组。每个线圈的两个有效边的距离都小于一个磁极距离,即采用短节距线圈。

(2)每相绕组线圈的形式、尺寸、线径、连接方式完全一致,各相绕组的空间相差120°的电角度。

4. 三相异步电动机的转动原理

对称三相交流电通入对称三相定子绕组,产生三相旋转磁场。旋转磁场切割转子导体,

(a)鼠笼式电机外形　　　　　　　　(b)绕线式电机外形

(c)鼠笼式电机结构示意图

(d)绕线式电机结构示意图

图 3 - 1　三相异步电动机结构图

产生三相感应电动势和感应电流。感应电流受到旋转磁场的作用便形成电磁转矩,转子便沿着旋转磁场的旋转方向逐渐转动起来。转子转速 $n$ 不断升高,但不可能达到同步转速。如果 $n = n_1$,则转子导体与旋转磁场之间就没有相对运动,也就没有感应电动势和感应电流,也就没有电磁转矩,转子转速就会变慢。由于在电动状态下总是 $n < n_1$,因此称为"异步"电动机。

5. 三相异步电动机的运行原理

(1)转差率 $S$

$$S = \frac{n_1 - n}{n_1}$$

转差率是异步电动机的一个重要参数,它反映电机的各种运行情况。启动时, $n = 0$, $S = 1$。电动机空载时, $S$ 很小,为 0.004 ~ 0.007。额定运行状态时, $S$ 为 0.01 ~ 0.07。

负载越大,转速越低,转差率越大;反之,转差率越小。转差率的大小能够反映电机的转速大小或负载大小。电机的转速为 $n = (1 - S) n_1$。

（2）旋转磁场对定子的作用

旋转磁场在定子绕组中产生感应电动势 $E_1 = 4.44 f_1 W_1 \Phi_m \approx U_1$。只要 $U_1$ 一定，则铁芯中的主磁通最大值就基本不变。

（3）旋转磁场对转子的作用

①转子电流频率　　　　　　　　$f_2 = S f_1$

②转子感应电动势　　　　　$E_2 = S E_{20}, E_{20} = 4.44 f_1 W_2 \Phi_m$

③转子电抗　　　　　　　　$X_2 = S X_{20}, X_{20} = 2 \pi f_1 L_2$

④转子阻抗　　　　　$Z_2 = \sqrt{R_2^2 + X_2^2} = \sqrt{R_2^2 + (S X_{20})^2}$

⑤转子电流　　　　　$I_2 = \dfrac{E_2}{Z_2} = \dfrac{S E_{20}}{\sqrt{R_2^2 + (S X_{20})^2}}$

⑥转子功率因数　　　　$\cos \varphi_2 = \dfrac{R_2}{Z_2} = \dfrac{R_2}{\sqrt{R_2^2 + (S X_{20})^2}}$

（4）三相异步电动机的功率和转矩

①三相异步电动机的功率。

输入的电功率　　　　$P_1 = \sqrt{3} U_N I_N \cos \varphi = P_2 + \Delta p_{Cu} + p_{Fe} + p_\Omega$

式中　$P_2$——输出的机械功率；

　　　$\Delta p_{Cu}$——铜损；

　　　$p_{Fe}$——铁损；

　　　$p_\Omega$——机械损耗。

电动机的效率 $\eta = \dfrac{P_2}{P_1} \times 100\%$。异步电动机轻载时效率很低，负载率为 $0.75 \sim 0.8$ 时效率最高，满载时效率 $\eta = 75\% \sim 93.5\%$。

②三相异步电动机的转矩。

三相异步电动机的电磁转矩 $T = T_0 + T_2$。因为空载转矩 $T_0$ 很小，所以可以认为 $T \approx T_2$。可以证明

$$T_2 = 9.55 \frac{P_N}{n_N} \quad (\text{N·m})$$

**例**　有 Y－160M－4 和 Y－180L－8 型三相异步电动机各一台，额定功率都是 11 kW，前者额定转速为 1 460 r/min，后者额定转速为 730 r/min，分别求它们的额定输出转矩。

**解**　对 Y－160M－4 型电动机而言

$$T_N = 9.55 \frac{P_N}{n_N} = 9.55 \times \frac{11 \times 10^3}{1\ 460} = 71.95 \ \text{N·m}$$

对 Y－180L－8 型异步电动机而言

$$T_N = 9.55 \frac{P_N}{n_N} = 9.55 \times \frac{11 \times 10^3}{730} = 143.9 \ \text{N·m}$$

由此可见，输出功率相同的异步电动机如果极数多，则转速就低，输出转矩就大；反之，如果极数少，则转速就高，输出转矩就小。

6. 三相异步电动机的工作特性

(1)转矩特性

三相异步电动机的电磁转矩 $T$ 的物理表达式为

$$T = C_M \Phi_m I_2 \cos \varphi_2$$

其中,$C_M$ 为转矩常数。

电磁转矩与磁通 $\Phi_m$ 和转子的有功分量 $I_2 \cos \varphi_2$ 成正比。当磁通不变时,电磁矩主要取决于转子电流的有功分量。物理表达式的特点是物理概念清楚,但计算不实用。

参数表达式为

$$T = \frac{SC_M R_2 U_1^2}{R_2^2 + (SX_{20})^2}$$

其中 $R_2$ 为转子电阻,$X_{20}$ 为转子电抗。

由上式可知,电磁转矩与定子每相绕组上的电压 $U_1$ 的平方成正比。当 $U_1$ 一定时,$T$ 是 $S$ 的函数,$T$ 与 $S$ 的关系曲线称为转矩特性曲线,如图 3 – 2 所示。$A$ 点为额定工作点,$B$ 点为临界点,$C$ 点为启动点,又称为堵转点,这表明电动机对定子电压的变化非常敏感,定子电压的降低将使电磁转矩成平方倍地减小。在一定负载转矩下,$U_1$ 的下降将引起电磁转矩的下降、转差率增加,从而导致定子电流增加、温升超过规定值、电动机绝缘加速老化、缩短电动机的使用寿命。

(2)机械特性

当电源电压、转子电阻、转子电抗、磁通均保持不变时,电磁转矩 $T$ 随转速 $n$ 变化的关系曲线 $T = f(n)$ 称为电动机的机械特性曲线,如图 3 – 3 所示。

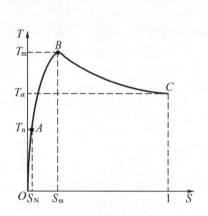

图 3 – 2　异步电动机的转矩特性曲线

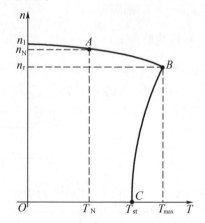

图 3 – 3　异步电动机的机械特性曲线

机械特性曲线上有三点反映了它的基本性能和特点。

①启动转矩 $T_{st}$。当定子接通电源而转子尚未转动($n = 0, S = 1$)时所产生的电磁转矩称为启动转矩 $T_{st}$。它反映了电动机的启动性能。当电动机启动时,尽管启动电流(堵转电流)很大,但是由于转子绕组的功率因数 $\cos \varphi_2$ 很低,所以启动转矩 $T_{st}$ 不是很大。

②最大转矩 $T_{max}$。当 $S$ 达到某一值 $S_m$ 时,电磁转矩达到的最大值 $T_{max}$,称为最大转矩。它反映了电动机的过载能力,对应于此时的转差率 $S_m$ 称为临界转差率。一般异步电动机的 $S_m$ 在 0.04 ~ 0.14 之间。进一步分析可得

$$S_m = \frac{R_2}{X_{20}}$$

上式表明：产生最大转矩时的临界转差率 $S_m$ 与转子电路的电阻 $R_2$ 成正比，故改变转子电路的电阻 $R_2$ 的数值（例如在绕线式电动机的转子电路中串联电阻），即可改变产生最大转矩时的临界转差率 $S_m$。

又知

$$T_{max} \approx K \frac{U_1^2}{2X_{20}}$$

上式表明：最大转矩 $T_{max}$ 的大小与转子电路的电阻 $R_2$ 的大小无关，因此改变转子电阻 $R_2$ 的大小不会影响电动机最大转矩的大小，而只会影响产生最大转矩时的转差率（转速）；最大转矩 $T_{max}$ 的大小与电源电压的平方成正比。

③额定转矩 $T_N$。对应于额定负载时的转矩称为额定转矩 $T_N$，此时的转差率称为额定转差率 $S_N$。在额定转矩范围内，机械特性曲线比较平坦，转速随负载的变化不大，称这种特性为硬特性。

异步电动机的额定转矩 $T_N$ 不能太靠近最大转矩 $T_{max}$，否则由于电网电压的降低而有可能使电动机的最大转矩 $T_{max}$ 小于电动机轴上所带的负载转矩，从而使电动机停下来。因此一般电动机的 $T_N$ 要比 $T_{max}$ 小得多，它们的比值称为过载系数 $\lambda$，即

$$\lambda = \frac{T_{max}}{T_N}$$

异步电动机的过载系数有很重要的意义，用它可以衡量电动机的短时过载能力和运行的稳定性。$\lambda$ 的值可以从电动机技术参数中查到，通常 $\lambda = 1.8 \sim 2.5$。特殊用途的电动机（如起重、冶金用电动机），$\lambda$ 的值可达到 $3.3 \sim 3.4$。

启动转矩与额定转矩的比值称为启动转矩倍数 $\lambda_{st}$，即

$$\lambda_{st} = \frac{T_{st}}{T_N}$$

一般异步电动机的 $\lambda_{st} = 1.7 \sim 2.2$，特殊用途的电动机可达 $2.6 \sim 3.1$。

# 二、三相异步电动机的启动

1. 对启动的要求

（1）应有足够大的启动转矩，以保证能启动并且尽量缩短启动时间。

（2）应减小启动电流，以减小对电网的冲击及对电动机自身绝缘老化和使用寿命的影响。

（3）所需设备简单、价格低廉、使用维护方便。

（4）启动过程中功率损失较少。

2. 启动电流

三相异步电动机直接启动时，由于转差率最大而使得 $E_2$、$I_2$ 最大，从而使启动电流最大，可达到额定电流的 $4 \sim 7$ 倍。过大的启动电流将造成电网电压波动，从而影响其他电气设备的正常运行；同时使电动机绕组严重发热，加速绝缘老化，缩短使用寿命。

3. 鼠笼型异步电动机的启动

（1）直接启动

直接启动就是利用闸刀开关、空气开关或接触器等将电动机直接接到额定电压上的启

动方式,又叫全压启动。

直接启动的条件如下:

① 一般容量在 7.5 kW 以下可直接启动。

② 当启动瞬间造成的电压降不大于正常电压的 10%(不经常启动时不大于 15%)时,可直接启动。

③有专用变压器供电,电动机容量小于变压器容量的 20% 时允许频繁启动,小于 30% 时允许不经常启动;也可估算,满足 $\dfrac{I_{st}}{I_N} < \dfrac{3}{4} + \dfrac{变压器容量(kVA)}{4 \times 电动机功率(kW)}$ 时可直接启动。

优点:启动设备简单、成本低。

缺点:启动电流较大,将使线路电压下降,影响负载正常工作。

(2)降压启动

凡是不能直接启动的鼠笼型电动机,必须实行降压启动。降压启动时,启动转矩将按照电压平方关系下降,故只适用于空载或轻载启动。降压启动的方法如下:

①Y - △降压启动。

Y - △启动是先将三相绕组接成 Y,启动即将完毕时将三相绕组接成△,见图 3 - 4。

特点:启动电流降为直接启动时的 1/3,启动转矩也降为直接启动时的 1/3。

应用范围:仅适用于空载或轻载启动且正常运行时电动机为△接法的场合。

此方法的优点是:设备简单,价格低,维护方便。

②自耦变压器降压启动(见图 3 - 5)。

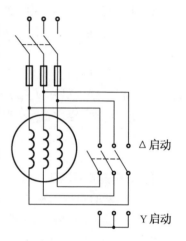

图 3 - 4　电动机 Y - △降压启动

这种方式是利用三相自耦变压器将电动机在启动过程中的端电压降低,以达到减小启动电流的目的。自耦变压器备有 40%、60%、80% 等多种抽头,使用时要根据电动机启动转矩的要求具体选择。如在 80% 的抽头位置时,启动转矩为直接启动转矩的 64%,适用于重载启动场合。较大容量的鼠笼型电动机常采用此法。

优点:自耦变压器副边通常提供几个不同降压系数的抽头供选择,以便根据负载大小的不同而合理选择降压比例。

缺点:设备体积大,价格贵。

安装及使用要求:

a. 自耦降压启动器的容量应与被启动电动机的容量相适应。

b. 安装的位置应便于操作。外壳应有可靠的接地或接零。

c. 第一次使用时,要在油箱内注入合格的变压器油至油位线(油量不可过多或过少)。

d. 如发生启动困难,可将抽头接在 80% 上(出厂时,预接在 65% 抽头上)。

e. 连续多次启动时间的累计达到厂家规定的最长启动时间(根据容量不同,一般在 30~60 s),再次启动应在 4 h 以后。

f. 两次启动间隔时间不应少于 4 min。

g. 启动后,当电动机转速接近额定转速时,应迅速将手柄扳向“运转”位置。需要停止时,应按“停止”按钮,不得扳手柄使其停止。

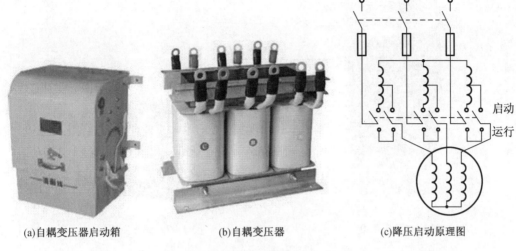

(a)自耦变压器启动箱　　　　　(b)自耦变压器　　　　　(c)降压启动原理图

**图 3 - 5　自耦变压器降压启动**

h. 在操作位置下方应垫绝缘垫,操作人应戴手套。

③延边△启动。

启动时将电动机接成延边△,启动完毕再接成△。

优点:降压比例可调。

缺点:电动机绕组抽头较多,结构复杂,只适用于△接法的电动机。

4. 绕线式异步电动机的启动

(1)转子串电阻启动

通常是用专用的启动电阻 $R$,通过电刷串入转子电路。启动时增大转子串入的电阻 $R$,既减小了启动电流,又增大了启动转矩。启动后逐步减小 $R$(最后应全部切除 $R$,以防剩余的部分电阻被转子大电流烧毁),可获得良好的启动性能。

适当增大串接电阻的功率,启动电阻还可兼作调速电阻之用。

优点:启动电流小、启动转矩大。适用于需要重载启动的场合,如起重机、卷扬机、龙门吊车等。

缺点:使用设备较多,有一定能耗,而且启动级数少。

电阻器如图 3 - 6 所示。

(2)频敏变阻器启动

频敏变阻器是一个三相电抗器,其铁芯用 6 ~ 12 mm 的钢板制成,铁损较大,因而等效电阻较大,而其等效电阻又随电流频率而变化,即频率越高,等效电阻越大。启动时,转子电流频率很高($f_2 = Sf_1$),频敏变阻器所呈现的电阻很大,既减小了启动电流、又增大了启动转矩。随着转子转速的升高,转子电流的频率降低,频敏变阻器呈现的电阻随之下降。启动完毕,将其短接。

优点:设备简单,能实现无级启动,可获得恒转矩启动。

缺点:功率因数较低,启动转矩不大,不能作为调速用。

频敏变阻器如图 3 - 7 所示。

图3-6　电阻器

图3-7　频敏变阻器

# 三、三相异步电动机的调速

为了适应实际生产的需要,异步电动机需要进行调速,所谓调速即是用人为的方法来改变异步电动机的转速。

在调速时,有时要求将转速调高,有时要求将转速调低。最高转速与最低转速的差值称为调速范围。最高转速与最低转速的比值称为调速比。调速范围的大小对电动机影响很大,一般电动机的调速比在2:1~4:1之间。

由异步电动机转差率的公式可得

$$n = n_1(1 - S) = \frac{60f_1}{p}(1 - S)$$

故异步电动机的调速有以下三种方法。

1. 改变定子绕组的磁极对数——变极调速

当电源频率不变时,改变旋转磁场的磁极对数,即改变了旋转磁场的转速,从而改变了电动机的转速。例如,对于4极电动机,当把定子绕组改变为8极时,同步转速将由1 500 r/min改变为750 r/min,由于异步电动机的转速与旋转磁场的转速很接近,所以当同步转速下降一半时,电动机的转速必然大幅度地下降。

变极调速通常有两种情况:

①△—YY,属于恒功率调速。适用于一般金属切割机床。其线圈及出线端接法如图3-8所示。

②Y—YY,属于恒转矩调速。适用于起重机、运输带等机械。其线圈及出线端接法如图3-9所示。

在倍极比双速电动机中,由于少数极采用60°相带,出线端互差120°电角度。改变为倍极时,变为120°相带,出线端互差240°电角度,造成低速时相序反转,因此在变极时应改变相序。

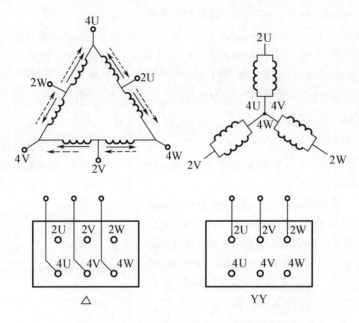

图 3 - 8　三相 2/4 极 24 槽 △/YY 接法双速电机

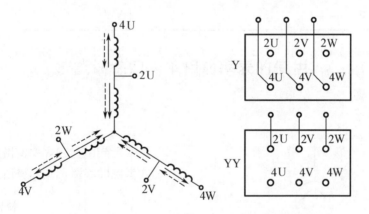

图 3 - 9　三相 2/4 极 24 槽 Y/YY 接法双速电机

这种调速方法的特点是具有较硬的机械特性,稳定性良好;无转差损耗,效率高;接线简单、控制方便、价格低;虽属于有级调速,级差较大,无法实现平滑的无级调速,但可以与调压调速、电磁转差离合器配合使用,获得较高效率的平滑调速特性。

一般来说,要达到变极调速的目的,就要求一台电动机不仅可以改变定子绕组的接法来形成不同转速的旋转磁场,而且它的转子的极数也应同时改变(因为定子、转子极数相同时,电动机的运行性能最好)。对于鼠笼式电动机容易做到这一点。因为鼠笼式电动机转子的极数总是随着定子极数的改变而自动改变。而对于绕线式电动机,改变转子的极数就意味着要相应改变转子绕组的接法,这在实际操作中会有许多困难。

所以,变极调速只适用于鼠笼式三相异步电动机,适用于不需要无级调速的生产机械,如金属切削机床、升降机、起重设备、风机、水泵等。

2. 改变供电电网的频率——变频调速

当改变电网频率时,异步电动机的同步转速随着改变,所以电动机的转速也相应改变。由于频率的改变是可以连续的,因此电动机的转速能实现无级调速,且变频时同时改变定子外加电压,可实现恒功率或恒转矩调速以适应不同负载的要求。

近年来,交流变频技术得到了飞速发展,大大地促进了变频调速的应用。变频调速系统的主要设备是提供变频电源的变频器,变频器可分成交流–直流–交流变频器和交流–交流变频器两大类,目前国内大都使用交–直–交变频器。其特点是效率高,调速过程中没有附加损耗;应用范围广,可用于笼型异步电动机;调速范围大,特性硬,精度高;技术复杂,造价高,维护检修困难。

本方法适用于要求精度高、调速性能较好的场合。

3. 改变电动机的转差率

在电动机转子绕组中串联电阻,改变串联电阻的阻值,即改变了转速。如图3–10所示。串入的电阻越大,电动机的转速越低。此方法设备简单,控制方便,但转差功率以发热的形式消耗在电阻上,属有级调速,机械特性较软。

这种方法仅适用于绕线式异步电动机。

# 四、三相异步电动机的反转

将接到定子绕组上的三根电源线中的任意两根对调,即改变了旋转磁场的转向,进而改变了转子的转向,如图3–11所示。对于正反转频率不高的小型电动机,可以采用倒顺开关实现电动机的反转,对于正反转频率高的电动机,应该采用交流接触器的正反转控制线路实现电动机的反转。

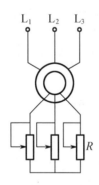

图3–10　转子绕组中串联电阻调速

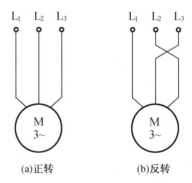

(a)正转　　　　　(b)反转

图3–11　三相异步电动机的反转

# 五、三相异步电动机的制动

所谓制动,就是给电动机一个与转动方向相反的转矩使它迅速停转(或限制其转速)。

三相异步电动机的制动状态有两种:一是使电动机迅速减速直至停转;二是限制电动机的转速使之保持稳定运行。

三相异步电动机的制动方法有机械制动和电气制动两大类。

1. 机械制动

利用机械装置使电动机断开电源后迅速停转的方法叫机械制动。最常用的方法是电磁抱闸,分为通电制动和断电制动两种类型,广泛应用于起重机械上。

电磁抱闸主要由两部分组成:制动电磁铁和闸瓦制动器。

制动电磁铁由铁芯、衔铁和线圈三部分组成。闸瓦制动器包括闸轮、闸瓦、杠杆和弹簧等,闸轮与电动机装在同一根转轴上。断电制动型性能是:当线圈得电时,闸瓦与闸轮分开,无制动作用;当线圈失电时,闸瓦紧紧抱住闸轮制动。通电制动型的性能是:当线圈得电时,闸瓦紧紧抱住闸轮制动;当线圈失电时,闸瓦与闸轮分开,无制动作用,如图 3-12 所示。

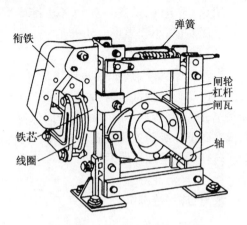

图 3-12 电磁抱闸结构示意图

优点:电磁抱闸制动力强,广泛应用在起重设备上。它安全可靠,不会因突然断电而发生事故。

缺点:电磁抱闸体积较大,制动器磨损严重,快速制动时会产生振动。

2. 电气制动

电气制动方法有以下三种。

(1)能耗制动(图 3-13)

断开 $QS_1$ 后,立即合上 $QS_2$,即向任意两相定子绕组通入直流电,电机气隙中产生恒定磁场。此时,转子凭借惯性继续旋转,切割恒定磁场,产生感应电流,并在静止磁场中受到电磁力的作用。这个力产生的力矩与转子惯性旋转方向相反(称为制动转矩),它迫使转子转速下降。当转子转速降至 0 时,转子不再切割磁场,电动机停转,制动结束。此法利用转子转动的能量切割磁通而产生制动转矩,实质是将转子的动能消耗在转子回路的电阻上,故称为能耗制动。

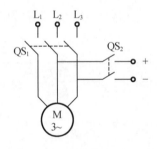

图 3-13 能耗制动示意图

优点:制动准确、平稳,冲击力小,对电网影响小。

缺点:需要专门的直流电源,制动缓慢。

(2)反接制动(图 3-14)

合上 $KM_1$,三相异步电动机启动运行;断开 $KM_1$ 后,立即合上 $KM_2$,三相电源中的任意两相对调,这就改变了旋转磁场的旋转方向,转子导体中感应电流的方向也随之改变,这样电磁转矩与转子转动的方向相反,电磁转矩成为制动力矩,转子转速很快下降到零。反接制动时,转差率 $S$ 大于1。

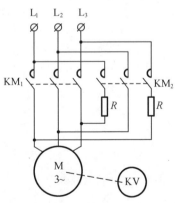

图 3-14 反接制动示意图

应当注意如下几点：

①当电动机转速接近于零时，应立即切断电源，以免电动机反转。通常在控制线路中接入速度继电器，以达到准确停车的目的。

②由于制动时冲击电流大，所以必须串入限流电阻。

优点：所需设备简单，制动力强，制动迅速。

缺点：对电网、设备冲击大，不够准确平稳。

适用对象：小型异步电动机。

（3）回馈制动（见图3-15）

当转子受到外力（如起重机下放重物、电力机车下坡）或变极调速由高速变为低速运行时，出现 $n > n_1$ 的情况，形成发电制动状态，限制其转速不能继续上升而保持稳定运行或使转速迅速降低直到低一级转速稳定运行。制动时将机械能或多余的转动动能转变为电能回馈电网。

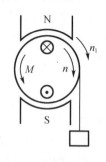

图3-15　回馈制动示意图

优点：经济性好。

缺点：应用范围窄。

# 六、三相异步电动机常见故障及其原因

三相异步电动机常见故障及其原因见表3-1。

表3-1　三相异步电动机常见故障及其原因

| 序号 | 故障现象 | 引起故障的可能原因 |
| --- | --- | --- |
| 1 | 不能启动 | 1. 电源未接通（开关、熔丝、电动机接线盒内等处有断路） |
| | | 2. 控制线路有故障（接头松动、断线、电器损坏等） |
| | | 3. 定子绕组断路、短路 |
| | | 4. 负载太大 |
| | | 5. 转子被卡住 |
| 2 | 转速低、运转无力 | 1. 电源电压低 |
| | | 2. 负载大 |
| | | 3. 断相运行 |
| | | 4. 定子绕组接法错误（应该是三角形接法而误接成星形接法） |
| | | 5. 鼠笼式转子断条或端环断裂。 |
| 3 | 电机温升高 | 1. 电源电压过高或过低 |
| | | 2. 电源缺相 |
| | | 3. 定子绕组断路或短路 |
| | | 4. 定子绕组接法错误 |
| | | 5. 定子、转子相擦，轴承损伤 |
| | | 6. 风叶损坏 |
| | | 7. 负载过大 |
| | | 8. 散热条件差 |

**表 3 - 1**(续)

| 序号 | 故障现象 | 引起故障的可能原因 |
|---|---|---|
| 4 | 三相电流不平衡 | 1. 电源缺相 |
| | | 2. 电机绕组断相 |
| | | 3. 绕组匝间短路 |
| | | 4. 绕组相间短路 |
| | | 5. 绕组接地 |
| | | 6. 绕组首尾端接反 |
| | | 7. 鼠笼转子断条或断环 |
| 5 | 电机运行噪声大 | 1. 电源缺相 |
| | | 2. 定子绕组断相 |
| | | 3. 定子绕组首尾端判定错误 |
| | | 4. 定子、转子相擦 |
| | | 5. 风叶碰壳 |
| | | 6. 底脚螺丝松动 |
| 6 | 运行中电动机振动较大 | 1. 磨损轴承间隙过大 |
| | | 2. 气隙不均匀 |
| | | 3. 转子不平衡 |
| | | 4. 转轴弯曲 |
| | | 5. 铁芯变形或松动 |
| | | 6. 联轴器(皮带轮)中心未校正 |
| | | 7. 风扇不平衡 |
| | | 8. 机壳或基础强度不够 |
| | | 9. 电动机地脚螺丝松动 |
| | | 10. 笼型转子开焊断路;绕线转子断路;定子绕组故障 |
| 7 | 轴承过热 | 1. 滑脂过多或过少 |
| | | 2. 油质不好含有杂质 |
| | | 3. 轴承与轴颈或端盖配合不当(过松或过紧) |
| | | 4. 轴承内孔偏心,与轴相擦 |
| | | 5. 电动机端盖或轴承盖未装平 |
| | | 6. 电动机与负载间联轴器未校正,或皮带过紧 |
| | | 7. 轴承间隙过大或过小 |
| | | 8. 电动机轴弯曲 |

# 七、高效电动机的发展及推广

节能减排是当今世界的主流,影响着世界经济和人们的生活质量,已引起各方的高度关注。节能减排的重点领域是工业,而工业领域中电机的节能潜力巨大,电机的用电量占全国用电量的60%以上。因此,推广应用高效节能电动机对于我国当前的节能减排工作具有十分重要的意义。

1. 我国中小型电机发展历史与现状

(1)Y系列电机

当前我国广泛使用的Y系列三相异步电动机是我国自行进行设计的于1982年定型生产的产品,其采用B级绝缘,具有当时的国际先进水平。Y系列电动机定型生产后,相应淘汰了J、JO系列电动机,取得了一定的节电效果。但当时推广使用也遇到了很大的困难,因为相同容量的Y系列电动机与J、JO系列电动机外形尺寸不一样,在对老设备进行改造时,不容易直接更换,淘汰工作进展不顺利。

(2)Y2系列电机

1996年定型生产Y2系列电机,它是Y系列电动机的更新换代产品。该系列电机的冷却方式和安装尺寸更加符合IEC标准的要求,且提高了防护等级(为IP54)和绝缘等级(为F级);采用浅端盖结构,增加了内部加强筋的数量和尺寸,全部采用铸铁结构。

(3)Y3系列电机

1999年12月23日,国家经贸委下发有关文件明确规定:2002年淘汰热轧硅钢片。为了贯彻国家"以冷代热"产业政策,有关部门随即组织力量开始设计和试制了Y3系列电动机,于2003年成功定型并开始批量生产,防护等级为IP55,绝缘等级为F级。Y3系列三相异步电动机是自行研发出来的国内第一个完整的全系列采用冷轧硅钢片为导磁材料的基本系列电机,系全封闭、外扇冷式鼠笼型结构,具有损耗低、效率高、启动性能好、转矩高、瞬时过载能力等特点,其效率指标完全达到了当时《中小型三相异步电动机能效限定值及节能评价值》(GB 18613—2002)中的能效限定值,也达到了欧洲EFF2标准。

(4)YX3系列电机

为进一步推动"以冷代热"产业政策的落实,生产出更高效率且符合欧盟EFF1标准的电动机,增加我国电动机的出口量,2003年11月,由上海电器科学研究所牵头组织国内几十家著名电机生产企业,开始设计研制YX3系列电机,并于2004年10月,试制出了43个规格、124台样机,于2005年9月通过鉴定。YX3系列电机效率比Y3系列电机效率提高了2.76%。

(5)YE3、YE4系列电机

YE3系列电机被称为超高效电机。它是在2009年,也是由上海电器科学研究所牵头,联合国内电机行业内几十家著名的电机生产企业,设计研制出符合IE3指标的电机。该系列电机采用高导磁低损耗冷轧无取向硅钢片,电动机的外壳防护等级为IP55,绝缘等级为F级,该产品具有温升低、过载能力强、振动小、噪声低的特点。该系列电动机与YX3系列相比损耗又下降了20%。紧接着又设计完成了更高效节能的YE4系列电机。

2. 新型高效节能电动机

电机效率是衡量电机性能好坏的重要技术经济指标之一,减少总损耗是提高电机效率的唯一途径。提高三相电机能效的措施主要有以下几点。

（1）降低定子绕组电阻的损耗

因为电阻上的电功率 $W = I^2R$，减少电阻值和电流即可降低定子绕组损耗，方法有：

①扩大定子槽的截面积。因为这样做可减少磁路面积，增加齿部磁密。

②增加定子槽的满槽率。

③尽量缩短定子绕组端部长度。显然，减少绕组端部长度，可减少定子绕组电阻值。通常，定子绕组端部损耗占绕组总损耗的 1/4 ~ 1/2。

④研制稀土永磁同步电动机。免去了励磁绕组和励磁电流，既可以简化结构，又达到提高效率、提高功率因数的目的。

（2）降低电动机转子绕组的损耗

电动机转子的损耗主要与转子电阻和转子中通过的电流有关，降低电动机转子绕组损耗的方法有：

①减小转子绕组的电阻，增加转子槽截面积。可采用比较粗且电阻率低的导线。目前，中小型鼠笼式电动机转子导条大多采用铸铝材料，如果改用铜导条，则损耗可降低 10% ~ 15%。

②减少转子电流。通过提高电机负载率，避免出现"大马拉小车"现象，提高电机功率因素等来实现。

（3）降低电动机的铁损

降低电动机铁损的方法有：

①采用冷轧硅钢片。采用导磁性能优良、质量稳定、损耗比较低的冷轧硅钢片，可以显著地降低磁滞损耗，同时还可以比较方便地减小硅钢片的厚度，以降低涡流损耗。

②减小磁密度。用增加铁芯的长度来降低磁通密度。

③采用性能优越的铁芯片绝缘涂层。

④采用先进的热处理及制造技术。冷轧硅钢片经过冲剪和弯曲等加工后，会产生机械应力，发生应变，磁性随着发生变化，进而导致铁损增加。所以很有必要对其进行热处理，以恢复其原有的磁性，这样可降低 10% ~ 20% 的损耗。同时应该加快研制新冷轧硅钢片，使得其在被加工成铁芯之后，铁损变化不大，据说英国已有公司研发出此类产品。

（4）降低风摩损耗

降低风摩损耗的方法有：

①由于高效率电机采取了选用优质材料、进行优化设计等措施，使得电机温升比较低，因此可适当缩小风扇尺寸。

②合理设计通风结构，采用轴流式或后倾式风扇。③采用更高品质的轴承。

（5）降低电动机杂散损耗

异步电机的杂散损耗主要是由磁场高次谐波在定转子绕组和铁芯中所产生的高频损耗。一般占输入功率的 0.5% ~3% 之间。降低杂散损耗的方法有：

①改进定子绕组设计减少谐波。

②改进转子表面的切削加工方法，转子槽内表面绝缘处理。

③采用磁性槽泥或磁性槽楔替代传统的绝缘槽楔，削弱齿槽效应，减少附加杂散损耗。

3. 高效电机能效标准

2012 年 9 月，国家发布了《中小型三相异步电动机能效限定值及能效等级》(GB 18613—2012)，把电机的能效分为 1,2,3 级。该标准中，把 Y ~ Y3 系列电动机剔除在外。其中 2 级为节能评价值，3 级则是能效限定值。该标准与 IEC、美国、欧盟的标准比较见表 3 - 2。

表 3 - 2      我国电机能效分级与国外标准对照表

| 标准名称 | 国际标准<br>IEC | 中国 | | 美国 | 欧盟 |
| --- | --- | --- | --- | --- | --- |
| | | GB 186113—2012 | 代表机型 | | |
| 能效分级 | IE1 | 标准级<br>3 级 | Y | | EFF2 |
| | IE2 | 高效<br>2 级 | YX3 | EPACT | EFF1 |
| | IE3 | 超高效<br>1 级 | YE3 | IE3 为能效限定值 | |
| | IE4 | 超超高效 | YE4 | | |

# 八、三相同步电机

三相同步电机是转子转速等于同步转速的一类交流电机。按照功率转换关系,三相同步电机可分同步发电机、三相同步电动机、三相同步补偿机(又称调相机:向电网输送无功功率)三类。

1. 三相同步发电机

(1)基本结构

三相同步发电机由定子和转子两大部分组成。按照结构形式分为旋转磁极式和旋转电枢式两种。前者用于大容量同步电机,后者用于小容量同步电机。旋转磁极式同步发电机的定子结构与三相异步电动机相同,其转子又分为两种:隐极式和凸极式。汽轮发电机就采用隐极式转子,其特点是转子细长,由高机械强度和导磁性能较好的合金钢锻成,转速高(均为 2 极,转速为 3 000 r/min),如图 3 - 16 所示。水轮发电机组、柴油发电机组的转子采用凸极式转子,其特点是转子转轴短粗,转速低,如图 3 - 17 所示。

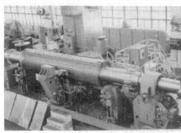

(a)汽轮发电机转子结构(隐极式)

(b)汽轮发电机定子绕组结构

图 3 - 16

（2）基本工作原理

在转子绕组中通入直流电产生恒定磁场，原动机带动转子旋转产生旋转磁场，三相定子绕组切割旋转磁场产生三相对称交流电。

频率 $$f_1 = \frac{pn}{60} \quad (\text{Hz})$$

(a)水轮发电机定子铁芯分段结构

(b)水轮发电机转子结构(凸极式)

**图 3 – 17　同步发电机的结构**

大小 $$E_0 = 4.44 f_1 N_1 k \varphi$$

波形：取决于磁场的空间分布。

相序：取决于转子转向。

（3）同步发电机的主要运行特性

①同步发电机的外特性 $U = f(I)$。

在同步发电机的转速、励磁电流、负载功率因数都不变的条件下，发电机的端电压 $U$ 随负载 $I$ 变化的关系 $U = f(I_L)$ 称为同步发电机的外特性。图 3 – 18 所示为三种不同性质负载下的外特性曲线。对电阻性负载，因交磁电枢反应起主导作用，所以端电压下降较小；对电感性负载，因负载电流有去磁作用，故端电压随负载的增加而下降且比电阻性负载下降得厉害；对电容性负载，因负载电流有增磁作用，故端电压随负载的增加而升高。

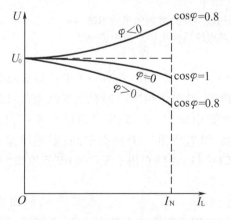

**图 3 – 18　同步发电机的外特性**

发电机的外特性对用电设备有重要影响，大多数负载要求在恒定的电压下运行。为表明同步发电机从满负荷的额定电压 $U_N$,到切除全部负载后的空载电压 $U_0$ 之间的电压相对变化程度,通常采用电压变化率 $\Delta U\% = \dfrac{U_0 - U_N}{U_N} \times 100\%$。

②同步发电机的调节特性 $I_f = f(I)$。

为使同步发电机的端电压基本保持不变,就需要根据负载的大小和负载的性质提供相应的励磁电流 $I_f$。同步发电机在额定转速和一定的负载功率因数下,为保持端电压基本不变,励磁电流 $I_f$ 随负载电流 $I_L$ 的变化关系 $I_f = f(I)$ 称为调节特性。图 3-19 为三种不同性质负载时的调节特性曲线。

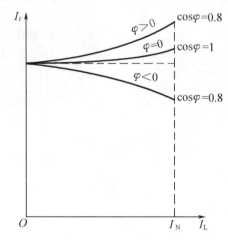

图 3-19 同步发电机的调节特性

(4)同步发电机的并联运行

①同步发电机并联运行的优越性。

a. 可以根据用电负荷的多少,随时调整并联机组数量,使每一台机组都能满负荷高效运行。

b. 便于发电机组的轮流检修,减少备用机组。

c. 提高供电质量,提高供电可靠性。

②同步发电机并联运行的条件。

a. 待并发电机的端电压与电网电压必须相等。

b. 待并发电机的频率与电网的频率必须相等。

c. 待并发电机的相序必须与电网的相序一致。

d. 待并发电机的相位必须与电网的相位一致。

③并联运行的方法。

a. 准同步法。使发电机达到并网运行的条件后合闸并网。常用的方法有灯光明暗法、灯光旋转法和同步表法。

优点:对电网基本没有冲击。

缺点:手续复杂。

◆自同步法。发电机先不加励磁,并用一个电阻值等于 5~10 倍励磁电阻的附加电阻接成闭合回路,由原动机带动转子旋转,当转子转速接近同步转速时就合闸,然后切除附加电阻,加上励磁电流,将同步发电机自动拉入同步。

优点:操作简单,并网迅速。

缺点:合闸时冲击电流稍大。

2. 三相同步电动机

同步电动机广泛应用于拖动恒速大容量的生产机械,如空气压缩机、粉碎机、鼓风机、水泵等。

(1)基本结构

同步电动机的结构与同步发电机的结构基本相同,但转子一般采用凸极式结构。

一般大中型的同步电动机的转子上,除了安装励磁绕组外,还安装有阻尼绕组。阻尼绕组与鼠笼型异步电动机的转子结构相似,只是同步电动机的笼条可以细一些,容量可以小一些。这是因为它只在异步启动时起作用,在同步运行时不切割磁场,不产生感应电动势。阻尼绕组主要有以下两个作用:

①在同步电动机启动时,起启动绕组作用。

②在同步电动机运行中发生振荡时,转子与旋转磁场之间有相对运动,阻尼绕组便产生感应电流,该电流与旋转磁场相互作用产生转矩,该转矩阻止转子相对旋转磁场运动,从而减弱同步电动机的振荡,这就是"阻尼"的含义。

(2)工作原理

对称三相定子绕组通入对称三相正弦交流电产生旋转磁场。转子励磁绕组通入直流电产生与定子极数相同的恒定磁场。同步电动机就是靠定子、转子之间异性磁极的吸引力由旋转磁场带动磁性转子旋转的。在理想空载的情况下,定子、转子磁极的轴线重合。带上一定负载时,气隙间的磁力线将被拉长,使定子磁极超前转子磁极一个 $\theta$ 角,如图 3 – 20 所示,这个 $\theta$ 角称为功角。在一定范围内,$\theta$ 角越大,磁力线拉得越长,电磁转矩就越大。负载一定时,如果增大励磁电流,$\theta$ 角将减小。如果负载过重,$\theta$ 角过大,则磁力线会被拉断,同

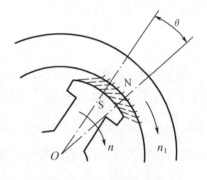

图 3 – 20 同步电动机工作原理

步电动机将停转,这种现象称为同步电动机的"失步"。只要同步电动机的过载能力允许,采用强行励磁是克服同步电动机"失步"的有效方法。

(3)同步电动机的启动

同步电动机不能自行启动,因为同步电动机的启动转矩为零。原因是定子绕组通入交流电后产生旋转磁场,转子绕组通入直流电后产生恒定磁场,两者相互作用时,由于转子的惯性,使之瞬时既受拉力又受排斥力,因此在旋转磁场转一周时,转子所受的平均转矩为零。同步电动机的启动方法通常有如下三种。

①辅助电动机法。用一台与同步电动机极数相同的异步电动机将转子拖到异步转速,再投入电网,加入直流励磁,靠同步转矩把转子拉入同步。

这种方法投资大、不经济、占地面积大,且不适合带负载启动,所以用得不多,个别用于启动同步补偿机。

②异步启动法。励磁绕组先不加励磁(否则启动时会使定子电流显著增加),通过电阻

(阻值为励磁绕组电阻的 10 倍)短接,然后定子绕组通入对称三相交流电,同步电机异步启动,当转子转速达到同步转速 95% 以上时,撤除励磁绕组的短接电阻,通入直流励磁电流,利用定、转子磁场之间的吸引力,将转子拉入同步。这种方法目前被大量采用。

注意:启动时同步电机的励磁绕组不能开路,否则启动时励磁绕组内部会感应危险的高压,把绕组绝缘击穿并引起人身事故。励磁绕组也不能直接短接,否则启动电流也很大。

③变频启动法  在启动之前将转子通入直流电,然后使变频器的频率从零慢慢开始上升,旋转磁场牵引转子缓慢地同步加速,直到额定转速。

这种方法启动电流小,对电网冲击小。在变频调速被广泛应用的今天,这种方法相当容易实现。

(4)同步电动机的主要运行特性

①机械特性。同步电动机的转速不因负载变化而变化。只要电源频率一定,就能严格维持转速不变,这种机械特性叫"绝对硬特性"。

②转矩特性。由于转速恒定,同步电动机的输出转矩与其从电网吸收的电磁功率成正比。当机械负载增加时,电机电流直线上升,只要不超过电动机的过载能力,就能稳定运行。

③过载能力。过载系数 $\lambda = \dfrac{T_{\max}}{T_N}$。通常同步电动机额定运行时,$\lambda = 2 \sim 3$,而功角 $\theta = 20° \sim 30°$。如果 $T_L > T_{\max}$,则 $\theta$ 迅速增大,导致"失步";如果强行励磁,则定子电流剧增,严重过载,烧毁电动机。

④功率因数调节特性。当机械负载一定时,我们可以调节励磁电流,使定子电流达到最小值。

由于输入功率 $P_1 = \sqrt{3}\, U_1 I_1 \cos\varphi$,其中 $P_1$、$U_1$ 都一定,$I_1$ 的改变必然引起 $\cos\varphi$ 的变化。当 $I_1$ 最小时,必然是 $\cos\varphi$ 最大,同步电动机相当于纯电阻负载,这种情况称为正常励磁,简称正励。当励磁电流减小时,功角 $\theta$ 增大,电流 $I_1$ 增大,且 $\dot{I}_1$ 滞后 $\dot{U}_1$ 滞后,同步电动机相当于电感性负载,称为欠励。当励磁电流从正励增大时,功角 $\theta$ 减小,电流 $I_1$ 增大,但 $\dot{I}_1$ 超前 $\dot{U}_1$,同步电动机相当于电容性负载,称为过励。这种保持负载不变,定子电流随转子励磁电流变化的特性叫作功率因数调节特性。

在过励区,同步电动机相当于电容性负载,这对于提高电网的功率因数十分有利,因此同步电动机通常工作在过励区。

3. 同步电机的一般故障及排除方法

同步电机的定子结构与异步电动机相似,励磁机直流电机的结构一样,晶体管整流励磁系统主要是由晶体管、晶闸管整流电路所构成,所以体现在异步电动机、直流电机、晶体管整流线路上的故障及处理方法,同样会体现到同步电动机中来。现将同步电机的几种故障及其原因归纳如下,如表 3 - 3 所示,仅供参考。

表 3 – 3　同步电动机常见故障及其原因

| 序号 | 故障现象 | 引起故障的可能原因 |
|---|---|---|
| 1 | 不能启动 | 1. 转子上启动绕组断条 |
| | | 2. 各铜条的连接处接触不良 |
| | | 3. 绕组匝间短路 |
| | | 4. 电动机的启动转矩低,不足以启动所带动的机械负载 |
| 2 | 转速达不到同步转速且振动较大 | 1. 未加励磁 |
| | | 2. 转子励磁绕组有部分匝间短路 |
| | | 3. 励磁绕组修理后,绕制方向或接法有错误 |
| 3 | 运行中振动过大 | 1. 励磁绕组松动或有移位 |
| | | 2. 励磁绕组匝间短路,绕制或接线不正确 |
| | | 3. 定子、转子之间气隙不均匀 |
| | | 4. 转子不平衡 |
| | | 5. 所带负载不正常 |
| | | 6. 底座固定不良或基础强度不够 |
| | | 7. 机座或轴承支座安装不良 |
| 4 | 电动机失步 | 1. 励磁回路断路或接触不良 |
| | | 2. 励磁绕组匝间短路 |
| | | 3. 励磁机或晶闸管励磁系统发生故障 |
| | | 4. 供电系统发生故障或人为切换电源 |
| | | 5. 相邻处线头短路 |
| | | 6. 电源电压大幅度地下降 |
| | | 7. 电动机所带负载大幅度地突然增加 |
| | | 8. 励磁系统过早地投励 |

## 技能训练

# 技能训练一　三相鼠笼型异步电动机的拆装

### 一、实训目的

1. 学会三相鼠笼型异步电动机的拆装,进一步熟悉三相异步电动机的结构
2. 进一步学会三相异步电动机绕组绝缘电阻的测试方法

### 二、实训器材

1. 三相鼠笼型异步电动机　　　1 台
2. 兆欧表　　　　　　　　　　1 只

3. 万用表　　　　　　　　　　1 只

4. 工具　　　　　　　　　　　1 套

5. 三相交流电源(380 V)

6. 低压单相交流电源(0~36 V)

7. 直流电源(0~15 V)

### 三、实训内容与步骤

1. 三相异步电动机绕组绝缘电阻的测试

(1)断开三相异步电动机的电源。

(2)拆下三相异步电动机的电源线和连接封片。

(3)检查兆欧表的技术性能。

(4)分别测量三相异步电动机绕组的相间绝缘、相对地绝缘,将测量数据填入表 3-4 中。

表 3-4　三相异步电动机绕组的相间绝缘、相对地绝缘

| 相 间 绝 缘 | | | 相 对 地 绝 缘 | | |
|---|---|---|---|---|---|
| U—V | V—W | W—U | U—⊥ | V—⊥ | W—⊥ |
| | | | | | |

根据测量数据判断,该电机能否投入运行?　＿＿＿＿＿＿＿

2. 三相异步电动机的拆装

拆装步骤如下:

(1)拆下电动机的电源线和接地线。

(2)拆下底脚螺母和垫片。

(3)拆下传动皮带、皮带轮或联轴器,并做好标记。

拆卸时,可用专用拉马将联轴器拉下。为了便于松动,可在联轴器孔内滴入煤油、柴油(安装联轴器时,应先将电动机的轴和联轴器孔用砂纸打光滑,然后加入少许牛油,用铜棒垫着联轴器打入电机轴)。

(4)拆下风叶罩和风叶。

(5)拆下前后端盖上的所有螺丝。

(6)在转子轴上垫上木条,用锤子敲击木条,抽出转子。

(7)拆卸轴承(如需要)。

拆卸轴承有两种方法:一种是用拉马拉下轴承;另一种是用铜表垫着轴承内圈,用榔头沿着轴承内圈四周均匀敲打,取下轴承。

更换润滑脂,将轴承和轴承盖上的油脂全部除去,用煤油、汽油或干净的柴油洗干净,用干净的棉布擦干。检查轴承是否正常,若正常,将润滑脂从轴承的一侧向另一侧挤压让润滑脂挤进轴承,并从另一侧挤出一部分。注意,润滑脂不能加得太多,3 000 r/min 的电机加轴承空间的 1/2;1 500 r/min 的电机加轴承空间的 2/3。

电动机的安装步骤与拆卸相反。

安装完毕,应手动盘转几下电动机,检查其是否转动灵活、是否有异常声响。

### 四、评分标准

评分标准见表 3 - 5。

**表 3 - 5  三相鼠笼型异步电动机的检修评分表**

| 考核项目 | 考核内容及要求 | 评 分 标 准 | 配分 | 扣分 | 得分 |
|---|---|---|---|---|---|
| 拆卸前的准备 | 1. 将拆卸所需要的工具、材料、仪表等放置在指定位置<br>2. 断电,拆卸电动机的电源线、接地线,并做好相应的保护<br>3. 电动机表面无灰尘、无油垢 | 1. 考核前未将所需工具、仪器及材料等准备好,扣2分<br>2. 拆除电动机电源线及电动机外壳保护地线工艺不正确,电缆头没有保安措施,共扣2分<br>3. 有灰尘、油垢扣1分 | 5 | | |
| 拆装与检修 | 1. 拆装方法和步骤正确<br>2. 工具、仪表使用正确<br>3. 不碰伤绕组<br>4. 不损坏零部件<br>5. 标记清楚 | 1. 拆装步骤有一步不正确扣5分<br>2. 拆装过程中损伤绕组扣20分<br>3. 更换轴承方法不正确扣5分,损坏轴承扣15分<br>4. 轴承清洗不干净扣5分<br>5. 润滑脂添加过多或过少,扣5分<br>6. 使用工具不正确扣1~5分 | 60 | | |
| 修复后的检验 | 1. 正确绝缘电阻的测量<br>2. 空载试运转<br>3. 测量电机的转速、电流、振动及温度等<br>4. 根据试验结果判定电动机是否合格 | 1. 绝缘电阻测量不正确扣5分<br>2. 空运转试验方法不正确扣5分<br>3. 不会测量电动机的电流、振动、转速及温度等扣5分<br>4. 根据试验结果不会判定电动机是否合格扣5分 | 25 | | |
| 安全文明生产 | 1. 遵守操作规程<br>2. 尊重考评员,讲文明、懂礼貌<br>3. 考试结束要清理现场 | 1. 各项考试中,违反安全文明生产考核要求的任何一项扣2分,扣完为止<br>2. 当考评员发现考生有重大事故隐患时,要立即予以制止,并每次扣考生安全文明生产总分5分 | 10 | | |
| 备注 | | 合计 | | | |
| | | 考评员<br>签字<br><br>        年    月    日 | | | |

# 技能训练二　三相异步电动机定子绕组首尾端的判定

**一、实训目的**

1. 学习三相异步电动机定子绕组首尾端的判定方法
2. 学会三相异步电动机磁极数的判断方法

**二、实训器材**

1. 三相异步电动机　　　　　　　1台
2. 万用表　　　　　　　　　　　1只
3. 工具　　　　　　　　　　　　1套
4. 三相交流电源(380 V)
5. 低压单相交流电源(0~36 V)
6. 直流电源(0~15 V)

**三、实训内容与步骤**

1. 定子绕组首尾端的判定

(1)通电感应法

①理相。先用万用表电阻挡测量任意两绕组端头之间的电阻,若测量得到的电阻比较小,则此两端头属于同一相绕组。用同样方法判断其余两相绕组,并做好标记。

②按图3-21接线、判断。

a. 在通电瞬间:若万用表指针正偏,则 $U_1$,$W_1$ 为同名端。

b. 用同样方法判断 $U_1$,$V_1$,进而判断出三套绕组的极性。

用通电感应法测试同名端的另外一种方法:按照图3-22接线,将万用表置于 mA 挡,用其中一根表棒分别接 $V_1$,$W_1$,在通电瞬间,观察万用表指针的偏转方向。若两次的偏转方向一致,则 $V_1$,$W_1$ 为同名端。

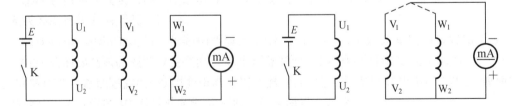

图3-21　通电感应法测试同名端(方法1)　　　图3-22　通电感应法测试同名端(方法2)

(2)绕组串联法

①理相。方法同上。

②按图3-23接线、判断。

在第一相绕组上通上低压(3~36 V)交流电,用万用表分别测量第二相电压 $U_{25}$、第三

相 $U_{36}$ 以及两相绕组串联后的总电压 $U_{56}$。

　　a. 若 $U_{56} = U_{25} + U_{36}$，则 2,6 为同名端。

　　b. 若 $U_{56} = U_{25} - U_{36}$，则 2,3 为同名端。

　　（3）剩磁感应法

　　① 理相。方法同上。

　　② 按图 3 − 24 接线、判断。

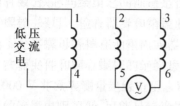 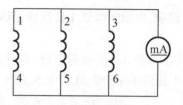

图 3 − 23　绕组串联法测试同名端　　　　图 3 − 24　剩磁感应法测试同名端

转动转子：

　　a. 若万用表指针不摆动或摆动最小,则 1,2,3 为同名端;

　　b. 若万用表指针摆动比较大,则 1,2,3 不全是同名端,应该交换任意一相两个线头,再试验。若万用表指针不摆动或摆动最小,则交换正确,判断结束;若万用表指针仍然摆动比较大,则应交换另外一相再试,直到万用表指针不摆动或摆动最小为止。

　　（4）试运转法

　　将三相异步电动机按照铭牌规定接成 Y 或 △ 形,通额定电压试运行。

　　a. 若三相异步电动机能正常启动、运行,则接线正确。

　　b. 三相异步电动机不能正常启动,或根本不能启动且有异常声响,则说明定子绕组首尾端搞错,需要交换任意一相线头再试,直到正常为止。

　　2. 电动机磁极数的判断

　　（1）用万用表找出一相绕组。

　　（2）按照图 3 − 25 接线。

　　均匀连续转动转子一周,数万用表指针往" ＋ "" − "方向摆的次数,该次数即为电动机的磁极数。

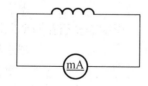

图 3 − 25　判断电动机磁极数

## 四、评分标准

评分标准见表 3 − 6。

#### 表3-6　三相异步电动机定子绕组首尾端的判定

| 考核项目 | 考核内容及要求 | 评分标准 | 配分 | 扣分 | 得分 |
|---|---|---|---|---|---|
| 准备工作 | 1. 准备好仪表、工具、导线、电源<br>2. 断电,拆卸电动机的电源线、接地线,并做好相应的保护<br>3. 拆卸电动机的连接封片 | 1. 考核前未将所需工具、仪表、导线、电源准备好,扣2分<br>2. 拆除电动机电源线及电动机外壳保护地线工艺不正确,电缆头没有保护措施,共扣2分<br>3. 未拆卸电动机的连接封片扣2分 | 5 | | |
| 通电感应法 | 1. 判断方法正确<br>2. 不损坏电机及仪表等 | 1. 没有理相,扣5分<br>2. 判断方法不正确,每错一步扣5分<br>3. 结论错误,扣10分<br>4. 损坏电机或仪表,扣15分 | 25 | | |
| 绕组串联法 | 1. 判断方法正确<br>2. 不损坏电机及仪表等 | 1. 没有理相,扣5分<br>2. 判断方法不正确,每错一步扣5分<br>3. 结论错误,扣10分<br>4. 损坏电机或仪表,扣15分 | 25 | | |
| 剩磁感应法 | 1. 判断方法正确<br>2. 不损坏电机及仪表等 | 1. 没有理相,扣5分<br>2. 判断方法不正确,每错一步扣5分<br>3. 结论错误,扣10分<br>4. 损坏电机或仪表,扣15分 | 25 | | |
| 试运转法 | 1. 判断方法正确<br>2. 不损坏电机及仪表等 | 1. 没有理相,扣2分<br>2. 判断方法不正确,每错一步扣5分<br>3. 结论错误,扣5分<br>4. 损坏电机或仪表,扣6分 | 10 | | |
| 安全文明生产 | 1. 遵守操作规程<br>2. 尊重考评员,讲文明、懂礼貌<br>3. 考试结束要清理现场 | 1. 各项考试中,违反安全文明生产考核要求的任何一项扣2分,扣完为止<br>2. 当考评员发现考生有重大事故隐患时,要立即予以制止,并每次扣考生安全文明生产总分5分 | 10 | | |
| 备注 | | 合计 | | | |
| | | 考评员<br>签字 | | | |
| | | | 年　　月　　日 | | |

# 技能训练三　检修中小型多速异步电动机

## 一、实训目的

1. 学会三相多速异步电动机的拆装、维护保养方法。
2. 学会三相多速异步电动机绕组绝缘电阻的测试方法。
3. 学会三相多速异步电动机三相电流不平衡的判断和检查。

## 二、实训器材

1. 三相多速异步电动机　　　　　1 台
2. 兆欧表　　　　　　　　　　　　1 只
3. 万用表　　　　　　　　　　　　1 只
4. 工具　　　　　　　　　　　　　1 套
5. 三相交流电源(380 V)
6. 直流双臂电桥　　　　　　　　　1 只

## 三、实训内容与步骤

1. 三相多速异步电动机绕组绝缘电阻的测试
(1)断开三相多速异步电动机的电源。
(2)拆下三相多速异步电动机的电源线。
(3)检查兆欧表的技术性能。
(4)测量三相多速异步电动机绕组相对地的绝缘。
备注:对单绕组的倍极双速电动机,只需要测量一次。对于具有两套绕组的多速电动机,还应检查两套绕组之间的绝缘。
2. 三相多速异步电动机的拆装
单绕组三相多速异步电动机的结构与单速异步电动机相同,因而其拆装工艺、维护保养方法等大致相同。
3. 空载试验
电动机经过拆装和绝缘检测合格后,应对每一种转速进行空载试验。按照要求加上额定电压,空载运行 30 min 以上,测量定子三相电流是否平衡,一般要求三相电流中任何一相与三相电流平均值误差不大于10%。
4. 三相电流不平衡的检查
导致三相电流不平衡的原因有以下几种,应做仔细检查。
(1)断路
①电源缺相。用万用表测量各线电压即可查到。
②绕组断路。电动机每相绕组有几条支路并联,其中一条支路或几条支路断路,则三相阻抗不平衡,致使三相电流不平衡。这时应停机检查,用直流双臂电桥测量三相电阻。
a.每相绕组有两路并联,如测量出某相电阻是其他两相的 2 倍时,说明该相 1 条并联支路断路。

b. 每相绕组有三路并联,如测量出某相电阻是其他两相的 1.5 倍时,说明该相 1 条并联支路断路;如测量出某相电阻是其他两相的 3 倍时,说明该相 2 条并联支路断路。

(2)短路

单相绕组或相间短路,短路电流很大,会烧坏保险丝。若保险丝不烧断,则会烧坏绕组,电动机冒烟并有焦臭味。

(3)首尾端接反

如绕组的首尾端接反,将造成三相电流不平衡,会烧保险丝。若保险丝不烧断,则电动机继续运行,电流显著增大,电动机很快会烧坏。应检查绕组的首尾端是否搞错。

### 四、评分标准

评分标准见表 3 – 7。

表 3 – 7　检修中小型多速异步电动机

| 考核项目 | 考核内容及要求 | 评 分 标 准 | 配分 | 扣分 | 得分 |
|---|---|---|---|---|---|
| 调查研究 | 1. 对故障进行调查,弄清出现故障时的现象<br>2. 查阅有关资料记录<br>3. 检查电动机有无异常声响,必要时进行解体检修 | 排除故障前不进行调查研究,扣 5 分 | 5 | | |
| 故障分析 | 1. 根据故障现象,分析故障原因,思路正确<br>2. 判别故障部位 | 1. 故障分析思路不够清晰,扣 15 分<br>2. 不能确定最小故障的范围,每个故障点扣 10 分 | 30 | | |
| 故障排除 | 1. 正确使用工具和仪表<br>2. 找出故障点并排除故障<br>3. 排除故障时要遵守电动机修理的有关工艺要求 | 1. 不能找出故障点,扣 5 分<br>2. 不能排除故障,扣 10 分<br>3. 排除故障不正确,扣 10 分 | 30 | | |
| 电气测量及判别 | 1. 根据故障情况,电气测试合格<br>2. 试车时会测量电动机的电流、转速、温度、振动等<br>3. 对电动机进行观察和测试后,判断其是否合格 | 1. 不会进行电气测试,扣 5 分<br>2. 试车时不会测量电动机的电流、转速、温度、振动等,每项扣 5 分<br>3. 对电动机进行观察和测试后,不能判断其是否合格,扣 10 分 | 35 | | |
| 其他 | 操作如有失误,要从此项总分中扣除 | 1. 排除故障时出现新的故障后不能修复,每个故障点扣 15 分;已经修复,每个故障点扣 8 分<br>2. 损坏电动机,扣 50 ~ 100 分 | | | |
| | | 合计 | | | |
| 备注 | | 考评员<br>签字<br><br>　　　　　　年　月　日 | | | |

# 项目四　直流电机

**教学目的**

1. 熟悉直流电机的结构、工作原理、运行特性。
2. 掌握直流电机的使用维护方法。

**任务分析**

直流电机包括直流电动机和直流发电机两种。直流电动机具有比较宽广的调速范围和平滑的调速特性，在需要平滑调速的生产机械(如轧钢机、矿山卷扬机、电气机车、火电厂锅炉给粉机等)中应用广泛。因此，掌握直流电机的使用维护方法具有相当的实际指导意义。

**直流电机基本知识**

## 一、直流电机的基本知识

直流电动机与交流电动机相比，具有优良的启动性能、宽广的调速范围，可实现频繁的无级快速启动、制动和反转；过载能力大，能承受频繁的冲击负载；能满足自动化生产系统中各种特殊运行的要求。而直流发电机则能提供无脉动的大功率直流电源，且输出电压可以精确地调节和控制。

但直流电机也有它显著的缺点：一是制造工艺复杂，消耗有色金属较多，生产成本高；二是运行时由于电刷与换向器之间容易产生火花，因而可靠性较差，维护比较困难。所以在一些对调速性能要求不高的领域中已被交流变频调速系统所取代。但是在某些要求调速范围大、快速性高、精密度好、控制性能优异的场合，直流电动机的应用目前仍占有较大的比重。

直流电机(图4-1)用途如下：

(a)直流发电机　　　　　　　　(b)Z2系列直流电动机

图4-1　直流电机

①作电源用。将机械能转化为直流电能。
②作动力用。将直流电能转化为机械能。

③信号传递。(直流测速发电机)将机械信号转换为电信号。

④信号传递。(直流伺服电动机)将控制信号转换为机械信号。

1. 基本构造

直流电机由定子、转子(电枢)两大部分组成。定子的作用是产生磁场和支撑电机。转子的作用是产生感应电动势和电磁转矩,实现机电能量的转换,通常也被称为电枢。

(1)定子

定子由以下几部分组成。

①主磁极

作用:产生主磁通。

结构:由铁芯和绕组组成。铁芯用 $1 \sim 2$ mm 厚的钢板制造而成。励磁绕组由漆包线绕制而成,对于复励电机,包括一个与电枢回路串联的串励绕组和一个与电枢并联的并励绕组。

②换向极

作用:产生附加磁场,用以改善电机的换向性能,减小电刷下火花(注:小容量电机不一定装设)。

结构:由铁芯和绕组组成。通常铁芯由整块钢做成,换向磁极的绕组与电枢绕组串联。换向磁极装在两个主磁极之间,如图4-2所示。其极性在作为发电机运行时,应与电枢导体将要进入的主磁极极性相同;在作为电动机运行时,则应与电枢导体刚离开的主磁极极性相同。

③机座

作用:一是固定主磁极、换向磁极和端盖等;二是作为电机磁路的一部分(称为磁轭)。

结构:用铸钢浇铸或钢板焊接而成。

④电刷装置

作用:通过固定的电刷和换向器作滑动接触,使电枢绕组和外电路接通。

结构:主要由电刷、刷屋等组成,如图4-3所示。

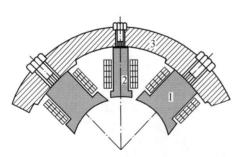

1—主磁极;2—换向极;3—机座。

图4-2　电机中的磁极

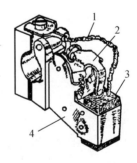

1—铜丝辫;2—压紧弹簧;3—电刷;4—刷屋。

图4-3　电刷装置

(2)转子(电枢)

作用:通过电磁关系实现能量转换(机械能、电能之间的相互转换)。

结构:由电枢铁芯、电枢绕组、换向器组成,如图4-4所示。

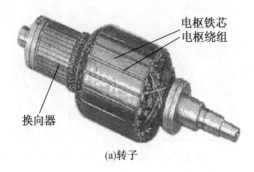

(a)转子

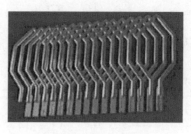

(b)电枢绕组展开示意图

**图 4 - 4 直流电机转子**

**2. 基本工作原理**

**(1)直流电动机**

通电的电枢绕组受到磁场的作用力而使电枢旋转起来。通过换向器,使直流电动机获得单方向的电磁转矩;通过换向片使处于磁极下不同位置的电枢导体串联起来,使其电磁转矩叠加获得几乎恒定不变的电磁转矩。

**(2)直流发电机**

原动机带着电枢旋转,电枢绕组作切割磁力线运动产生感应电动势。通过换向器使电枢绕组内产生的交变电动势转变为电刷之间单向脉动电动势;又因为同一磁极下不同位置的电枢导体串联起来使感应电动势相叠加而获得几乎恒定不变的直流电动势。

**(3)直流电机的可逆原理**

比较直流电动机与直流发电机的结构和工作原理可以发现:一台直流电机既可以作为发电机运行,也可以作为电动机运行,只是其输入输出的条件不同而已。

如果在电刷两端加上直流电源,将电能输入电枢,则从电机轴上输出机械能,驱动生产机械工作,这时直流电机将电能转换为机械能,工作在电动机状态。

如果用原动机驱动直流电机的电枢旋转,从电机轴上输入机械能,则从电刷两端可以引出直流电动势,输出直流电能,这时直流电机将机械能转换为直流电能,工作在发电机状态。

同一台电机,既能作发电机运行,又能作电动机运行的原理,称为电机的可逆原理。实际的直流电动机和直流发电机在设计时考虑了工作特点的一些差别,因此有所不同。例如直流发电机的额定电压略高于直流电动机,以补偿线路的电压降,便于两者配合使用。直流发电机的额定转速略低于直流电动机,便于选配原动机。

**3. 直流电动机的分类及应用场合**

根据励磁方式的不同,直流电动机可以分为他励、自励(并励、串励和复励)、永磁方式,接线图如图 4 - 5 所示。

图 4 - 5 中,$A_1$,$A_2$ 为电枢绕组,$B_1$,$B_2$ 为换向极绕组,$E_1$,$E_2$ 为并励绕组,$D_1$,$D_2$ 为串励绕组。

**(1)他励电动机**

他励方式中,电枢绕组和励磁绕组电路相互独立,电枢电压与励磁电压彼此无关。他励电动机适用于调速范围较宽、负载变化时转速变化不大的场合,如某些精密车床、铣床、刨床、磨床。

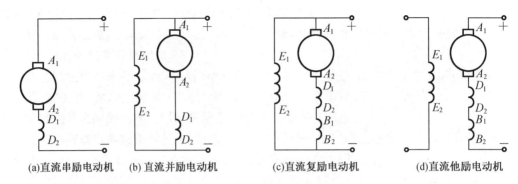

(a)直流串励电动机　　(b) 直流并励电动机　　　(c)直流复励电动机　　　(d)直流他励电动机

图4-5　直流电动机接线图

（2）并励电动机

并励方式中,电枢绕组和励磁绕组是并联关系,由同一电源供电。并励电动机的适用场合与他励电动机相同。

（3）串励电动机

串励方式中,电枢绕组与励磁绕组是串联关系。适用于启动比较频繁、启动转矩和过载能力大的恒转矩负载,如起重机、电力机车等。

（4）复励电动机

复励电机的主磁极上有两部分励磁绕组,其中一部分与电枢绕组并联,另一部分与电枢绕组串联。当两部分励磁绕组产生的磁通方向相同时,称为积复励,反之称为差复励。

复励电动机适用于要求启动转矩比较大,而转速变化又不显著的负载,如冲床、印刷机等。

4. 直流电机的铭牌数据与系列

（1）直流电机的铭牌数据

凡表征电机额定运行情况的各种数据均称为额定值,标注在电机铝制铭牌上,它是正确合理使用电机的依据。直流电机的主要额定值如表4-1所示。

表4-1　直流电机的铭牌

| 型号 | Z2-11 | 励磁方式 | 并励 |
|---|---|---|---|
| 额定功率 | 0.4 kW | 励磁电压 | 220 V |
| 额定电压 | 220 V | 励磁电流 | 0.22 A |
| 额定电流 | 2.64 A | 工作制 | 连续 |
| 额定转速 | 1 500 r/min | 绝缘等级 | |
| 出厂编号 | | 质量 | 30 kg |
| ××××电机制造有限公司 | | | |

（2）直流电机的型号及系列

产品代号的含义

Z系列:小型直流电机系列( Z2,Z3,Z4 等系列)。系列容量为 0.4～200 kW,电动机电压为 110 V、220 V,发电机电压为 115 V、230 V,属防护式。

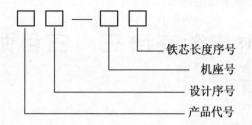

ZF,ZD 系列:一般用途的中型直流电机系列。"F"表示发电机,"D"表示电动机。系列容量为 55 ~ 1 450 kW。

ZJ 系列:精密机床用直流电机。

ZT 系列:广调速直流电动机。

ZQ 系列:直流牵引电动机。

ZH 系列:船用直流电动机。

ZA 系列:防爆安全型直流电动机。

ZKJ 系列:发掘机用直流电动机。

ZZJ 系列:冶金、起重机用直流电动机。电压有 220 V、440 V 两种。工作方式有连续、短时和断续三种。该系列电机启动快速,过载能力大。

# 二、直流电机的运行特性

1. 直流发电机的运行特性

(1)电枢电动势

$$E_a = C_e \Phi n$$

式中 $C_e$——电机结构常数(电势常数);

$\Phi$——每极磁通;

$n$——电枢转速。

(2)电磁转矩

$$T_M = C_M \Phi I_a$$

式中 $C_M$——转矩常数;

$\Phi$——每极磁通;

$I_a$——电枢电流。

(3)直流发电机的电动势平衡方程式

$$E_a = U_a + I_a R_a$$

式中 $U_a$——发电机电枢端电压;

$R_a$——发电机电枢绕组电阻。

(4)直流发电机的转矩平衡方程式

$$T_1 = T_M + T_0$$

式中 $T_1$——输入到发电机的机械转矩;

$T_0$——空载转矩。

(5)直流发电机的功率平衡方程式

$$P_1 = P_2 + P_{Cu} + P_\Omega + P_{Fe}$$

式中　$P_1$——输入到发电机的机械功率；

　　　$P_2$——发电机输出的电功率；

　　　$P_{Cu}$——发电机的铜损；

　　　$P_{Fe}$——发电机的铁损；

　　　$P_\Omega$——发电机的机械损耗。

(6)并励发电机的自励条件

①发电机主磁极必须有剩磁；

②励磁绕组产生的磁场方向必须与剩磁方向一致；

③励磁回路的总电阻必须小于临界电阻。

2. 直流电动机的机械特性

(1)直流电动机的电动势、功率、转矩平衡方程式

①直流电动机的电势平衡方程式为

$$U = E_a + I_a R_a$$

②直流电动机的功率平衡方程式为

$$P_1 = P_2 + P_{Cu} + P_\Omega + P_{Fe}$$

式中　$P_1$——输入电功率；

　　　$P_2$——输出的机械功率；

　　　$P_{Cu}$——电动机的铜损；

　　　$P_{Fe}$——电动机的铁损；

　　　$P_\Omega$——电动机的机构损耗。

③直流电动机的转矩平衡方程式为

$$T_M = T + T_0$$

式中　$T_M$——电动机的电磁转矩；

　　　$T$——电动机输出的机械转矩；

　　　$T_0$——空载转矩。

(2)直流电动机的机械特性

①并励电动机的机械特性

由

$$T_M = C_M \Phi I_a$$

可得

$$n = \frac{U}{C_e \Phi} - \frac{R_a}{C_e C_M \Phi^2} T = n_0 - \alpha T$$

式中　$n_0$——理想空载转速；

　　　$\alpha$——机械特性曲线的斜率。

并励电动机的机械特性曲线如图 4-6 所示。这种电动机从空载到满载转速降落很小，机械特性为"硬特性"，适用于要求转速比较稳定的场合。

注意：并励、复励电动机运行时严禁励磁回路开路。

②串励电动机的机械特性

串励电动机轻载时，$I_a$ 不大，磁路不饱和。故当 $I_a$ 增大时，$\Phi$ 也增大，使转速 $n$ 迅速下降。重载时，$I_a$ 比较大，磁路已经饱和，$\Phi$ 基本不随 $I_a$ 变化，$n$ 的下降已经不明显，与并励电

动机相似,串励电动机的机械特性如图4-7所示。这种转速随转矩的增加而急剧下降的机械特性叫"软特性"。串励电动机适用于负载转矩变化大,要求启动转矩大的场合。串励电动机不允许空载、轻载运行,不允许使用皮带或链条传动。

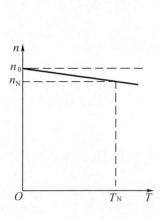

图4-6 直流并励电动机的
机械特性曲线

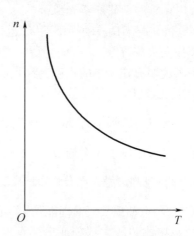

图4-7 串励电动机的机械特性曲线

## 三、直流电机的电枢反应与换向

1. 直流电机的电枢反应

当电枢绕组中有电流时,就会产生一个电枢磁场。电枢磁场对主磁场的影响叫电枢反应。电枢反应将使主磁场发生畸变,即使得合成磁场的轴线偏移一个 $\beta$ 角度,其偏移的方向对发电机是与电枢旋转方向相同,对电动机则相反。同时,电枢反应还将使主磁场被削弱。这两个方面的结果将使得直流电机的火花加大,使发电机发出的电动势降低,使电动机输出的转矩减小。

2. 直流电机的换向

(1)直流电机的换向过程

直流电机旋转时,电枢绕组元件的有效边越过磁极中性线,从一个磁极下进入另一个极性相反的磁极下,电枢绕组元件从一条支路经过电刷进入另一条支路,该元件中的电流方向发生改变称为换向。元件中的电流从 $i$ 变为 $-i$ 的过程叫换向过程,该过程经历的时间叫换向周期。

(2)换向火花产生的原因

①电磁方面的原因

由于换向元件中的电流从 $i$ 变为 $-i$,将产生一个自感电动势来阻碍电流的变化。如果有几个元件同时换向,还会产生互感电动势,来阻碍电流的变化。其次,由于电枢反应使处于几何中心线上的换向元件处磁场不再为零,便产生一个旋转电动势,也是阻碍电流变化的。以上电动势相叠加,就在换向元件中产生附加电流,从而出现换向火花。

②机械方面的原因

a. 换向器偏心;

　　b. 换向器表面换向片或云母片凸出,换向器表面污染;

　　c. 电刷压力不合适,电刷与刷屋配合不好;

　　d. 电刷安装位置不正确;

　　e. 电刷接触面研磨不光滑;

　　f. 电机装配不良或动平衡不好,运行时引起振动。

　　3. 换向火花等级

　　为了说明火花大小的程度,我国电极技术标准中规定了火花等级。

　　1 级:无火花。

　　$1\frac{1}{4}$ 级:电刷边缘仅小部分(1/5 到 1/4 电刷边长)有断续的几点点状火花。换向器上没有黑痕迹及电刷上没有灼痕。

　　$1\frac{1}{2}$ 级:电刷边缘大部分(大于 1/2 电刷边长)有连续的比较稀的颗粒状火花。换向器上有黑痕,用汽油擦其表面即能除去,同时电刷有轻微灼痕。

　　2 级:电刷边缘大部分或全部有连续的比较密的颗粒状火花,开始有断续的舌头状火花。换向器上有黑痕用汽油擦其表面不能除去,同时电刷有灼痕。如短时出现这一级火花,换向器上不出现灼痕,电刷未烧焦或未损坏。

　　3 级:电刷整个边缘有强烈的舌头状火花,伴有爆裂声音。换向器上黑痕严重,用汽油不能擦除,同时电刷有灼痕。如在这一级火花下短期运行,则换向器上将出现灼痕,同时电刷将被烧焦或损坏。

　　对于一般的电机,在额定负载下运行时,火花不应大于 $1\frac{1}{2}$ 级;2 级火花仅允许电机在过载、启动或反转瞬时出现,不允许长期存在。

　　4. 改善换向的方法

　　(1)加装换向极

　　利用换向极在换向元件中产生的换向极电动势来抵消换向元件中的电抗电动势和电枢反应电动势。换向极绕组与电枢绕组串联,且换向极磁路应不饱和。加装换向极必须正确选择极性,对发电机而言,必须与前方的主磁极的极性相同(沿电机旋转方向为 N′ - N - S′ - S);对电动机而言,则必须与前方的主磁极极性相反(沿电机旋转方向为 N - N′ - S - S′)。其中,N′,S′ 为换向极,N,S 为主磁极。

　　(2)移动电刷

　　对于小容量电机,一般不设换向极,此种情况下可移动电刷的位置使之偏离几何中性线,尽量位于物理中性线。注意,对于发电机必须顺着电枢旋转方向移动一个角度;对于电动机则必须逆着旋转方向移动一个角度。

　　(3)合理选用电刷

　　要求电刷与换向器表面的接触电阻尽量大一些,同时电刷的耐磨性要好。一般采用石墨电刷;低压大电流电机采用金属石墨电刷(接触电阻比较小);对换向特别困难的电机可采用分裂式电刷。

# 四、直流电动机的启动、调速、反转、制动

## 1. 直流电动机的启动

要使得电动机启动过程达到最优的要求,应考虑的问题如下:

(1)启动电流的大小;

(2)启动转矩的大小;

(3)启动时间的长短;

(4)启动过程是否平衡;

(5)启动过程的能量损耗;

(6)启动设备是否简单以及可靠性。

上述问题中,(1)(2)是主要的,原因如下:

(1)启动电流大,$I_{st} = (10 \sim 20)I_N$。$I_{st}$太大会使电刷产生严重的火花,烧坏换向器。

(2)启动转矩大,$T_{st} = (10 \sim 20)T_N$。太大的启动转矩会造成机械冲击,使传动机械遭受损坏。一般$I_{st}$限制在$(1.5 \sim 2.5)I_N$范围内。

直流电动机的启动方式主要有以下两种。

(1)降压启动。即启动时先将电压降低,然后逐渐升高电压,直至达到额定转速。现一般采用晶闸管可控整流电源。降压启动虽然需要专用电源,设备投资大,但它启动电流小,升速平滑,并且启动过程中能量消耗也较少,因而得到广泛应用。

应注意:并励电动机降压启动时不能降低励磁电压。

(2)电枢回路串电阻启动。即在电枢回路中串入启动电阻,然后根据电流原理或时间原则分段切除电阻。

为使电动机转速能均匀上升,启动后应把与电枢串联的电阻平滑均匀切除。实际中将电阻分段切除,并利用接触器的触点来分段短接启动电阻。由于每段电阻的切除都需要有一个接触器控制,因此启动级数不宜过多,一般为$2 \sim 5$级。

图4-8所示为他励直流电动机串电阻三级启动。启动时依次切除电阻$R_1$,$R_2$,$R_3$,相应的电动机工作点从$a$点到$b$点、$c$点、$d$点…,最后稳定在$h$点运行,启动结束。

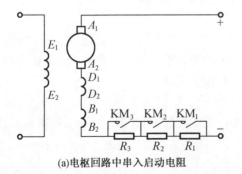

(a)电枢回路中串入启动电阻

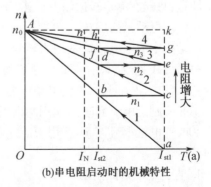

(b)串电阻启动时的机械特性

**图4-8 他励电机串电阻启动**

这种启动方法简单,价格便宜,但在启动电阻上有能耗,用于小容量的或容量稍大但不需要经常启动的电动机。

2. 直流电动机的调速

由电动机的机械特性方程式 $n = \dfrac{U}{C_e\Phi} - \dfrac{R_a}{C_e C_M \Phi^2} T$ 可知有如下三种调速方式。

(1)调压调速(改变电源电压调速)

方法:保持励磁电压(为额定电压)不变、电枢回路不串联电阻,升高电源电压,电动机转速升高;降低电源电压,电动机转速下降。机械特性曲线如图4-9所示。

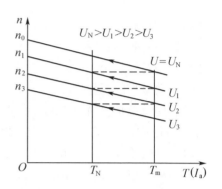

图4-9　改变电源电压的机械特性曲线

优点:调速性能好、调速范围宽(既能在额定值以上调速,又能在额定值以下调速)、能实现平滑的无级调速;机械特性硬度不变,稳定性好。

缺点:设备比较复杂、成本高。

(2)电枢回路串电阻调速

方法:保持电源电压和励磁电流不变(均为额定值),增加电枢回路串联的电阻,则电动机转速下降;减小串联的电阻,则电动机的转速下降。

优点:所需要的设备简单、成本低。

缺点:调速性能差,机械特性变软,是有级调速;只能在额定转速以下调速,调速范围窄;能耗大、不经济。

注意:只要兼顾调速与启动两方面的要求,选择合适的阻值和功率,一般串联电阻兼作启动和调速之用。

(3)改变磁通调速(改变励磁电流调速)

方法:保持他励直流电动机电枢电源电压不变,电枢回路不串接电阻,增大磁通,则电动机的转速下降;减小磁通,则电动机的转速升高。当励磁回路开路时,磁通最小(仅有剩磁),则电动机会发生"飞车"事故。

优点:控制方便、能耗小;可以实现平滑的无级调速。

缺点:只能在额定转速以上调速,调速范围窄;机械特性硬度稍有降低。

3. 直流电动机的反转

电动机中的电磁转矩是动力转矩,因此改变电磁转矩 $T$ 的方向就能改变电动机的转向。根据公式 $T = C_T\Phi I_a$ 可知,只要改变磁通 $\Phi$ 或电枢电流 $I_a$ 这两个量中一个量的方向,就能改变 $T$ 的方向。因此,直流电动机的反转方法有如下两种:

①改变励磁电流方向:适用于串励电动机。

②改变电枢电流方向:适用于他励或并励电动机。反转时应将电枢绕组和换向极绕组同时反接。

4. 直流电动机的制动

电动机的制动是指在电动机轴上加一个与旋转方向相反的转矩,以达到快速停车、减速或稳速的目的。电动机的制动过程,要求迅速、平滑、可靠、能量损耗小,并且制动电流应小于限值。

制动方法分为机械制动和电气制动两大类。电气制动又分为如下三种。

（1）能耗制动

方法：保持励磁电流不变，将电枢绕组从电源上切除，并立即与制动电阻连接成闭合回路。电枢凭借惯性继续旋转而呈发电状态，将转动动能转化为电能并消耗在电枢回路中（故称为能耗制动），同时获得制动转矩。能耗制动示意图如图 4 - 10 所示。

优点：设备简单、成本低，制动平稳、能实现准确停车，冲击力小，对电网影响小。

缺点：能量未被利用、制动速度缓慢。

（2）反接制动

方法：对于他励或并励电动机，将电枢绕组反接，反接时必须串入限流电阻；对于串励电动机，将串励绕组反接。当电动机转速接近零时，及时切断电源，防止电动机反转。电枢反接制动接线图如图 4 - 11 所示。

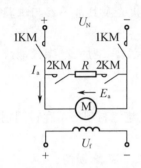

图 4 - 10　能耗制动示意图

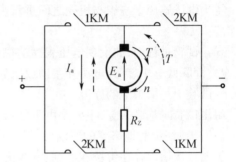

图 4 - 11　电枢反接制动接线图

优点：制动力强、制动迅速。

缺点：对电网、设备冲击大，不够准确、平稳，能耗较多。

（3）回馈制动（再生制动）

方法：电动机因受到外力作用而使得转速超过理想转速，使反电动势高于电源电压，使电枢电流反向，变为发电运行状态，将机械能转化为电能并回馈电网，获得制动转矩以限制电动机转速不至于无限制地升高。

优点：经济性好。

缺点：应用范围窄，如电机车下坡、起重机下放重物等。

# 五、交、直流电机的耐压试验

1. 耐压试验的目的

交、直流电机耐压试验的目的是检验电动机各绕组对机壳及其他绕组相互之间的耐压绝缘强度是否符合有关标准的规定，以确保电动机的安全运行以及操作人员的人身安全。

2. 耐压试验的方法及其注意事项

（1）试验方法

交、直流电机耐压试验的方法、试验线路、试验步骤同变压器的耐压试验。试验电压为 50 Hz 的正弦波交流电压，试验电压标准见表 4 - 2。

表4-2　交、直流电机耐压试验的电压标准

| 电机功率/kW | 试验电压/V |
|---|---|
| <1 | $500 + 2U_N$ |
| 1~3 | 1 500 |
| >3 | 1 760 |

(2)耐压试验的注意事项

①试验前应先测定绕组的绝缘电阻,符合要求后才能进行耐压试验。

②如果要求作超速、短时过电流或过转矩、温升等试验,则耐压试验应在这些试验结束后进行。

③试验应在电机处于静止状态下进行。

④当电压施加于绕组与机壳之间进行测试时,铁芯与机壳及其他不参与试验的绕组均应连接。

⑤在试验过程中,如发现电压表摆动很大,电流表指示急剧增加,绝缘冒烟或发出声响等,应立即降低电压、断开电源并接地放电后再进行试验。

3. 试验中绝缘击穿的原因

耐压试验时绝缘击穿,主要是由于制造、修理工艺及其绝缘材料质量存在问题。

(1)造成绕组对地击穿的原因

①槽口及槽内存在尖棱和毛刺、下线工艺不当使槽口底部绝缘损伤;

②槽下绝缘垫偏、竹槽楔吸潮;

③油污使槽口绝缘封闭不良;

④对于高压绕组,因绕组端部绝缘的搭缝处离铁芯太近或端部距离机壳及其附近金属部件之间太近,而使绕组对地发生爬电和飞弧。

⑤对于直流电机,因为云母片损坏、换向器内部存在异物,而产生爬电、对地击穿。

(2)造成相间绝缘击穿的原因

①相间绝缘物尺寸不符合规定,绝缘垫本身有缺陷,层间绝缘垫偏;

②下线时损伤漆包线;

③绕组连线或引出套管绝缘损坏等。

另外,耐压试验没有按照电机试验的先后次序进行,没有按照操作要求及规定进行,也有可能造成绝缘击穿。

# 六、直流电机的常见故障及其原因

直流电机的故障比较多,为清晰起见,现列表说明,具体见表4-3,表4-4。

表 4 – 3 直流电动机的常见故障及其原因

| 序号 | 故障现象 | 引起故障的可能原因 |
|---|---|---|
| 1 | 不能启动 | 1. 电源未接通或电源电压太低 |
| | | 2. 电动机接线板的接线错误 |
| | | 3. 电刷接触不良或换向器表面太脏 |
| | | 4. 启动时负载过大 |
| | | 5. 直流电源容量太小 |
| | | 6. 电刷位置不对 |
| | | 7. 轴承损坏或被杂物卡住 |
| 2 | 电机转速不正常 | 1. 电源电压过高、过低或变动过大 |
| | | 2. 电刷接触不良 |
| | | 3. 电刷位置不对 |
| | | 4. 串励电动机空载或轻载运行 |
| | | 5. 复励电动机中串励绕组接反 |
| | | 6. 电枢绕组部分短路 |
| 3 | 电机温升过高 | 1. 长期过载 |
| | | 2. 电枢绕组或换向片短路 |
| | | 3. 换向极接反 |
| | | 4. 定子、转子相擦 |
| | | 5. 电源电压过低 |
| | | 6. 励磁绕组部分短路 |
| 4 | 电刷火花过大 | 1. 电刷位置不对 |
| | | 2. 电刷与换向器接触不良 |
| | | 3. 电刷上弹簧压力不均匀 |
| | | 4. 电刷牌号不符合要求 |
| | | 5. 换向器表面不光洁 |
| | | 6. 换向器表面有电刷粉、油污等引起环火 |
| | | 7. 负载过大 |
| | | 8. 换向极极性接错或换向极绕组短路 |
| | | 9. 电枢绕组与换向片脱焊 |
| | | 10. 换向器云母片凸出 |

表 4 - 4　直流发电机的常见故障及其原因

| 序号 | 故障现象 | 引起故障的可能原因 |
|---|---|---|
| 1 | 发电机不能发电 | 1. 并励绕组接反 |
| | | 2. 并励绕组电路断路 |
| | | 3. 并励绕组短路 |
| | | 4. 励磁绕组中电阻过大 |
| | | 5. 转子旋转方向错误 |
| | | 6. 转子转速太慢 |
| 2 | 发电机的电压过低 | 1. 他励绕组极性接反 |
| | | 2. 串励绕组和并励绕组相互接反 |
| | | 3. 原动机转速过低 |
| | | 4. 传动带过松 |
| | | 5. 负载过重 |
| | | 6. 复励发电机中串励绕组接反 |
| | | 7. 电刷位置不对 |

# 七、直流电动机的保养维护

定期对直流电机进行保养维护可以延长其寿命、降低事故的发生率,对于企业的长期发展有着十分重要的意义。一般来说,直流电机每 1～2 年需要进行一次彻底的检修。

直流电机的换向器、轴承、绕组等部件都容易出现老化、破损,维修人员在对电机进行检修时,需要格外重视这些部件。

1. 简述直流电机的保养

(1)直流电机保养维护的必要性

直流电机在工业生产中一直是十分重要的设备,对其做好保养维护工作是十分重要的。直流电机在出厂前要经过多项试验考核,将电机在额定工况下的换向调到最好的状态,各种性能指标均达到国家标准及相关技术文件的要求。直流电机到达现场运行一段时间后,就可能会出现各种故障。直流电机属于比较精细的设备,可能诱发故障的原因很多,所以电机到达现场投入运行使用后的维护和保养是至关重要的。直流电机在工作时容易受到环境因素影响,如工作环境灰尘较多,直流电机的换向器就容易磨损;如果工作环境湿度过大,绝缘电阻就容易失去绝缘性,可能发生漏电事故,会给人们的生产生活带来十分严重的影响。因此,做好直流电机的保养与维护工作是十分重要的。

(2)直流电机易损部分

直流电机在工作时,会受到各种各样因素的影响。长时间工作后,电机的换向器、轴承、绝缘电阻、电刷等部分容易出现弯曲、磨损。这时,就需要对这些部位进行保养和维护。换向器在工作时会产生一层保护膜,避免换向器受到烧伤和磨损,但如果保护层存在倾斜,换向器的工作效率就会下降,这时就要及时对保护层进行打磨修正。

轴承在工作时需要润滑油进行润滑,如果润滑油量不够或者质量较差,就会对直流电机的正常工作造成影响,这时,就需要及时更换润滑油。绝缘电阻长时间工作后很容易出现老化现象,可能导致漏电事故。为此,要定期测量绝缘电阻的阻值,当发现阻值降低时,要进行调整,若调整无效,则要及时联系厂家进行更换。

**2. 直流电机维护的注意事项**

检修时一定要细致,对于易损部分要进行严格的检查,避免出现维护漏洞。对于老式直流电机,要重点检查轴伸、轴径、绝缘电阻、换向器表面、刷盒的部位;新型的直流电机则重点检查换向器与刷盒。直流电机属于较为精密的设备,很多因素都可能对其工作造成影响。因此,在进行检修工作时,一定要认真、细致,要尽量避免检修死角。

涂油是直流电机保养的重要环节,在对电机设备进行涂油时,首先要清理电机内部,可用布或海绵擦净刷盒、换向器等部位,而后对这些部位进行涂油,涂油时要秉承"少量多次"的原则,不可一次性将全部机油涂在同一部位,避免出现"甩油"的情况,在涂油后用纸包好换向器。再将整个电机用帆布盖好,防止在机油浸润的过程中有灰尘浸入电机内部,对电机造成破坏。

**3. 直流电机维护的要点**

(1)换向器的检修

换向器是直流电机最重要的部分之一,其在工作过程中很容易出现擦伤、磨损的情况,在检修时需要格外注意。换向器在工作时,会产生较高的温度,长时间在该条件下工作时,其表面会出现一层深红色有光泽的薄膜,该层薄膜质地坚硬,是保护换向器免受磨损的隔离层。在检修的过程时,要注意不要用锉刀或砂纸打磨该层,如果保护层生成得不均匀,有比较明显的倾斜或有较严重的烧伤时,可用 00 号砂纸轻轻打磨;若换向器保护层破损严重,需要使用车刀削换向器,并将云母片适当地下压,以防止云母片过于突出,阻碍保护膜的生成。在对换向器进行修正时,要注意做好残渣的收集工作,适当时可采取在隔离设备中进行作业,以免残渣落入电机内部。打磨完毕后,要用高温吹风机将换向器周围吹净,并对打磨过的部位吹 10 ~ 15 min,养护换向器保护层。

(2)轴承的检测与保养

轴承的保养主要分为两个步骤:对轴承进行屈服检查,检查轴承是否有老化、弯曲的现象,如果出现这些问题,就要更换电机轴承,避免出现安全事故。另外,轴承在工作时需要消耗一定的润滑油,工作人员对电机进行维护时要格外注意对轴承进行润滑保养,进行润滑油的更换与填充。具体来说,工作人员要检查轴承座中的润滑油余量,要保证余量在满油量的二分之一以上。另外,还要注意对润滑系统的定期清洁,从轴承中取油样进行化验,分析油中所含水分及泥垢,根据电机运行时间和油的清洁情况确定更换新油时间,一般运行 2 200 ~ 3 500 h 更换一次,更换新油时要全部放出油槽中的存油,并用汽油洗净轴承后再注入新油。另外,为了保证电机轴承的正常运转,技术人员要测量轴瓦的工作温度,要保证轴瓦极限工作温度在 75 ~ 85 ℃之间。

(3)绝缘电阻阻值的校正

直流电机各绕组对地及相互间存在一定的绝缘电阻。绝缘电阻的阻值对电机的正常运行有着十分重要的意义。当绝缘电阻阻值性能下降到 0.25 MΩ 以下时,电机就无法正常运作。一般来说,直流电机绝缘电阻每 3 ~ 5 年进行一次校正即可,但如果电机工作条件不佳,环境湿度过大,就可能导致绝缘电阻阻值波动较大,影响电机的正常运作,为此,对绝缘电阻定期阻值校正也是十分必要的。根据厂家要求,绝缘电阻的绝缘性能一般不能低于 0.5 MΩ,如果经过兆欧表的测试,电机接地阻值低于该标准,就要将电机内烘干,然后将电刷前移1~2片,再启动机器,校正电机接地的阻值。

换向器是直流电机中十分重要的部件,换向器在工作时表面会形成一层质地坚硬、表面光滑的薄膜,这层薄膜对于保护换向器免受磨损、烧伤有着十分重要的意义。但是保护层可能凹凸不平,这时,就需要对其进行打磨,避免换向器出现磨损。轴承是电机的核心部件,在长时间工作后,轴承可能出现弯曲、磨损,这时要及时地对轴承进行修正和打磨,避免轴承杆件破损,另外还要及时对轴承杆件进行注油,避免电机受到磨损。

**技能训练**

# 技能训练一　直流电动机的接线及电刷中性位置的确定

## 一、实训目的

1. 掌握直流复励电动机的接线方法
2. 掌握直流电动机电刷中性位置的判断方法

## 二、实训器材

1. 直流复励电动机　　　　　　1台
2. 直流稳压电源　　　　　　　1台
3. 万用表　　　　　　　　　　1只
4. 工具　　　　　　　　　　　1套
5. 直流电源(220 V)

## 三、实训内容与步骤

1. 电刷中性位置的判断
(1)直流电动机出线端的辨认
要判断电刷中性位置,首先要辨认电动机的出线端。直流电动机的出线端标记见表4-5。

表4-5　直流电动机出线端标记

| 绕组名称 | 老　标　准 | | 新　标　准 | |
|---|---|---|---|---|
| | 始　端 | 末　端 | 始　端 | 末　端 |
| 电枢绕组 | S1 | S2 | A1 | A2 |
| 换向绕组 | H1 | H2 | B1 | B2 |
| 串励绕组 | C1 | C2 | D1 | D2 |
| 并励绕组 | B1 | B2 | E1 | E2 |
| 他励绕组 | T1 | T2 | F1 | F2 |
| 补偿绕组 | BC1 | BC2 | C1 | C2 |

①万用表法。用万用表的欧姆挡($R \times 1, R \times 10$ 挡)去测量电机的出线端,则:

a. 并励绕组———阻值最大;

b. 补偿绕组———阻值很小,转动转子时阻值不变化;

c. 电枢绕组 + 换向绕组———阻值很小,且转动转子时阻值变化。

②试灯法。用蓄电池或干电池串联一灯泡,两端接出测试棒,测量电枢绕组时灯泡很亮,而且与换向器相通;测试串励绕组时灯泡也很亮,但与换向器不相通;测量并励绕组时,灯泡很暗或不亮,只是在碰接处有微弱的火花。

(2)电刷中性位置的判断

电刷中性位置的确定直接关系到直流电动机的工作特性,因此是一项不可缺少的工作。确定电刷中性位置有感应法、正反转发电机法和正反转电动机法等三种。

①感应法。这是最常用的一种方法,如图 4 - 12 所示。它是基于电刷在中性位置时,在主磁极绕组和静止的电枢绕组之间的感应电动势等于零,即电枢对主极磁场完全平衡。

当电枢静止时,将毫伏表或万用表的毫安挡接到电枢绕组两端(电刷与换向器接触要良好),励磁绕组通过开关 K 接到 5 V 左右的直流电源上。当开关打开或闭合瞬间,毫伏表或毫安表的指针会左右摆动,

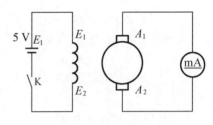

图 4 - 12　用感应法确定
电刷中性位置

这时将电刷架顺着电机转向或逆着转向慢慢移动,重新测量,直到毫伏表的指针几乎不动或摆动比较小,这时电刷的位置即是中性位置。

②正反转发电机法。试验时,用他励方式。在电机转速、励磁电流及负载都不变的情况下,使电机正转和反转,逐步移动电刷的位置,直到正转与反转电枢端电压相等,这时电刷的位置就是中性位置。

③正反转电动机法。对于允许逆转的直流电动机,可用正反转方法测定电刷中性位置。在电动机的外加电压和励磁电流都不变的情况下,空载(或者在负载不变的情况下)正、反转,并逐步移动电刷的位置直到正、反转时转速一致,这时电刷的位置就是中性位置。

2. 直流复励电动机的接线

①先接成并励电动机,启动电动机看其旋转方向是否正确。如果旋转方向与实际所需要的旋转方向相反,则将电枢绕组两端接线对调。

②接上补偿绕组(串励绕组),启动电动机,如果启动时旋转呆滞,声响很大,带部分负载后转速反而上升,则说明接成差复励,只要把串励绕组两端对调即可;如果启动电流减小,带负载后,转速平稳或下降,说明接成积复励。

注意事项:励磁绕组和电枢绕组应该同时接通直流电源,或先给励磁绕组接通直流电源,然后再给电枢绕组接通直流电源。如果电枢绕组先于励磁绕组接通直流电源,此时由于电枢绕组回路电阻太小,会引起相当大的电流,从而导致烧坏电枢绕组。

**四、评分标准**

评分标准见表 4 - 6。

**表 4 – 6　直流电动机的接线及电刷中性位置确定评分标准**

| 考核项目 | 考核内容及要求 | 评分标准 | 配分 | 扣分 | 得分 |
|---|---|---|---|---|---|
| 直流电动机接线 | 1. 正确判断出各套绕组<br>2. 按照电动机铭牌要求,正确接线 | 1. 不会判断各套绕组,扣20分<br>2. 不会接线,扣25分 | 45 | | |
| 电刷中性位置判断 | 1. 用感应法判断电刷中性位置<br>2. 用电动机法判断电刷中性位置 | 1. 不会用感应法判断电刷中性位置,扣30分<br>2. 不会用电动机法判断电刷中性位置,扣15分 | 45 | | |
| 安全文明生产 | 1. 遵守操作规程<br>2. 尊重考评员,讲文明、懂礼貌<br>3. 考试结束要清理现场 | 1. 各项考试中,违反安全文明生产考核要求的任何一项扣2分,扣完为止<br>2. 当考评员发现考生有重大事故隐患时,要立即予以制止,并每次扣考生安全文明生产总分5分 | 10 | | |
| 备注 | | 合计 | | | |
| | | 考评员<br>签字<br>　　　　　　　　　　年　　月　　日 | | | |

# 技能训练二　　直流电动机的检修

## 一、实训目的

1. 掌握直流电动机的拆装
2. 熟悉直流电动机的检修方法
3. 掌握换向器的维护方法

## 二、实训器材

1. 直流电动机　　　　　　　　1 台
2. 直流稳压电源　　　　　　　1 台
3. 万用表　　　　　　　　　　1 只
4. 工具　　　　　　　　　　　1 套
5. 直流电源(220 V)
6. 兆欧表　　　　　　　　　　1 只

## 三、实训内容与步骤

1. 直流电动机的拆卸

(1)拆掉电机的外部接线,并做好相应标记。

(2)拆下联轴器,并做好相应标记。

(3)拆下防尘罩,取下电刷,拆下刷架与磁极的连线,并做好相应标记。

(3)拆下换向器端的端盖。

(4)拆下轴伸端的端盖。

(5)(小心)抽出电枢。

2. 直流电动机的检查

(1)换向器的检查

①换向器表面的氧化膜颜色是否正常(正常的为深褐色,此氧化膜比较坚硬且导电性能好,不能除掉),火花大小是否正常;换向器表面是否有炭粉和油垢积聚;刷架和刷屋上是否积灰尘。

②换向器表面如有轻微的灼伤,用00号砂布在旋转的换向器表面上仔细研磨。

③如换向器表面出现严重的灼伤或粗糙不平、表面不圆或局部高低(如沟槽深1 mm)应重新车光。车削时,切削速度一般为80~120 m/min,进给量为0.1 mm/r。最后一刀精车时,切削深度为0.05~0.1 mm。

(2)电刷的检查

①电刷边缘是否碎裂,是否磨损到最短长度。

②电刷的引线是否完整,有无断股现象;与刷架的连接是否良好,有无短路、接地现象。

③电刷在刷屋内有无卡阻或摆动。

④各电刷之间刷压是否均匀,电流分布是否均匀。若发现刷压不正常,应及时调整。

⑤换向片间的云母片是否凸出。

3. 直流电动机的正常检修

(1)定子的正常检修

①先用干净的压力为0.2 MPa的压缩空气,反复吹干净定子机座、绕组表面、绕组风道之间的灰尘。如果有油垢,先用竹刀子仔细地刮除,再用蘸有酒精的布擦干净。

②检查主磁极、换向极的固定螺栓是否紧固,装在各极上的绕组是否松动,绝缘是否损坏或变色。检查各磁极绕组之间的连线是否完好,引出线绝缘、固定是否良好。

③检查串励绕组、换向极绕组、并励绕组是否脱焊、断线、短路。各绕组的直流电阻值与原始值比较,偏差值不得超过2%。

④绕组对地绝缘电阻的测量。用500 V的兆欧表测量,绝缘电阻不得小于0.5 MΩ。如绝缘不合格,则应进行烘干或更换绝缘。

(2)电枢的检修

①清洁电枢表面。

②换向器表面应光滑,无因过热变色和灼伤,换向片倒角和云母片应符合要求。

③槽楔应紧固,无松动、碎裂等现象。

④升高片和并头衬套应无变形、扭曲,焊接良好,无变色、开裂等现象。端部的绑线应整齐、平整,无松动、断裂,绑线上不允许有灰尘、油垢。

(3)电刷装置的正常检修

①清洁刷屋、刷架、刷座圈。

②检查电刷引线的绝缘套管、绝缘垫片是否良好。

③检查电刷压力弹簧的弹力是否正常。

④检查电刷的磨损程度,磨损到原长度的2/3时应更换相同牌号的电刷。检查电刷表面与换向器的接触情况,接触面积应大于电刷表面积的75%,否则应将电刷进行研磨。

4. 直流电机的安装、试运转

（1）对电机的各部件检查合格后,即可进行安装。安装的顺序基本上与拆卸顺序相反。

（2）调整电刷压力（一般为12～17 MPa,全部电刷的压力误差不超过±10%）。

（3）用感应法测试电刷中性线位置并作相应调整。

（4）检查绕组的极性分布是否符合规定。

（5）用手转动电枢,检查转动是否灵活、有无异常声响。

（6）按照规定接线,通电试运转。

（7）检查电机的振动、轴承的声音是否正常。

（8）检查空载电流和转速是否正常。

（9）检查电刷下火花是否正常。

### 四、评分标准

评分标准见表4－7。

表4－7　直流电动机的检修评分标准

| 考核项目 | 考核内容及要求 | 评分标准 | 配分 | 扣分 | 得分 |
|---|---|---|---|---|---|
| 直流电动机的拆装 | 1. 拆装步骤要正确<br>2. 工具使用要正确<br>3. 组装质量要达到要求 | 1. 拆卸步骤不正确,每一步扣5分<br>2. 组装步骤不正确,每一步扣5分<br>3. 组装质量达不到要求,扣5分 | 20 | | |
| 绕组的检查 | 1. 对主磁极绕组、换向极绕组进行检查,判断其技术状况<br>2. 检查电枢技术状况 | 1. 不会检查主磁极绕组、换向极绕组,扣10分<br>2. 不会检查电枢技术状况,扣10分 | 20 | | |
| 换向器检查 | 1. 换向器表面应光洁、平滑<br>2. 沟槽下刻符合要求 | 1. 换向器表面技术状况未达标,扣10分<br>2. 换向器沟槽不整齐、下刻不符合要求、不清洁,扣10分 | 20 | | |

表 4 –7(续)

| 考核项目 | 考核内容及要求 | 评 分 标 准 | 配分 | 扣分 | 得分 |
|---|---|---|---|---|---|
| 电刷检查修整 | 1. 电刷完好,与换向器表面接触良好、电刷压力符合要求<br>2. 研磨电刷的方法正确,符合要求<br>3. 电刷中性位置正确 | 1. 电刷接触不良,压力不符合要求,每处扣 3 分<br>2. 研磨电刷的方法不正确,不符合要求,扣 10 分<br>3. 电刷偏离中性线,扣 5 分 | 20 | | |
| 试车判断 | 1. 按规定程序试车<br>2. 会接线通电试车<br>3. 会判断电刷下火花等级是否符合标准 | 1. 试车程序错误,扣 3 分<br>2. 不会接线通电试车,扣 6 分<br>3. 不会判断电刷下火花等级是否符合标准,扣 3 分 | 10 | | |
| 安全文明生产 | 1. 遵守操作规程<br>2. 尊重考评员,讲文明、懂礼貌<br>3. 考试结束要清理现场 | 1. 各项考试中,违反安全文明生产考核要求的任何一项扣 2 分,扣完为止<br>2. 当考评员发现考生有重大事故隐患时,要立即予以制止,并每次扣考生安全文明生产总分 5 分 | 10 | | |
| 备注 | | 合计 | | | |
| | | 考评员<br>签字<br><div align="right">年 月 日</div> | | | |

# 项目五　特种电机

**教学目的**

1. 了解测速发电机的结构、工作原理、使用方法。
2. 掌握伺服电动机的工作原理、使用维护方法。
3. 了解交磁电机扩大机的使用方法。

**任务分析**

　　特种电机是电机中的一类，主要是指因为使用环境和制作工业的特殊而区别于通用电机的名称。随着工业化发展以及自动化技术提高，特种电机的使用范围越来越广泛，种类越来越多。掌握特种电机的结构、工作原理和使用方法，有助于我们更好地使用与维护好先进生产设备。

## 特种电机的基本知识

　　特种电机的基本原理和普通电机相同，也是根据电磁感应的原理进行能量转换。但它们在结构、性能、用途等方面存在很大差别。普通电机一般作为动力使用，其主要任务是进行能量转换，因此它们的体积、功率、质量都比较大。而作为控制使用的特种电机，其主要任务是完成控制信号的转换、传递、放大、执行，因此其功率、体积、质量均较小，但是制造精度高，并且要求运行可靠，动作迅速、准确。几种特种电机的外形如图 5-1 所示。

(a)190系列伺服电机

(b)215水冷伺服电机

(c)永磁直流伺服电机

(d)直流伺服测速机

(e)ZYT直流永磁式电动机

(f)空心杯

**图 5-1　几种特种电机外形**

# 一、伺服电动机

伺服电动机也称为执行电动机。它的作用是将电信号（信号电压的幅值及相位）转换成电机轴上的角位移或角速度输出。按照使用的电源性质，伺服电动机可分为交流和直流两大类。

1. 交流伺服电动机

交流伺服电动机实质上就是一种微型单相交流异步电动机。

（1）结构

①定子。装有两个互差90°电角度的绕组，一个为励磁绕组，接在交流电源上；另一个为控制绕组，与控制电压相接。如果控制电压与电源电压同相位时，可在励磁绕组中串入适当的电容以实现移相，使得两个绕组中的电流有近90°的相位差，以利于产生旋转磁场。

②转子。常用鼠笼式和空心杯形转子结构。

a. 鼠笼式转子。转子的电阻比普通异步电动机大得多。为了使伺服电动机对输入信号有快速的反应，必须尽量减小转子的转动惯量，所以转子一般做得细而长。

b. 空心杯形转子。转子用非磁性材料（铝或者铜）制成，壁厚约0.2～0.8 mm，用转子支架装在转轴上。其特点是转子非常轻，转动惯量非常小，能极迅速和灵敏地启动、旋转和停止；缺点是气隙稍大，功率因数和效率较低。

采用空心杯形转子结构的交流伺服电动机，其定子有内、外两个铁芯，均用硅钢片叠成。在外定子铁芯上装有两个相互差90°的绕组，而内定子铁芯则用于构成闭合磁路，减小磁阻。

（2）工作原理

当伺服电动机的励磁绕组接通交流电源而控制信号为零时，定子内只有励磁绕组产生的脉动磁场，转子上没有电磁转矩，所以转子静止不动。当控制信号加在励磁绕组上时，定子就在气隙中产生一个旋转磁场，并产生电磁转矩使转子立即旋转起来。当控制信号消失时，伺服电动机就立即停止转动。

在自动控制系统中，控制信号通常由检测电路和放大电路提供。

（3）对伺服电动机的基本性能要求

①可控性好，即无自转现象。

②运行稳定，即要求转速随转矩的增加而均匀下降。

③对信号的反应灵敏，即接到信号时能快速启动，失去信号时立即停转。

（4）交流伺服电动机的控制

由于电磁转矩的大小决定于气隙磁场的每极磁通量和转子电流的大小和相位，也即决定于控制电压的大小和相位，因此可采用下列三种方法来控制电动机的启动、旋转、调速和停止。

①幅值控制（图5－2(a)）。即保持控制电压的相位角不变，仅仅改变其大小。

②相位控制（图5－2(b)）。即保持控制电压的幅值不变，仅仅改变其相位。

③幅相控制（图5－2(c)）。即同时改变控制电压的幅值和相位。

幅相控制不需要任何辅助装置，只用电容器作为移相元件，调节特性近似于直线，因此得到广泛应用。

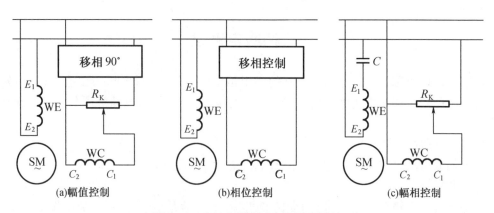

**图 5 – 2　交流伺服电动机原理及接线**

交流伺服电动机与单相异步电动机相比,有以下三个显著特点:

a.启动转矩大。由于转子电阻很大,可使临界转差率 $S_m > 1$,定子一加上控制电压,转子便立即启动旋转。

b.运行范围宽。在转差率 $S$ 从 $0 \sim 1$ 的范围内,伺服电动机都能稳定运行。

c.无自转现象。正常运转的伺服电动机,只要失去控制电压后,电动机便立即停转。因为由于转子电阻很大,这时定子中两个相反方向旋转的旋转磁场与转子作用所产生的合成转矩的方向与电动机旋转方向相反,即为制动转矩,它迫使电动机迅速停转。

由于交流伺服电动机的转子电阻较大而增加了损耗,又因气隙较大而激磁电流较大,其转子铜耗也较一般异步电动机大,所以电动机的效率很低,一般在 25%~40% 范围内。

交流伺服电动机的输出功率一般在 100 W 以下,电源频率为 50 Hz 时,其额定电压有 36 V,110 V,220 V,380 V 等数种;当电源频率为 400 Hz 时,额定电压有 20 V,36 V,115 V 等数种。

交流伺服电动机运行平稳、噪声小,但控制特性为非线性,并且由于转子电阻大,使损耗大、效率低。与同容量的直流伺服电动机相比,其体积大、质量大,所以只适用于 $0.5 \sim 100$ W 的小功率控制系统中。

2. 直流伺服电动机

(1)结构、工作原理

直流伺服电动机实质上就是一台他励式直流电动机,其结构、工作原理与一般直流电动机基本相同。但直流伺服电动机与普通直流电动机相比也有其自身特点。

①气隙比较小,磁路不饱和,磁通和励磁电流与励磁电压成正比;

②电枢电阻较大,机械特性为软特性;

③电枢比较细长,转动惯量小;

④换向性能较好,不需要换向极。

直流伺服电动机有他励式和永磁式两种。

(2)直流伺服电动机的控制

直流伺服电动机的转速由信号电压控制,其控制方式有两种。

①电枢控制,控制信号电压加在电枢绕组两端(励磁电流不变);

②磁场控制,控制信号电压加在励磁绕组两端(电枢电压不变)。

由于电枢控制的直流伺服电动机的机械特性的线性度比较好、损耗比较小,且由于电枢电感小,因而电磁惯性比较小,故其响应速度比磁场控制方式快,因此在工程上多采用电枢控制方式。

3. 直流伺服电动机与交流伺服电动机的比较

(1)优点

①具有线性的机械特性;

②启动转矩大;

③调速范围宽广而平滑;

④体积小、质量轻。

(2)缺点

①转动惯量大、灵敏度差;

②转速波动大,低速运转不平稳;

③换向火花大(但比普通直流电动机小得多),寿命短,对无线电干扰大。

为了适应自动控制系统对伺服电动机快速响应性能越来越高的要求,近年来,国内外已经在传统直流伺服电动机的基础上,发展了低惯量的无槽电枢、空心杯形电枢、印制绕组电枢和无刷直流伺服电动机。限于篇幅,这里不再介绍。

4. 伺服电动机的故障检查知识

交流伺服电动机的故障检查与单相电容分相式电动机类同;直流伺服电动机的故障检查与普通小功率直流电动机类同。

# 二、测速发电机

测速发电机是一种能将旋转机械的转速变换成电压信号输出的小型发电机,在自动控制系统和计算装置中,常作为测速元件、校正元件、微分和积分元件等使用,测速发电机的主要特点是输出电压与转速成正比。

测速发电机分为交流和直流两大类。交流测速发电机又分为同步和异步两种,而异步测速发电机又分为鼠笼式转子和空心杯形转子两种;直流测速发电机又分为电磁式和永磁式两种,永磁式测速发电机无须再另加励磁电源。近年来还出现了采用新原理和新结构制成的霍尔效应测速发电机。图 5-3 所示为几种测速发电机的外形。

1. 交流测速发电机

(1)结构

目前,在自动控制系统中应用较多的是空心杯形转子的异步测速发电机,其结构形式与空心杯形转子的交流伺服电动机相似。定子上装有两个在空间相差 90° 电角度的绕组,其中一个是励磁绕组(装在外定子上),接到频率和大小都不变的交流励磁电压上。另一个是输出绕组(在内定子上),与高内阻(2~40 kΩ)的测量仪表或仪器相连。不同的是,测速发电机的杯形转子是用高电阻率(如硅锰青铜或锡锌青铜)的材料制成的,其电阻更大,壁厚为 0.2~0.3 mm。其构造如图 5-4 所示。

图5-3　几种测速发电机外形

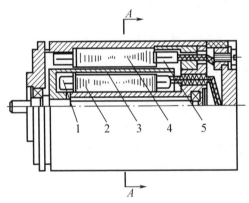

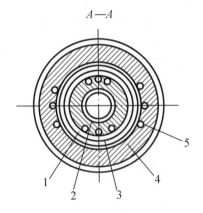

(a)结构图

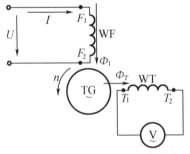
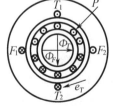

(b)电路及工作原理图

1—输出绕组(WT);2—内定子;3—杯形转子;4—外定子;5—励磁绕组(WF)。

图5-4　空心杯形转子测速发电机结构、电路及工作原理图

（2）工作原理

励磁绕组 WT 通入交流电励磁，产生直轴脉动磁场 $\phi_F$。当被测量的机械不转动，即测速发电机转子不动（$n = 0$）时，转子感生磁场也是直轴磁场，不会在输出绕组中感应电动势，故输出绕组的输出电压为零。当转子随待测量转速的机械转动时，转子切割直轴磁场 $\phi_F$ 而产生感应电动势和感应电流，产生一个交轴磁场，输出绕组便感应出一个交变电压。

由分析可知，当励磁电压的幅值和频率恒定，且输出绕组负载很小（接高电阻）时，交流测速发电机的输出电压的大小与转子转速成正比，而其频率与转速无关，就等于电源的频率。因此，只要测量出其输出电压的大小就可以测量出转速的大小。如果被测量机械的转向改变，则交流测速发电机的输出电压在相位上发生 180° 的变化。输出端接高内阻的测量仪表，可测量输出电压，也可直接按照转速标度而成为转速表。

空心杯转子测速发电机与载流测速发电机相比，具有结构简单、工作可靠等优点，是目前较为理想的测速元件。目前我国生产的空心杯转子测速发电机为 CK 系列，频率有 50 Hz 和 400 Hz 两种，电压等级有 36 V 和 110 V 两种。

（3）交流测速发电机的输出特性与误差

①输出特性。

交流测速发电机的输出特性，包括输出电压与转速的关系，输出电压与励磁电压的相位的关系。控制系统不仅要求输出电压的大小与转速成正比，而且希望输出电压与励磁电压同相位。

由于定子漏阻抗与转子漏阻抗存在负载的改变，气隙直轴磁通不是常值，输出电压与转速之间就不是严格的线性关系，相位差也相应地变化。工程上，在电机的结构选型和参数选择上采取一些措施，如设法减小定子漏阻抗或增大转子电阻等，可使直轴磁通基本上保持不变。实际上，输出电压与转速的关系是非线性的。

测速发电机正常工作时，要求输出电压仅是转速的函数，而不受负载变化的影响，实际上输出电压的数值及相位差都与负载阻抗的大小和性质有关。分析表明，当异步测速发电机的转速一定时，负载阻抗的变化对输出电压影响不大。

输出特性的斜率是测速发电机的一个重要指标，异步测速发电机输出特性的斜率较直流测速发电机的斜率小。

②交流测速发电机的误差。

a. 线性误差。异步测速发电机的输出特性是非线性的，如图5 – 5 中的曲线 2 所示。为了衡量非线性度，在坐标中另作一条过原点和与实际输出特性上对应最大输入转速的 $\frac{\sqrt{3}}{2}$ 的点的直线作为线性输出特性，如图中的曲线 3。将曲线 2 和曲线 3 之间的最大误差 $\Delta U$ 与最大输入转速对应的线性输出电压 $U_{2m}$ 之比定义为线性误差 $\delta_x$，即

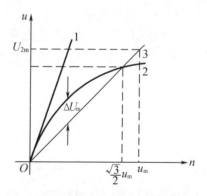

1—理论曲线；2—实际曲线；3—补偿线。

**图 5 – 5 交流测速发电机的
输出特性及线性误差**

$$\delta_x = \frac{\Delta U_m}{U_{2m}} \times 100\%$$

依照测速发电机在控制系统中的不同功用，对线性误差提出不同的要求。目前，高精度

的测速发电机线性误差可小到 0.05%。

b. 相对误差。在自动控制系统中,希望异步测速发电机的电压与励磁电压同相位,但两者之间实际上是有相位差的,相位差是由励磁绕组的漏阻抗压降引起的。所谓相位差就是指在规定的转速范围内,输出电压与励磁电压之间的相位差,一般要求异步测速发电机的相位差不超过 1°~2°。

c. 剩余电压。人们希望在转速为零时,异步测速发电机的输出电压也为零。但实际上,当励磁绕组加上励磁电压,转速为零时输出电压不为零,我们把这个电压称为剩余电压。它是由于材料不均匀、加工不规范、磁路不对称等原因造成的。此值一般为几十毫伏,一级品小于 25 mV。

2. 直流测速发电机

(1)结构

直流测速发电机的结构和直流伺服电动机基本相同,若按照定子绕组的励磁方式来分,直流测速发电机可分为永磁式和他励式(或称电磁式)两种;若按照电枢的不同结构形式来分,可分为有槽电枢、无槽电枢、空心杯形电枢和电刷绕组电枢等。近年来,为满足自动控制系统的要求,又出现了永磁式直线测速发电机。

永磁式测速发电机由于不需要另加励磁电源,也不存在因为励磁绕组温度变化而引起的特性变化,因此在生产实际中应用比较广泛。

永磁式直流测速发电机的定子用永久磁铁制成,一般为凸极式。转子上有电枢绕组和换向器,用电刷与外电路连接。

(2)工作原理

由于定子采用永久磁铁,故发电机的气隙磁通总是保持恒定的(忽略电枢反应影响),因此,电枢电动势 $E_a$ 与转速 $n$ 成正比,即

$$E_a = C_e \Phi n \quad (V)$$

式中　$C_e$——电机结构常数(电势常数);

$\Phi$——每极磁通;

$n$——电枢转速。

空载时,即 $I_a = 0$ 时,输出电压 $U$ 与感应电动势 $E_a$ 相等,故输出电压与转速成正比。当测速发电机接上负载 $R_L$ 时,其输出电压为

$$U = E_a - I_a R_a = E_a - \frac{U}{R_L} R_a = C_e \Phi_n - \frac{U}{R_L} R_a$$

整理后得

$$U = \frac{C_e \Phi R_L}{R_L + R_a} n = Cn$$

式中,$C = \frac{C_e \Phi R_L}{R_L + R_a}$,当 $R_L$ 为定值时,$C$ 为常数。

由上式可知,直流测速发电机的输出电压与转速成正比,因此,只要测量出直流测速发电机的输出电压,就可测量到被测机械的转速。

(3)使用时的注意事项

事实上,直流测速发电机带上负载后,客观存在的电枢电流的去磁作用和电机温度的变化,都会使输出电压下降,从而破坏了输出电压与转速的线性关系,特别是当负载电阻较小、转速较高、电流较大时,输出电压与转速不再保持线性关系。在测速发电机的技术数据中,

提供了最小负载电阻和最高转速,使用时应加以注意。

为了减小温度变化引起输出电压的变化而产生的变温误差,可在电磁式直流测速发电机的励磁回路中串联一个比励磁绕组大几倍的温度系数小的电阻,这时需要适当提高励磁电压。

(4)产品类型

目前,我国生产的直流测速发电机主要有以下几种:

①CY 系列——永磁式直流测速发电机;

②ZCF 系列——电磁式直流测速发电机;

③CYD 系列——高灵敏度直流测速发电机。

CYD 系列直流测速发电机的特点是:其灵敏度比普通测速发电机高 100 倍,特别适用于低速伺服系统中作为速度检测元件。

3. 测速发电机的选用

当直流和交流测速发电机都能满足系统要求时,需要考虑直流测速发电机和交流测速发电机的优缺点,全面权衡。

直流测速发电机的主要优点:不存在输出电压的相位移,转子转速为零时无剩余电压,输出特性斜率大,负载阻抗小,温度补偿容易。其主要缺点:由于有电刷和换向器使结构和维护比较复杂,对无线电有干扰,摩擦力矩比较大,正反转输出电压不对称。

交流测速发电机的优点:没有电刷和换向器,运行可靠,维护方便,摩擦力矩小,输出特性稳定,正反转输出电压对称,不产生对无线电的干扰。其缺点:存在相位误差和剩余电压,输出特性斜率小,输出特性随负载的大小和性质而有所不同。

选择测速发电机时,应根据它在系统中的作用,提出不同的技术指标。例如,用作计算元件时,应着重考虑线性误差要小和电压稳定性要好;用作一般转速检查和阻尼元件时,应着重考虑其输出斜率要高。

为了把线性误差限制在一定范围内,电机的工作转速不应超过最大线性工作转速,负载阻抗应大于测速发电机规定的最小阻抗。

使用中若要求在温度变化时特性保持一定的稳定性,可采取温度补偿措施,最简单的方法是在励磁回路、输出回路串入负温度系数的热敏电阻。

# 三、电磁调速异步电动机

1. 结构

电磁调速异步电动机又称为滑差电动机,它是一种恒转矩交流无级调速异步电动机,如图 5 - 6 所示。具有调速范围广(调速比一般为 10:1)、速度调节平滑、启动转矩大、控制功率小、有速度员反馈、自动调节系统时机械特性硬度高等一系列优点,广泛地应用在纺织、印染、化工、造纸、电缆等部门。它由三相鼠笼式异步电动机、电磁转差离合器、测速发电机三部分组成。

中小型电磁调速异步电动机是组合式结

图 5 - 6　电磁调速异步电动机

构,如图5－7(a)所示;较大容量的电磁调速异步电动机采用整体式结构。三相异步电动机为原动机,测速发电机安装在电磁调速异步电动机的输出轴上,用来控制和指示电机的转速;电磁转差离合器是电磁调速的关键部件,电机的平滑调速就是通过它的作用来实现的。

(1)电磁转差离合器　电磁转差离合器由电枢和磁极两部分组成,两者之间无机械联系,各自能独立旋转。电枢为铸钢制造成的空心圆柱体,与异步电动机的轴相连接,由异步电动机带动旋转,称为主动部分。

(2)磁极　磁极由直流电源励磁,并且与生产机械直接连接,称为从动部分。

2. 工作原理

电磁调速异步电动机的工作原理如图5－7(a),(b)所示。

当异步电动机1带动离合器的电枢4以转速 $n$ 旋转时,若励磁电流等于零,离合器中无磁场,也无电磁感应现象,因此离合器磁极7不会旋转。

当有励磁时,圆柱体电枢4可看成无穷多的导条切割磁力线产生电磁力和电流(涡流),方向如图(b)所示。电枢中的电流与励磁绕组产生的磁场相互作用产生电磁力和电磁转矩,迫使输出轴11以转速 $n_2$ 与电动机的主轴2同方向旋转。但 $n_2$ 始终小于 $n$ 的,原因与异步电动机的异步原理相同。

电磁滑差离合器转矩的大小,决定于磁极磁场的强弱(工作气隙的磁通密度的平方成正比)和电枢与磁极之间的转差。负载转矩一定时,励磁电流变大,转速将变大,转差变小;励磁电流变小,转速将变小,转差较大,这样电磁转矩才能与负载转矩平衡。因此,负载一定时,调节励磁电流的大小,就可以调节转速。

在调速系统中,测速发电机是作为一种校正元件,以提高系统的静态精度和动态稳定性。

3. 采用速度负反馈闭环控制系统调速的必要性和基本原理

(1)必要性

有一定的调速范围,又要确保负载变化时转速具有良好的稳定性的要求。所以使用电磁调速异步电动机作无级调速控制时,应采用速度负反馈闭环控制系统。

(2)基本原理

基本原理见图5－7(d)。$U_C$ 叫给定电压,对应于某一要求的负载转速 $n_2$,它是一个不变的恒定值。$U_{TG}$ 是测速发电机输出的速度负反馈信号电压,$U_{TG} \propto n_2$。$\Delta U$ 叫偏差电压,是比较环节对 $U_C$、$U_{TG}$ 进行比较后的输出电压,$\Delta U = U_C - U_{TG}$,是自动控制器(静)输入电压,$I_f$ 是输入到励磁绕组的励磁电流,即自动控制器在 $\Delta U$ 控制下的输出信号。机械转矩 $T$ 上升时 $n_2$ 的稳定过程为 $T \uparrow \rightarrow n_2 \downarrow \rightarrow U_{TG} \downarrow \rightarrow \Delta U \uparrow \rightarrow I_f \uparrow \rightarrow \varphi_f \uparrow \rightarrow$ 电磁转差离合器产生的电磁转矩 $T_M \uparrow \rightarrow n_2 \uparrow$,抑制了因 $T$ 上升使 $n_2$ 下降的程度,提高了 $n_2$ 的稳定性;$T \downarrow$ 时类推。也可以说,通过速度负反馈提高了机械特性的硬度,增强了转速的稳定性。

4. 电磁调速异步电动机的接线

接线须知:输出轴转向是与原动机,即三相鼠笼式异步电动机同向;励磁绕组是通过电刷、集流环与外电路连接的;JZT系列及JZT2系列的测速发电机为三相交流永磁式;JZTM1及JZTM2型的测速发电机为脉冲测速发电机,用于多机同步运行。

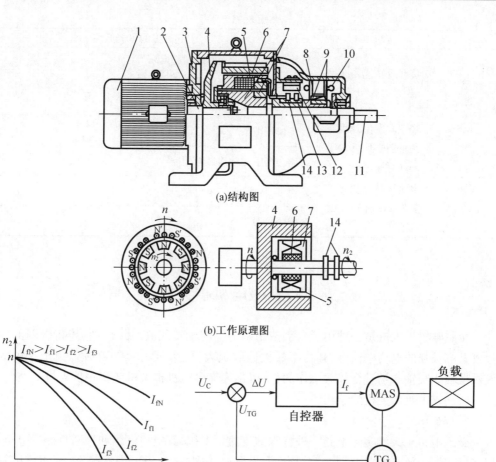

(a)结构图

(b)工作原理图

(c)机械特性曲线

(d)转速负反馈闭环控制系统

1—电动机;2—主动轴;3—法兰端盖;4—电枢;5—工作气隙;6—励磁绕组;7—磁极;8—测速发电机
定子;9—测速发电机磁极;10—永久磁铁;11—输出轴;12—电刷架;13—电刷;14—集电环。

**图 5-7 组合式电磁调速异步电动机**

### 5. 检查和排除故障的方法

电磁调速异步电动机常见故障及其原因见表 5-1。

表 5-1 电磁调速异步电动机常见故障及其原因

| 序号 | 故障现象 | 引起故障的可能原因 |
|---|---|---|
| 1 | 通电后熔丝烧断 | 1. 励磁绕组接地、短路 |
| | | 2. 测速机断线 |
| | | 3. 晶闸管、续流管被击穿 |
| 2 | 空载或负载不能调速 | 1. 控制器未接通电源 |
| | | 2. 控制器损坏 |
| | | 3. 离合器励磁绕组或其线路开路 |
| | | 4. 电枢与转子磁极相擦或尘埃积聚 |

表5-1(续)

| 序号 | 故障现象 | 引起故障的可能原因 |
|---|---|---|
| 3 | 负载后转速变化率很大 | 1. 控制器电源未接通或内部损坏 |
| | | 2. 测速发电机电压低或整流元件损坏 |
| | | 3. 测速发电机绕组开路 |
| 4 | 轻载时发生速度振荡,速度不能调节并伴有噪声 | 1. 工作气隙不均匀 |
| | | 2. 离合器励磁绕组极性接反 |
| 5 | 电机运转后离合器失控,转速升至最高速 | 1. 速度反馈量调节电位器损坏 |
| | | 2. 插脚接触不良 |

# 四、交磁电机扩大机

　　交磁电机扩大机是一种用于自动控制系统中的旋转式放大元件,它能将微弱的控制信号放大成较强的电功率输出,其功率放大倍数很大,可达200~50 000倍。由于这种电机放大机是利用交轴磁场进行放大工作的,所以称为交磁电机扩大机或交磁扩大机。

　　1. 交磁电机扩大机的结构

　　(1)转子

　　交磁电机扩大机实际上是一种特殊的直流发电机,其电枢绕组和普通直流发电机一样,但在换向器上放有两对电刷,一对和普通发电机相同,放在磁极中性线上,即与磁极轴线正交,称为交轴(或横轴)电刷,如图5-8中的1,2;另一对称为直轴(或纵轴)电刷,放在磁极轴线上,如图5-8中的3,4。

　　(2)定子

　　交磁电机扩大机的定子结构如图5-9所示。其定子由硅钢片冲叠而成,铁芯上有大、中、小三种槽形,槽内分别嵌入不同绕组。为了易于做到气隙均匀、磁极位置准确,交磁扩大机的定子多采用隐极结构。

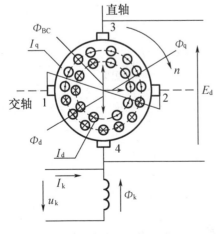

图5-8　交磁电机扩大机的工作原理

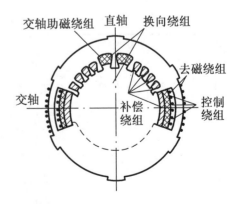

图5-9　交磁电机扩大机的定子结构

下面分别介绍定子铁芯上各绕组的分布情况及其作用。

①控制绕组。嵌装在大槽内,一般装有 2 ~ 4 个绕组,以便于实现自动控制系统中的各种反馈。

②补偿绕组。分布在定子的大槽和小槽内,与电枢绕组串联,用来补偿直轴电枢反应磁通。原理如下:当扩大机接上负载后,直轴电枢回路就通过电流 $I_d$,$I_d$ 将产生直轴电枢反应磁通 $\Phi_d$,其方向与 $\Phi_k$ 相反(如图 5 - 8 所示),对 $\Phi_k$ 有很大的去磁作用,将极大地削弱 $\Phi_k$,若不接入补偿绕组,电机根本不能带负载工作。加入补偿绕组后,补偿绕组产生的磁通 $\Phi_{BC}$ 抵消了 $\Phi_d$,从而对 $\Phi_k$ 进行了补偿。且由于补偿绕组与电枢绕组串联,故任意大小的负载都能得到较好的补偿。一般补偿绕组都被设计成具有 10% ~ 15% 的磁势储备,并且在该绕组两端并联一只可变电阻 $R$,改变电阻 $R$ 可改变绕组中的电流,以调节补偿度。

③换向绕组。嵌装在中槽内,用以改善直轴换向。装置在中槽之间的一个定子齿就形成了电机扩大机直轴方向的换向极。使用时,换向绕组与电枢绕组串联。

④交轴助磁绕组。嵌装在中槽内,串接在交轴电刷之间,产生的磁通与 $\Phi_q$ 同方向。在一定的直轴额定输出时,交轴电流可以减小,改善了交轴换向。

⑤交流去磁绕组。装在大槽磁轭部分,工作时通入交流电流,可减小电机扩大机的剩磁电压,其磁通不经过空气隙而主要经过磁轭。

2. 工作原理

当在电机扩大机的控制绕组(即励磁绕组)上加上信号电压 $U_k$ 时,控制绕组的电流 $I_k$ 就产生磁场 $\Phi_k$,若电枢由原动机(一般为异步电动机)顺时针旋转,则电枢绕组就在交轴电刷 1,2 两端感应交轴电势 $E_q$。如果把交轴电刷 1,2 短接起来,则电势 $E_q$ 将在电枢绕组中产生一个相当大的交轴电流 $I_q$,其方向与 $E_q$ 相同,如图 5 - 8 中外层小圆内符号表示。又产生一个很强的交轴电枢反应磁场 $\Phi_q$,这个电枢反应磁场在这里正是要加以利用的,它对于直轴回路来说是一个主磁场。当电枢切割 $\Phi_q$ 时,就在直轴电刷 3,4 两端产生电势 $E_d$,$E_d$ 就是电机扩大机的输出电势。若直轴电刷 3,4 与外电路负载相连,则电枢回路就有负载电流 $I_d$ 流过,$E_d$,$I_d$ 方向如图 5 - 8 中内层小圆中符号所示。

由上述分析可知,交磁电机扩大机相当于两级直流发电机,由于交轴回路是短路的,很小的励磁功率就能产生较大的交轴电流和磁势,加上电机扩大机的转速高、气隙小、材料好等优点,故它的放大倍数很高,具有很强的功率放大能力。

3. 交磁电机扩大机的特性

交磁电机扩大机的特性有空载特性和外特性两种。

(1)空载特性

空载特性是指电机的转速保持不变(为额定值)时,电机的空载输出电势 $E_d$ 与控制绕组磁势 $F_K$ 之间的关系,如图 5 - 10 所示。

由空载特性曲线可以看出:在曲线的起始阶段,$F_K$ 增加,$E_d$ 变化较慢,这是因为电刷接触电阻大,降低了扩大机的放大倍数;中间一段,$E_{d0}$ 增加较快,最后由于磁路饱和,$E_d$ 又变化慢了。当 $F_K$ 减小时,$E_d$ 将不会沿原来的曲线变化。$F_K = 0$ 时的 $E_{d0}$ 输出电压称作扩大机的剩磁电压。由于交磁扩大机有两级放大作用,因此其剩磁电压较大,无交流去磁绕组时,其剩磁电压可达额定值的 15%;有交流去磁绕组时,其剩磁电压可达额定值的 5% 以下。

(2)外特性

当电机转速不变、控制绕组的励磁电流为常数时,其输出电压 $U_d$ 与输出电流 $I_d$ 之间的关系如图 5 - 11 所示。

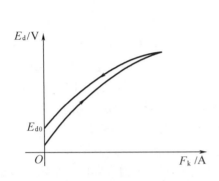

图 5 - 10　交磁电机扩大机的
空载特性曲线

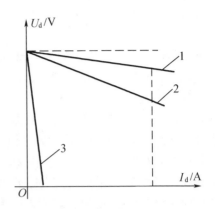

图 5 - 11　交磁电机扩大机的外特性曲线

电机扩大机端电压 $U_d$ 的变化除了与电机内部(包括电枢绕组、换向极绕组和补偿绕组)的电压降有关以外,还与补偿绕组对电枢反应的补偿程度有关。根据补偿绕组对电枢反应的补偿程度,扩大机的外特性可分为三种情况。

①全补偿。即补偿绕组的磁势等于直轴电枢反应的磁势。这时当变化时影响的因素只有扩大机的内部压降,所以 $U_d$ 随 $I_d$ 的增大而略有下降,如图 5 - 11 中的曲线 1 所示。

②欠补偿。即补偿绕组的磁势小于直轴电枢反应磁势。在这种情况下,扩大机的外特性更加倾斜,如图 5 - 11 中的曲线 2 所示。若无补偿时,带上很小负载,$U_d$ 即降到零,所以不能正常工作,如图 5 - 11 中曲线 3 所示。

③过补偿。补偿绕组的磁势大于直轴电枢反应磁势。这时,扩大机的外特性在全补偿之上,当补偿过强时,外特性会出现上翘的现象,可能引起扩大机自励,失去控制作用。因此,使用中一般应避免过补偿。

交磁电机扩大机具有放大倍数高、时间常数小、励磁余量大等优点,且有多个控制绕组,便于实现自动控制系统中的各种反馈,因而在自动控制系统中应用较为广泛。其缺点是制造工艺复杂、成本高、体积和质量比同容量的直流电机大,并且维护比较麻烦。

目前,我国生产和使用的电机扩大机为 ZKK 系列,容量较小的电机扩大机一般与驱动异步电动机装在一起,制造成异步电动机 - 扩大机组。

**技能训练**

# 技能训练一　电磁调速异步电动机的拆装与维护

**一、实训目的**

1. 熟悉电磁调速异步电动机的拆装步骤,掌握拆装要领

2. 熟悉电磁调速异步电动机的维护保养方法

3. 掌握电磁调速异步电动机的接线、检验、试车方法

## 二、实训器材

1. 组合式电磁调速异步电动机　1台
2. 工具　1套
3. 万用表　1只
4. 兆欧表　1只

## 三、实训内容与步骤

1. 电磁调速异步电动机的拆卸
（1）拆除所有外接线，并做好对应标记。
（2）拆卸联轴器或带轮。
（3）拆卸测速发电机。
（4）拆卸紧固螺钉和端盖，抽出励磁绕组和磁极。
（5）拆卸拖动电动机。
（6）拆卸紧固螺钉，抽出电枢部件。
拆卸时的注意事项：
①起吊时吊钩应钩在电机吊环上，严禁吊在电机轴颈上。
②磁极和电枢之间的间隙很小，抽出励磁绕组和磁极时要托平，使离合器输出轴相对悬空，以免碰撞擦伤，也可以在抽出前，先在气隙中塞入厚纸片，使磁极和电枢相互隔离。当重心移到机座以外时，要格外小心。
③主动和从动部分表面均镀镍防锈，切勿损坏。
④如果联轴器和轴配合比较紧，拆卸时应用拆卸器，切忌用锤子猛烈敲打。
2. 电磁调速异步电动机的装配
装配顺序基本与拆卸顺序相反。但是在装配前，要做好清洁工作。如果联轴器和轴配合比较紧，可以适当加温。
3. 电磁调速异步电动机的维护保养
（1）检查。在使用电磁调速异步电动机时要经常做好清洁工作，防止电机受潮和异物进入电机内部（平时要经常检查有无不正常现象，每月至少停车检查一次），用压缩空气清洁内部。
（2）润滑。给电磁调速异步电动机（定期）注油、加润滑脂。
（3）更换轴承。电磁调速异步电动机使用日久，轴承可能磨损，导致气隙不均匀，影响运转性能。如发现相擦、过热，应及时检查修理，必要时更换新轴承、更换润滑脂。
（4）测速发电机测试。检查测速发电机，若发现电压不足，应拆下并对转子充磁。
（5）绝缘检查。绝缘电阻应不低于 1 MΩ。

## 四、评分标准

评分标准见表 5 - 2。

**表 5－2　电磁调速异步电动机的拆装与维护的评分标准**

| 考核项目 | 考核内容及要求 | 评 分 标 准 | 配分 | 扣分 | 得分 |
|---|---|---|---|---|---|
| 滑差电动机的拆装 | 1. 整机拆装正确<br>2. 离合器的拆装正确 | 1. 拆卸步骤每错一步,扣5分<br>2. 组装步骤每错一步,扣5分<br>3. 损伤电枢或绕组,扣10分 | 20 | | |
| 离合器的检修 | 1. 检查、更换轴承的方法正确<br>2. 轴承的清洗、加油正确<br>3. 检查励磁绕组、测量其绝缘、并达到要求 | 1. 检查、更换方法不正确,扣8分<br>2. 轴承清洗不干净,扣6分<br>3. 润滑脂过多或过少,扣5分<br>4. 检查不全面,扣5分<br>5. 不会测量励磁绕组绝缘电阻,扣10分,测量结果不正确,扣10分 | 30 | | |
| 控 制 器检修 | 1. 根据故障现象进行分析,并确定要检查的测试点<br>2. 用示波器观察测试点波形,寻找故障所在环节<br>3. 用万用表对可疑元件进行检查,判断其好坏<br>4. 根据故障原因,进行修理,排除故障 | 1. 不会分析,定不出测试点,扣8分<br>2. 观察波形后,判断不出故障环节,扣5分<br>3. 找不到故障点,扣8分<br>4. 不会使用示波器,扣5分<br>5. 不会用万用表对可疑元件进行检查,判断其好坏,扣5分 | 30 | | |
| 试运转 | 电磁调速异步电动机的接线 | 不会试运转,扣10分 | 10 | | |
| 安全文明生产 | 1. 遵守操作规程<br>2. 尊重考评员,讲文明、懂礼貌<br>3. 考试结束要清理现场 | 1. 各项考试中,违反安全文明生产考核要求的任何一项扣2分,扣完为止<br>2. 当考评员发现考生有重大事故隐患时,要立即予以制止,并每次扣考生安全文明生产总分5分 | 10 | | |
| 备注 | | 合计 | | | |
| | | 考评员<br>签字<br><br>　　　　　　　年　　月　　日 | | | |

# 项目六　电器知识

**教学目的**

1. 掌握常用低压电器的结构、工作原理、使用维护方法。
2. 了解常见高压电器的结构、工作原理、耐压试验方法。

**任务分析**

电器是对电能的生产、输送、分配和使用起控制、调节、检测、转换及保护作用的电器。要提高供电质量、确保用电设备的高效使用,必须掌握常用高低压电器的工作原理、使用维护方法。

**常用电器的基本知识**

# 一、常用低压电器

1. 常用低压电器的分类

低压电器是指工作在交流电压 1 200 V、直流电压 1 500 V 以下的各种电器。生产机械上大多用低压电器。

低压电器种类繁多,按其结构、用途及所控制对象的不同,可以有不同的分类方式。按功能可分为:配电电器、控制电器;按照动作方式可分为:自动切换电器、非自动切换电器;按工作原理可分为:电磁式电器、非电量控制电器。低压电器的分类如图 6-1 所示。

2. 熔断器

(1)熔断器的作用

熔断器主要用作线路的短路保护。当电路短路时,电路中的电流急剧增大,熔断器的熔体过热而熔断,使线路和电气设备脱离电源而得到保护。它是一种保护电器。

(2)熔断器的种类

①瓷插式(RC)。额定电压为 380 V,其额定电流有 5 A,10 A,15 A,30 A,60 A,100 A,200 A 等。

熔体的材料有两种:一种是低熔点材料,如铅锡合金,其熔点低但不容易熄弧,一般用于小容量线路中;另一种是高熔点材料,如银、铜制成的片、丝等,熄弧比较容易,一般用于大电流线路中。

②螺旋式(RL)。熔芯内装有石英砂,熔体埋于其中,熔体熔断时,电弧喷向石英砂及其缝隙,可迅速降温而熄灭。为了便于监视,熔芯上有个熔断指示器,即一端装有色点(不同的颜色表示不同的熔体电流),当熔体熔断时,熔断指示器弹出,通过瓷帽上的玻璃窗口可看见。

螺旋式熔断器额定电流为 5~200 A,主要用于短路电流大的分支电路或有易燃气体的场所。其额定电压为 500 V,额定电流有 10 A,15 A,60 A,100 A,200 A 等。

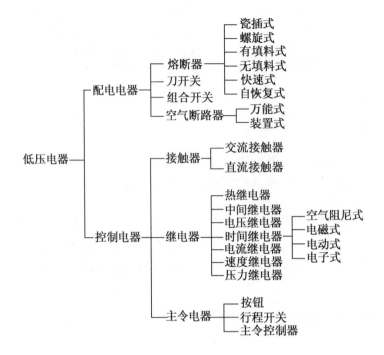

图6-1　低压电器分类

③有填料式(RT系列)。有填料管式熔断器是一种有限流作用的熔断器,由填有石英砂的瓷熔管、触点和镀银铜栅状熔体组成。填料管式熔断器均装在特别的底座上,如带隔离刀闸的底座或以熔断器为隔离刀的底座上,通过手动机构操作。该类熔断器具有高分断能力。熔断器额定电流为5~1 000 A,主要用于短路电流大的电路或有易燃气体的场所。典型产品有RT0系列、RT16系列、RT17系列、RT20系列。

④无填料式(RM7,RM10)。这种熔断器有两个特点:一是采用变截面锌片作熔体。当电路过载或短路时,锌片狭窄部分的温度急剧升高而首先熔断;二是采用钢纸管或三聚氰胺玻璃作熔管,当熔体熔断时产生电弧,高温电弧使得钢纸管分解产生气体,形成高压,迅速灭弧。

其额定电压380 V,额定电流有6 A,10 A,15 A,…,1 000 A等。

⑤快速熔断器。熔体为银质窄截面或网状形式,熔体为一次性使用,不能自行更换。具有分断能力高,限流特性好,功率损耗低,周期性负载稳定等特点。由于其具有快速动作性,一般作为半导体整流元件保护用,能可靠地保护半导体器件及其成套装置。

⑥自恢复熔断器。自复式熔断器由金属钠制成熔丝,它在常温下具有高电导率(略次于铜),短路电流产生的高温能使钠汽化,气压增高,高温高压下气态钠的电阻迅速增大,呈高电阻状态,从而限制了短路电流。当短路电流消失后,温度下降,气态钠又变为固态钠,恢复原来良好的导电性能,故自恢复式熔断器可重复使用。因其只能限流,不能分断电路,故常与断路器串联使用,以提高分断能力。目前自恢复式熔断器有RZ1系列熔断器,其适用于交流380 V的电路中与断路器配合使用。几种常用熔断器的外形如图6-2所示。

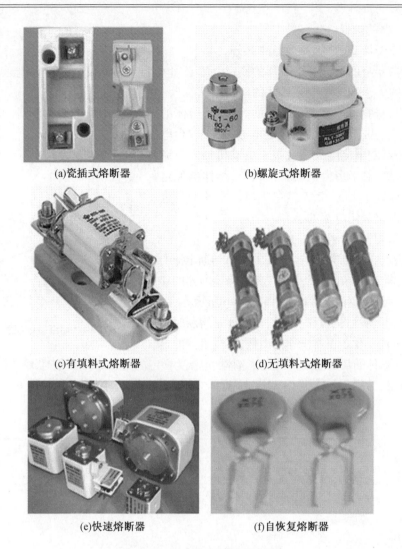

(a)瓷插式熔断器　　　(b)螺旋式熔断器

(c)有填料式熔断器　　　(d)无填料式熔断器

(e)快速熔断器　　　(f)自恢复熔断器

图6-2　几种常用熔断器的外形

(3)熔断器的符号与型号(见图6-3)

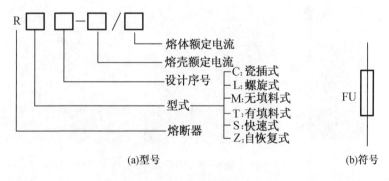

(a)型号　　　(b)符号

图6-3　熔断器的符号与型号

（4）熔断器的选择

包括熔断器器身、熔体的选择两部分。

①熔断器器身的选择。熔断器的额定电压必须大于或等于线路的额定电压,熔断器的额定电流必须大于或等于所装熔体的额定电流。

②熔体的选择。对于照明、电热等负载,熔体的额定电流应大于或等于负载的额定电流;对于单台电动机,熔体的额定电流应大于或等于电动机额定电流的 1.5~2.5 倍;对于多台电动机的线路,熔体的额定电流应大于或等于 1.5~2.5 倍最大电动机的额定电流与其余电动机额定电流的总和。

（5）熔体的保护特性(安秒特性)

熔断器熔体的熔断时间与熔体的材料和熔断电流的大小有关,熔断时间与电流的大小关系称为熔断器的安秒特性,也称为熔断器的保护特性,如图 6-4 所示。

熔体的保护特性具有反时限性,其规律是熔断时间与电流的平方成反比。正常工作的时候,通过熔体的电

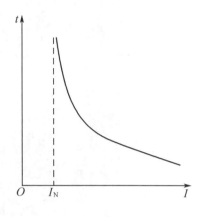

图 6-4　熔断器的保护特性

流小于或等于熔体的额定电流。当流过熔体的电流为额定电流的 1.3~2 倍时,熔体缓慢熔化;当流过熔体的电流为额定电流的 8~10 倍时,熔体立刻熔化。常用熔体的安秒特性见表 6-1。

表 6-1　常用熔体的安秒特性

| 熔体电流/A | $1.25\,I_N$ | $1.6\,I_N$ | $1.8\,I_N$ | $2.0\,I_N$ | $2.5\,I_N$ | $3\,I_N$ | $4\,I_N$ | $8\,I_N$ |
|---|---|---|---|---|---|---|---|---|
| 熔断时间/s | ∞ | 3 600 | 1 200 | 40 | 8 | 4.5 | 2.5 | 1 |

3. 低压开关

（1）刀开关

刀开关是一种手动电器,广泛用于配电设备作隔离电源用,有时也用于直接启动小容量的笼型异步电动机。使用时不能倒装或平装,不能频繁操作,只能通断小负载(见图 6-5)。

图 6-5　刀开关

（2）组合开关（转换开关）

特点：刀片式转动，操作灵活，组合方便。与普通刀开关相比，抗震性能好（见图6-6）。

选择：适合于小容量电动机启停控制，额定电流为电动机额定电流的3倍；适合作电源开关，额定电流稍大于电动机额定电流。

(a)Hz5B系列　　　　　　(b)Hz10系列　　　　　　(c)符号

图6-6　组合开关

4. 断路器

自动空气断路器（又称自动空气开关）是低压配电网络和电力拖动系统中非常重要的一种电器，它集控制和多种保护功能于一体，除能完成接通和分断电路以外还能对电路或电气设备发生的短路、严重过载及失压等进行保护，同时也可用于不频繁地启动电动机（见图6-7）。

（1）自动空气断路器的一般选用原则

①自动空气断路器的额定工作电压≥线路额定电压。

②自动空气断路器的额定工作电流≥线路计算负载电流。

③热脱扣器的整定电流 = 所控制负载的额定电流。

④电磁脱扣器的瞬时脱扣整定电流 > 负载电路正常工作时的峰值电流。

对于单台电动机，瞬时脱扣整定电流 $I_Z$ 可按照下式计算：

$$I_Z \geqslant K \cdot I_{st}$$

式中　$K$——安全系数，可取 1.5 ~ 1.7；

　　　$I_{st}$——电动机的启动电流。

对于多台电动机，可按照下式计算：

$$I_Z \geqslant K(I_{stmax} + \sum I_N)$$

式中　$K$——安全系数，可取 1.5 ~ 1.7；

　　　$I_{stmax}$——最大容量的一台电动机的启动电流；

　　　$\sum I_N$——其余电动机额定电流的总和。

⑤自动空气断路器欠电压脱扣器的额定电压 = 线路额定电压。

(a)DZ5系列　　　　　　　　(b)DZ15系列

(c)DZ47系列　　　　　　　　(d)DW17系列

**图 6 – 7　空气断路器**

(2)自动空气断路器巡视检查

运行中的自动空气断路器,应从以下几方面进行巡视检查:

①检查所带的正常最大负荷是否超过断路器的额定电流;

②检查触头系统和导线连接点有无过热现象;

③检查分合闸状态是否与辅助触头所串接的信号指示灯相符合;

④监听断路器在运行时有无异常声响;

⑤检查传动机构及相间绝缘的工作状态,前者有无变形、锈蚀、销钉松脱现象,后者有无裂痕、表层剥落和放电现象;

⑥检查断路器保护脱扣器的工作状态,如整定值指示位置是否与被保护负荷相符合、有无变动,电磁铁表面是否清洁、间隙是否正常,弹簧有无锈蚀,线圈有无过热及异常声响等;

⑦检查灭弧罩的工作位置是否因受到振动而移动,灭弧罩是否完整,有无受潮、有无喷弧痕迹;

⑧遇有灭弧罩损坏,不论是多相还是少相,必须停止使用,更换后才能投入运行,以免在断开时发生飞弧现象,造成相间短路而扩大事故;

⑨如发生长时间的负荷变动,需要调节过电流脱扣器的整定值,必要时更换设备;

⑩自动空气断路器因发生短路故障而掉闸或遇有喷弧现象时,除将故障排除外,还应安排开关解体检修,重点是触头系统和灭弧罩。

（3）维护与检修

除上述巡视检查外，自动空气断路器还应安排定期维护及检修。其内容如下：

①取下灭弧罩，检查灭弧栅片的完整性及清洁其表面，外壳应完整无损；

②检查触头表面，清洁或修整触头，严重烧损时应更换触头；

③检查触头的压力，调整三相触头位置和压力，使其三相的压力、接触面积闭合时间完全一致；

④手动分、合闸，检查辅助触头的工作状态是否符合要求，并清洁辅助触头，如有损坏应更换；

⑤检查脱扣器的衔铁和弹簧活动是否正常，动作应无卡阻；

⑥各个摩擦部位应定期加润滑油；

⑦全部检修完毕后，应做几次传动试验，检查是否正常。

（4）常见故障及产生故障的可能原因

①手动操作断路器不能闭合。

可能的原因：

a. 失压脱扣器无电压或线圈损坏。

b. 储能弹簧变形，导致闭合力减小。

c. 反作用弹簧力过大。

d. 机构不能复位再扣。

②电动操作断路器不能闭合。

可能的原因：

a. 操作电源电压不符合。

b. 电源容量不够。

c. 电磁铁拉杆行程不够。

d. 电动机操作定位开关变位。

e. 控制器中整流管或电容器损坏。

③漏电保护断路器不能闭合。

可能的原因：

a. 操作机构损坏。

b. 线路某处漏电或接地。

④分励脱扣器不能使断路器分断。

可能的原因：

a. 线圈短路。

b. 电源电压太低。

c. 再扣接触面太大。

d. 螺丝松动。

⑤带负荷启动时开关立即分断。

可能的原因：

a. 过电流脱扣器瞬时动作整定值太小。

b. 脱扣器某些零件损坏，如半导体器件、橡胶膜损坏等。

c. 脱扣器反力弹簧断裂或掉下。

⑥断路器闭合后经一段时间后自行分断。

可能的原因：

a. 过电流脱扣器长延时整定值不对。

b. 热元件或半导体延时电路元件老化。

⑦断路器的温升过高。

可能的原因：

a. 触头压力太小。

b. 触头表面磨损严重或接触不良。

c. 两个导电零件的连接螺丝松动。

d. 触头表面氧化或有油污。

⑧失压脱扣器噪声大。

可能的原因：

a. 反作用弹簧力太大。

b. 铁芯表面有油污。

c. 短路环损坏(断裂)。

**5. 接触器**

接触器是低压电器中的主要品种之一,是电力拖动和自动控制系统中应用最广泛的一种电器。其可以频繁地接通和分断主电路,几种常见接触器的实物图如图 6 - 8 所示。

接触器有电磁式、气动式、液压式等,最常用的是电磁式。

接触器按照其主触点所控制电路中的电流种类又可分为交流和直流两种。直流接触器用于控制直流供电负载或直流电机。其线圈励磁电流大多采用直流励磁。由于直流电没有过零点,灭弧较困难,因此直流接触器的灭弧装置比交流的要复杂些。

(1)接触器的结构

接触器的基本结构由以下几部分组成：

①触头系统。一般是桥式触头或指形触头。极数有单极或多极的,常用的为三极。除了主触头外,还有辅助触头。

②灭弧系统。一般由灭弧罩构成,或者由串联于主触头的磁吹线圈和灭弧罩构成。某些接触器还采用真空灭弧油浸式等。

③电磁系统。由线圈、铁芯、缓冲件等构成。

④壳体。用于安装固定零件的部分,使接触器构成一个整体。

常用的接触器有 CJ10,CJ12,CJ20 等系列,CJ10 系列接触器为一般用途的接触器,适用于交流 50 Hz 或 60 Hz、电压至 500 V、电流至 150 A 的电力线路中,供远距离接通和分断电路用,可用于频繁启动和控制电动机;CJ12 系列接触器主要用于冶金、矿山及起重设备等的控制线路中,适用于交流 50 Hz 或 60 Hz、电压至 380 V、电流至 600 A 的电力线路中;CJ20 系列接触器主要用于 50 Hz 或 60 Hz、电压至 660 V、电流至 630 A 的电力线路中。

直流接触器目前常用的是 CZ0 系列,它主要供远距离接通和断开额定电压 440 V、额定电流 600 A 的直流电路用,并适用于频繁启动、停止直流电动机以及控制直流电动机的换向或反接制动的场合。

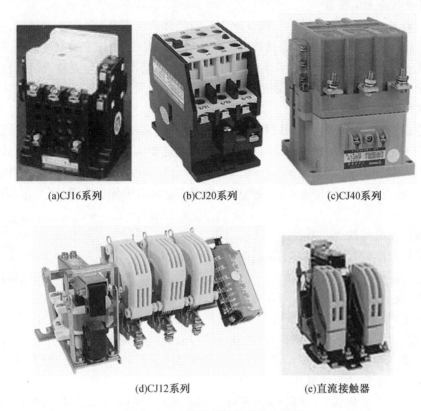

(a)CJ16系列　　(b)CJ20系列　　(c)CJ40系列

(d)CJ12系列　　(e)直流接触器

图6－8　几种常见接触器的实物图

（2）接触器的选择

为了尽可能经济地、正确地选用接触器,必须对控制对象的工作状况及接触器性能有全面的了解,不能仅仅看产品的铭牌数据,因为接触器铭牌上所规定的电压、电流、控制功率等参数,是某一使用条件下的额定值,选用时应根据使用条件正确选择。

①选择接触器的类型。通常先根据接触器所控制的电动机及负载电流类别来选择相应的接触器类型,即交流负载选用交流接触器,直流负载选用直流接触器。

②选择接触器主触点的额定电压。通常选择接触器主触点的额定电压应大于或等于负载回路的额定电压。

③选择接触器主触点的额定电流。接触器控制电阻性负载时,主触点的额定电流应等于负载的额定电流;接触器控制电动机时,主触点的额定电流应大于或稍大于电动机的额定电流;接触器如使用在频繁启动、制动和频繁正反转的场合时,容量应增一倍以上。

④选择接触器线圈的额定电压。

交流线圈:36 V,110 V,127 V,220 V,380 V。

直流线圈:24 V,48 V,110 V,220 V,440 V。

选用时一般交流负载用交流吸引线圈的接触器,直流负载用直流吸引线圈的接触器,但交流负载频繁动作时,可采用直流吸引线圈的接触器。

接触器吸引线圈电压若从人身和设备安全角度考虑,可选择低一点;但当控制线路简单、线圈功率较小时,为了节省变压器,则可选用220 V和380 V。

（3）接触器的灭弧装置

当触头断开时，电压与电流的作用使触头间的气体产生游离，形成以大量正、负离子和自由电子导电的电弧放电。由于电弧放电将产生极高的温度，所以它会烧坏触头、降低触头的电气性能及可靠性，缩短电器使用寿命，同时还将使电路不能立即关断，甚至造成弧光短路。这将影响电路的安全运行，以致造成重大的电气事故及火灾。灭弧装置的作用就是避免弧光短路的形成。

要使电弧迅速熄灭，一是要削弱和限制游离过程，二是加速消灭游离过程。所以触头的材料常选用不易发射电子、导热性能好的材料。从加速游离看，对于容量较小的低压电器，常用的灭弧方法有：保证足够的触头开距，增大触头分断速度；采用双断口触头结构，利用电弧的电动力，将电弧拉长而加速电弧的熄灭。对于容量较大的低压电器，则采用专门的灭弧装置。

①交流低压电器的灭弧装置。

广泛采用双断口灭弧、栅片灭弧、纵缝灭弧等，如图6-9所示。当动、静触头4,1断开后，电弧2在镀铜铁质栅片及电动力的作用下被吸入栅片3中，并将电弧切割成被栅片相隔离的许多电弧段。由于每对栅片间都有150~200 V的绝缘强度，故使整个电弧段的等效绝缘强度大大加强。同时，栅片要吸收电弧的热量使之迅速冷却，这样就迫使电弧迅速熄灭。用陶土、石棉、水泥制成的灭弧罩5既可使电弧冷却，又可以将各相触头分隔开以防止产生弧光电弧短路。额定电流为20 A以下的交流接触器的灭弧装置中只有灭弧罩而无栅片。

②直流低压电器的灭弧装置。

通常采用磁吹灭弧装置，如图6-9所示。磁吹线圈6与主电路串联，它的励磁电流就是负载电流 $I$；它所产生的磁场以铁芯7及装在灭弧罩11两侧的两块铁夹板9为磁回路。当动、静触头13,12断开后，产生了电弧（图中以粗黑线表示），电弧在磁吹线圈产生的磁场作用下受到了电磁力 $F$，使电弧沿与静触头相连的灭弧角10迅速向上运动而被拉长，同时散去其热量；当电弧进入灭弧罩上面的夹缝区域时，电弧与灭弧罩壁接触又将热量进一步耗散出去。由于电弧被不断拉长，电源电压越来越不足以维持电弧燃烧所需的电压，加上电弧散热条件越来越好，所以电弧将迅速熄灭。

考虑灭弧因素时应明确：在 $U_N$，$I_N$ 相同的条件下，熄灭直流电弧要比熄灭交流电弧困难得多；电感量大的负载要比电感量小的负载熄灭电弧困难得多。

（4）交流接触器的运行与维修

①日常巡视检查。

a. 通过负荷的电流是否在交流接触器的额定值以内（可通过电流表或钳形电流表测量）。

b. 观察接触器有无异常声响，接通、分断时有无松动现象。

c. 观察吸合与分断时有无机械卡死、启动不灵活的现象。

d. 检修接触器时，应彻底停电。

e. 应经常清除尘土和污垢，特别是相间部分必须彻底清理。清扫时可用工业酒精或四氯化碳进行擦洗。

f. 应紧固所能触及的所有紧固件，对接地螺丝的接地线是否完好应特别注意，以确保接地良好。

g. 检查辅助触头有无卡死、脱落等现象，接触是否良好等。

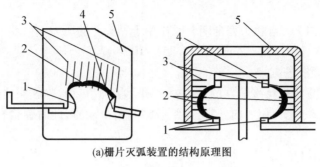

(a)栅片灭弧装置的结构原理图

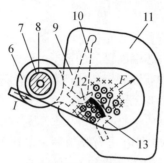

(b)磁吹灭弧装置的结构原理图

1,12—静触头;2—电弧;3—栅片;4,13—动触头;5,11—灭弧罩;
6—磁吹线圈;7—铁芯;8—绝缘层;9—铁夹板;10—灭弧角。

**图6-9　灭弧装置的结构原理图**

h. 检查灭弧罩是否完好无损,并清理燃弧时所飞溅上的金属微粒等。

i. 检查接触器线圈有无发热发黑等现象,引出线是否完好,否则应予以更换。

②触头系统的检修。

a. 检查动静触头是否对准。

b. 检测相间绝缘电阻值。使用500 V兆欧表进行测量,其绝缘电阻值不应低于10 MΩ。

c. 触头磨损厚度超过1 mm或严重烧损时就更换新件。对于银基合金和银触头,如果触头烧毛而影响到接触时,只能用细锉刀修平,不能用砂布打磨。因砂粒嵌入后,会使接触状况更加恶化。对铜和铜基合金触头应以细锉刀修整。如触头烧蚀严重,应更换触头。

d. 检查触头时应检查和调整触头开距、超程、触头压力和三相的同步性等。

ⓐ触头开距:指触头完全分开时,动、静触头之间的最短距离。开距过大,需要的吸力也过大,造成铁芯、线圈的体积过大,导致接触器笨重;开距过小,则电弧不容易熄灭,容易烧坏触头。所以开距的大小应适当。

ⓑ超程:指触头完全闭合后,将静触头取走,动触头的位移。超程的作用是为了弥补触头磨损带来的影响。

ⓒ触头的初压力 $F_C$:指动、静触头刚接触时作用于触头上的压力。初压力过小,会使触头固定不牢,造成接触不良,且有

$$F_C = 0.5 F_Z$$

初压力的测试方法是将接触器的触头处于断开位置,在动触头和触头支架之间夹一张薄纸条,然后用弹簧秤钩住动触头,用力向外拉,当纸条刚开始松动时,此时弹簧秤指示的值

便是触头的初压力。

④触头的终压力 $F_Z$：指触头完全闭合时作用于触头上的压力，有

$$F_Z = 2.25I_N/100 \text{ kg}$$

式中，$I_N$ 为触头的额定电流，A。

终压力的测试方法是将接触器的触头处于闭合状态，在动、静触头之间夹一张薄纸条，然后用弹簧秤钩住动触头，用力向外拉，当纸条刚开始松动时，此时弹簧秤指示的值便是触头的终压力。

③铁芯系统的检修。

a.用棉纱沾汽油擦拭端面，除去油垢、灰尘等。

b.检查各缓冲件是否齐全，位置是否正确。

c.检查铆钉是否断裂，导致铁芯端面松散的情况。

d.短路环有无脱落或断裂，如有断裂会造成严重噪声，应更换短路环或铁芯。

e.检查电磁铁吸合是否良好，有无错位现象。

④电磁线圈的检修。

a.交流接触器的吸引线圈在电源电压为线圈额定电压的 85% ~ 105% 时，应能可靠工作，当电源电压低于线圈额定电压的 70% 时，应可靠释放。

b.检查线圈有无过热。线圈过热反映在外表层老化、变色。线圈过热一般是由匝间短路造成的。若不能修复则应更换。

c.引线与插接件有无脱焊或脱落的情况。

d.线圈骨架有无裂纹、磨损或固定不正常情况，如有应及时处理。

(5)接触器的常见故障及处理

①触头过热。可能的原因：

a.由于触头弹簧变形或烧坏，使得触头压力不够。

b.触头表面氧化或有杂质。

c.触头容量不够。

d.触头磨损太多。

处理：用细锉刀光洁触头或更换新触头。

②触头烧毛，甚至熔焊。可能的原因：

a.灭弧装置故障或损坏。

b.触头初压力太小，使触头闭合时松动。

c.触头容量太小。

处理：检查、调整触头初压力或更换触头。

③触头磨损太快。可能的原因：

a.触头弹簧损坏，初压力不足，在闭合时跳动。

b.触头初压力太大。

c.电源电压变化大。

处理：调整触头初压力，检查电源电压。

④衔铁噪声大。可能的原因：

a.铁芯端面接触不良，有杂质油污等。

b.短路环断裂或脱落。

c. 电源电压低

处理：检查、清理铁芯端面，检查电源电压。

⑤线圈过热或烧毁。可能的原因：

a. 操作太频繁（刚启动时电流大，可达额定电流的 10～20 倍。CJ10 系列操作每小时应小于 600 次）。

b. 衔铁的间隙太大，使电流过大。

c. 衔铁不能吸合。

d. 线圈匝间短路，或电源电压太高。

e. 经济电阻阻值太小（直流接触器线圈中常串联一个电阻用于限流）。

处理：分析并找出原因，采取相应的措施。

⑥衔铁吸不上。可能的原因：

a. 线圈开路或短路。

b. 接线处接触不良或脱落。

c. 电源电压太低或经济电阻阻值太大。

d. 运动部件卡住。

处理：检查线圈阻值、经济电阻阻值、电源电压，采取相应措施。

⑦电弧不能熄灭，触头严重烧毛。可能的原因：

a. 灭弧罩受潮。

b. 磁吹线圈匝间短路或接反。

c. 灭弧罩碳化、破损或脱落。

d. 灭弧角或灭弧栅片脱落。

处理：修理或更换灭弧罩，检查磁吹线圈并作相应处理。

6. 时间继电器

时间继电器的特点是继电器接收信号后，它的触点能够延时动作，主要用在需要按照时间顺序进行控制（简称时间控制）的电路中。它的种类比较多，常见的有空气阻尼式（又称气囊式）、晶体管式、电磁式、电动式等。图 6－10 中是几种时间继电器外形。

（1）电磁式时间继电器

电磁式时间继电器由电磁铁和触点组成。

①工作原理。它是利用在铁芯上套上阻尼铜套，在线圈断电时铜套内产生感应电流以延缓铁芯中磁通下降的速度来实现延时的。

②调整延时。调整延时的粗调是改变铁芯与衔铁之间非磁性垫片的厚度；细调是改变衔铁反作用力的大小。

③特点。它的延时范围小，只能断电延时，延时整定不方便，工作可靠、寿命长。

④应用。较多地应用于直流电路中。

（2）空气阻尼式时间继电器（JS7 型）

①结构与形式。空气阻尼式时间继电器由电磁系统、工作触点、气室及传动机构等四部分组成。它有通电延时和断电延时两种，两种形式的组成元件是通用的，只是电磁铁的安装位置不同。为了满足不同控制线路的需要，在时间继电器上也可配备瞬时触点。通电延时型时间继电器的性能是：当线圈得电时，通电延时各触点不立即动作而要延长一段时间动作，断电时，触点瞬时闭合。

(a)JS7型　　　　　　(b)JS11型

(c)晶体管式

**图 6 – 10　几种时间继电器外形**

②优点。延时范围大,不受电源波动的影响,结构简单,价格便宜。

③缺点。延时误差大,难以精确整定延时时间。

④应用。用在延时精度要求不高的场合。

(3)晶体管式时间继电器

晶体管时间继电器也称为半导体时间继电器或电子式时间继电器,是自动控制系统中的重要元件。它具有机械结构简单、延时范围广、精度高、返回时间短、消耗功率小、耐冲击、调节方便和寿命长等优点。

晶体管时间继电器的种类很多,按照构成原理分为阻容式和数字式两类;按照延时方式分为通电延时、断电延时及带瞬时动作触点的通电延时等。

①单结晶体管时间继电器(以 JS20 为例)。JS20 型单结晶体管时间继电器的工作原理如图 6 – 11(a)所示。

延时输入信号将电源接通后,电容器 $C_3$ 以 RP2,$R_6$,$V_2$ 构成充电回路,快速充电到 $U_{C3} = U_{R7}$ 的预充电电压,$V_2$ 截止;随后经 RP1,$R_3$ 继续充电,当 $U_{C3}$ 按照指数规律上升到单结晶体管 UV 的峰点电压 $U_P$ 时,UV 的 $e$,$b_1$ 导通,$C_3$ 对 $R_5$ 放电,在 $R_5$ 上产生触发电压信号,使晶体管 VT 导通,KT 吸合动作;指示灯 HL 亮,指示延时时间已到,并通过 KT 延时触点使 $C_3$ 迅速、彻底放电,为下一次延时做准备。电源断电,KT 复位。

②JSJ 型晶体管时间继电器,其工作原理如图 6 – 11(b)所示。

延时输入信号将电源接通后,$V_1$ 由 KT 线圈、$R_2$、$R_3$ 获得偏流而导通,$V_2$ 则截止。同时电容器 C 通过 RP、R、KT 动断触点进行充电,使 a 点电位按照指数规律逐步升高,当 a 点电

位高于 $b$ 点电位时,则 $V_3$ 导通使 $V_1$ 转为截止; $V_2$ 转为导通,KT 吸合,延时触点动作。

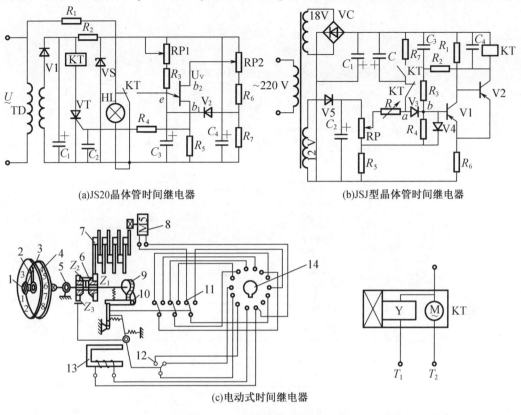

(a)JS20晶体管时间继电器

(b)JSJ型晶体管时间继电器

(c)电动式时间继电器

**图 6 - 11　时间继电器原理结构图**

(4)电动式时间继电器

电动式时间继电器是由同步电动机带动减速齿轮以获得延时的时间继电器,它由同步电动机、离合电磁铁、延时机构、触头等部分组成,如图 6 - 11(c)所示。它适用于交流 50 Hz、额定电压 500 V 及以下的电气控制线路中。继电器的型号及含义如下。

当只接通同步电动机电源时,继电器的延时触头是不会动作的。当需要延时时,还需要接通(JS11—□1 型继电器)或者断开(JS11—□2 型继电器)离合电磁铁电源,此时延时继电器的延时机构开始动作,经过整定时间后,继电器的延时触头开始动作。当断开(JS11—□1 型继电器)或者接通(JS11—□2 型继电器)离合电磁铁电源后,延时触头即复位。

当需要较精确延时时,应先接通同步电动机电源,这样可以减小由于电动机启动所引起的误差。

继电器不延时触头的动作,仅由电磁铁是否与电源接通决定。其优点是:①延时范围广(从零点几秒~几十小时);②延时精度高(不受电源电压变动及环境温度变化的影响);③延时整定方便;④延时过程可以通过指针直观地表示出来。缺点是:①结构复杂、寿命低,不适宜频繁操作;②延时误差受电源频率的影响。

注意:要整定 JS11—□1 型继电器延时长短时,必须在断开电磁铁电源后才能进行。要整定 JS11—□2 型继电器延时长短时,必须在接通电磁铁电源后才能进行。整定继电器延时长短时,用螺丝刀改变指针定位机构在刻度盘上的位置即可。

JS11—□□

| | 延时触头数 | | | | 不延时触头数 | |
|---|---|---|---|---|---|---|
| | 线圈通电时延时 | | 线圈断电时延时 | | | |
| | 动合 | 动断 | 动合 | 动断 | 动合 | 动断 |
| 1 | 3 | 2 | | | 1 | 1 |
| 2 | | | 3 | 2 | 1 | 1 |

| | 最大延时调节范围 | |
|---|---|---|
| | 电源为 ~ 50 Hz | 电源为 ~ 60 Hz |
| 1 | 8 s | 6.5 s |
| 2 | 40 s | 33 s |
| 3 | 240 s | 200 s |
| 4 | 20 min | 16 min |
| 5 | 120 min | 100 min |
| 6 | 12 h | 10 h |
| 7 | 72 h | 60 h |

时间继电器符号见图6-12。

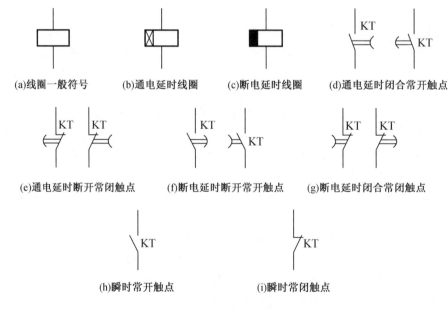

(a)线圈一般符号　　(b)通电延时线圈　　(c)断电延时线圈　　(d)通电延时闭合常开触点

(e)通电延时断开常闭触点　　(f)断电延时断开常开触点　　(g)断电延时闭合常闭触点

(h)瞬时常开触点　　　　(i)瞬时常闭触点

**图6-12　时间继电器符号**

(5)电子式时间继电器(ST3P系列)

ST3P系列时间继电器是引进日本富士电机技术生产的,具有体积小、质量小、延时精度高、延时范围宽、抗干扰能力强等特点。

①型号及其含义。电子式时间继电器型号的表示和含义如下：

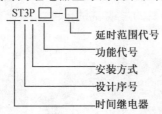

电子式时间继电器如图 6-13 所示。

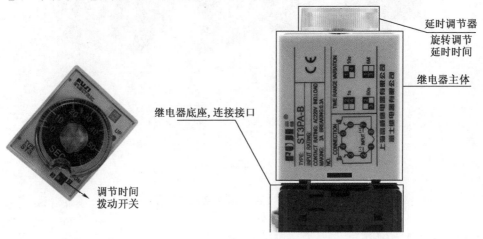

**图 6-13 电子式时间继电器**

②规格品种（表 6-2）。

**表 6-2 时间继电器规格品种**

| 型号 | 动作形式 | 触点数量 | 延时范围 | 额定电压 |
|---|---|---|---|---|
| ST3PA | 通电延时 | 延时 2 转换 | A:0.05 ~ 0.5 s/5 s/30 s/3 min<br>B:0.1 ~ 1 s/10 s/60 s/6 min | AC:24,110,220,380 V<br>DC:24,48,110 V |
| ST3PG | 间隔延时 | 延时 2 转换 | C:0.5 ~ 5 s/50 s/5 min/30 min<br>D:1 ~ 10 s/100 s/10 min/60 min | |
| ST3PC | 瞬动<br>（通电延时） | 延时 1 转换<br>瞬动 1 转换 | E:5 - 60 s/10 min/60 min 6 h<br>F:0.25 ~ 2 min/20 min/2 h/12 h<br>G:0.5 ~ 4 min/40 min/4 h/24 h | |
| ST3PF<br>ST3PF(T1) | 断电延时 | 延时 1 转换<br>或延时 2 转换 | 0.1 ~ 1 s、0.2 ~ 2 s、0.5 ~ 5 s、1 ~ 10 s、<br>2.5 ~ 30 s、5 ~ 60 s、15 ~ 180 s | AC:110,220,380 V<br>DC:24,48,110 V |
| ST3PK | 断电延时 | 延时 1 转换 | 0.1 ~ 1 s、0.25 ~ 2 s、0.5 ~ 5 s、1 ~ 10 s、<br>2.5 ~ 30 s、5 ~ 60 s、15 ~ 180 s | AC:110,220,380 V<br>DC:24 V |
| ST3PY | 星三角<br>启动延时 | 延时星三角转<br>换/瞬动 1 常开 | 1 ~ 10 s、2.5 ~ 30 s、5 ~ 60 s | AC:110,220,380 V |
| ST3PR | 往复循<br>环延时 | 延时 1 转换 | 0.5 ~ 6 s/60 s、1 ~ 10 s/10 min、2.5 ~<br>30 s/min | AC:110,220,380 V<br>DC:24,48 V |

7. 热继电器

热继电器是一种电气保护元件,它是利用电流的热效应使得动作机构动作进而推动触点断开的保护电器,主要用作电动机的过载、断相保护。热继电器实物与符号见图6-14。

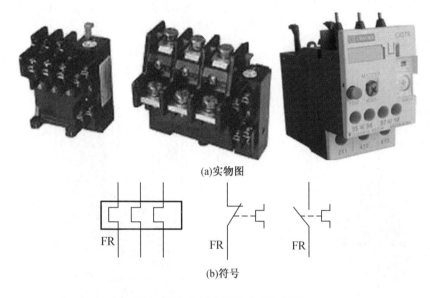

(a)实物图

(b)符号

图6-14　热继电器的实物与符号

(1)热继电器的选用

①星形接法的电动机及电源对称性较好的情况可选用两相或三相结构的热继电器;三角形接法的电动机应选用带断相保护装置的三相结构热继电器。

②原则上热继电器的额定电流应按电动机的额定电流来选择。但对于过载能力较差的电动机,其配用的热继电器(主要是发热元件)的额定电流应适当小些,一般选取热继电器的额定电流(实际上是选取发热元件的额定电流)为电动机额定电流的60%~80%。

③对于工作时间较短、间歇时间较长的电动机,以及虽然长期工作但发生过载现象的可能性很小的电动机,可以不设过载保护。

④双金属片式热继电器一般用于轻载、不频繁启动电动机的过载保护。对于重载、频繁启动的电动机,则可用过电流继电器(延时动作型的)作它的过载保护和短路保护。因为热元件受热变形需要时间,故热继电器不能作短路保护用。

在安装和使用保护型热继电器的过程中,必须按照产品说明书规定的方式安装。当与其他电器安装在一起时,应将热继电器安装在其他电器的下方,以免其受其他电器发热的影响。

另外,热继电器出线端的连接导线的选用必须符合表6-3的规定。这是因为导线的材料和粗细均能影响到热元件端接点传导外部热量的多或少。导线过细,轴向导热差,热继电器可能提前动作;导线过粗,轴向导热快,热继电器可能滞后动作。按照规定,连接导线应为铜线,若不得已要用铝线时,导线的截面积应放大约1.8倍,而且端头应搪锡。

表6-3 热继电器连接导线选用表

| 热继电器额定电流/A | 连接导线截面积/mm² | 连接导线种类 |
| --- | --- | --- |
| 10 | 2.5 | 单股塑料铜芯线 |
| 20 | 4 | 单股塑料铜芯线 |
| 60 | 16 | 多股铜芯橡皮软线 |
| 150 | 35 | 多股铜芯橡皮软线 |

使用中应定期除去热继电器的尘埃和污垢。若双金属片出现锈斑,可用棉布蘸上汽油轻轻揩拭,禁用砂纸打磨。另外,当主电路发生短路事故后,应检查发热元件和双金属片是否已经发生永久性变形。在做调整时,绝不允许弯折双金属片。

(2)热继电器的接入方式

三相交流电动机的过载保护大多数采用三相式热继电器,由于热继电器有带断相保护和不带断相保护两种,根据电动机绕组的接法,这两种类型的热继电器接入电动机定子电路的方式也不尽相同(见图6-15)。

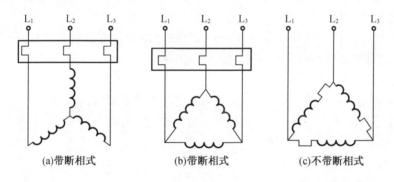

(a)带断相式　　　　(b)带断相式　　　　(c)不带断相式

图6-15 热继电器接入方式

(3)热继电器的常见故障及处理

①用电设备操作正常,但热继电器动作频繁,经常造成停工。可能的原因:

a. 热继电器的整定值小于被保护的设备的额定电流,使热继电器频繁动作。

b. 热继电器的可调整部件固定支架松动,不在原整定点上。

c. 热继电器安装位置不适当或环境温度过高。

处理:修理支架、重新整定。

②用电设备经常烧毁而热继电器不动作。可能的原因:

a. 热继电器的整定值大于被保护的设备的额定电流,使热继电器不动作。

b. 热继电器的可调整部件固定支架松动,不在原整定点上。

c. 热继电器通过了巨大的短路电流后,双金属片产生永久性变形。

d. 热继电器久未检验,灰尘堆积或生锈,动作机构不灵活。

e. 胶木零件变形。

f. 外接线未接上或松动。

处理:根据上述提示,寻找故障原因并采取相应措施。

③热继电器的主电路不通。可能的原因:

a. 热元件烧毁。

b. 接线螺丝未拧紧。

处理:更换热元件或热继电器,拧紧螺丝。

随着科学技术的不断进步,电动机的保护装置的功能越来越强大,图 6 - 16 是一款电动机的保护装置,它与交流接触器组成电动机保护控制电路,主要用于交流 50 Hz/60 Hz、额定电压 400 V ~ 690 V、额定电流至 20 A 及以下的三相异步电动机在常规负载、无特殊要求情况下运行中可能出现的断相、过载、堵转、阻塞、三相不平衡等故障的保护。它具有抗干扰能力强、工作稳定可靠、精度高、安装调试简单方便等特点,是热继电器理想的更新换代产品。

图 6 - 16　电动机保护器

8. 电流继电器

电流继电器是依据线圈的电流大小而动作的电器。目前常用的有电磁式电流继电器,比较先进的是智能型电流继电器。

电磁式电流继电器的线圈串接在电路中以反映电路中电流的变化。为了不影响电路的正常工作,电流继电器线圈匝数少、导线粗、线圈阻抗小。

(1)过电流继电器

当电路正常工作时衔铁不吸合,而当线圈电流高于整定值时衔铁吸合。

(2)欠电流继电器

当线圈电流低于整定值时动作。

下面列举几种典型的电流继电器。

(1)JL3 系列电流继电器

JL3 系列电流继电器主要用于交流电压 380 V 及以下,直流电压 440 V 及以下的控制电路中作为过电流保护之用。继电器的触头额定电流为 5 A,触头数量为 2 对(一常开一常闭或二常开或二常闭),吸线圈的额定电流(A)有:1,1. 5,2. 5,5,10,15,25,40,60,100,150,300,600(见图 6 - 17)。

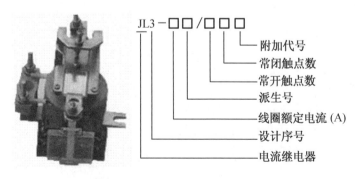

JL3 -□□/□□□

└─ 附加代号
└── 常闭触点数
└─── 常开触点数
└──── 派生号
└───── 线圈额定电流 (A)
└────── 设计序号
└─────── 电流继电器

图 6 - 17　JL3 系列电流继电器

（2）JL12 型过电流延时继电器

JL12 系列过电流延时继电器适用于电压为 380 V，电流从 5 A 至 300 A，频率为 50 Hz 的线路中，该继电器主要作起重机械设备中的绕线型电动机的启动过载过流保护。其触头额定发热电流为 5 A，线圈额定电流（A）规格有：5，10，15，20，30，40，50，60，75，100，150，200，300（见图 6 – 18）JL12 系列电流继电器延时时间见表 6 – 4。

**图 6 – 18　JL12 系列电流继电器**

**表 6 – 4　JL12 系列电流继电器延时时间表**

| 工作电流/A | 动作时间 | 起始状态 |
| --- | --- | --- |
| $1I_N$ | 长期不动作 | |
| $1.5I_N$ | <3 min | 热态 |
| $2.5I_N$ | 10 s ±6 s | 热态 |
| $6I_N$ | <1 ~3 s | |

（3）数字式过电流继电器

数字式过电流继电器具有过电流、过载保护（热继电器）功能，保护输出类型为继电器式，过电流、过载分别独立控制，兼作数字式电流表（见图 6 – 19）。

当检测的电流大于过电流设定值时，过电流输出继电器立即动作；当电流大于过载电流设定值，并且持续时间超过设定时间，过载输出继电器动作。过电流、过载电流、过载时间通过面板按键设置。面板有过电流、过载指示灯，内部有报警蜂鸣器。

9. 中间继电器（见图 6 – 20，6 – 21）

功能：增加控制点数或信号放大。

分类：交流、直流（电子电路常用）。

**图 6 – 19　数字式过电流继电器**

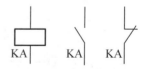

**图 6 – 20　继电器的符号**

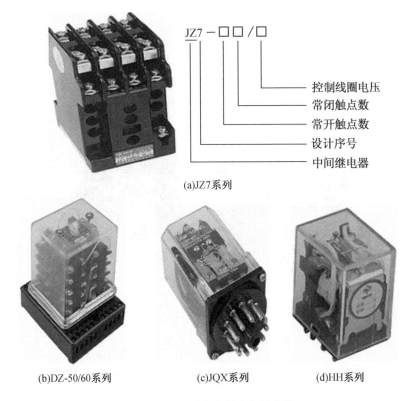

(a)JZ7系列

(b)DZ-50/60系列　　　　(c)JQX系列　　　　(d)HH系列

**图6-21　几种常见的中间继电器**

10. 主令电器

（1）按钮

按钮开关是一种结构简单、应用十分广泛的主令电器。在电气自动控制电路中,用于手动发出控制信号以控制接触器、继电器、电磁启动器等。按钮开关的结构种类很多,可分为普通揿钮式、蘑菇头式、自锁式、自复位式、旋柄式、带指示灯式、带灯符号式及钥匙式等,有单钮、双钮、三钮及不同组合形式,一般是采用积木式结构,由按钮帽、复位弹簧、桥式触头和外壳等组成,通常做成复合式。

①符号(见图6-22)。

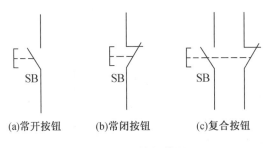

(a)常开按钮　　　　(b)常闭按钮　　　　(c)复合按钮

**图6-22　按钮符号**

②几种常见按钮的外形（见图6-23）。

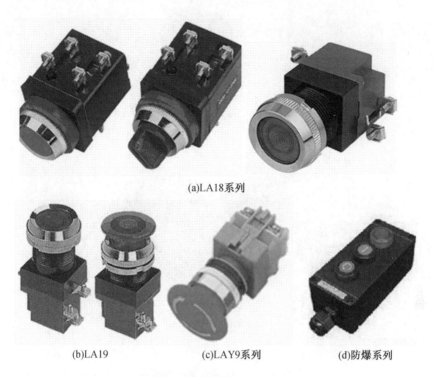

(a)LA18系列

(b)LA19　　　(c)LAY9系列　　　(d)防爆系列

**图6-23　几种常见按钮**

（2）行程开关

行程开关又称限位开关，用于机械设备运动部件的位置检测，是利用生产机械某些运动部件的碰撞来发出控制指令，以控制其运动方向或行程的主令电器。

①符号（见图6-24）。

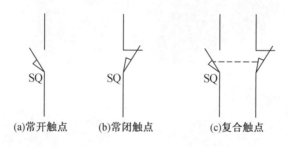

(a)常开触点　　　(b)常闭触点　　　(c)复合触点

**图6-24　行程开关的符号**

②几种常见行程开关的外形（见图6-25）。

（3）万能转换开关

万能转换开关是一种多挡式，控制多回路的主令电器，一般可作为多种配电装置的远距离控制，也可作为电压表、电流表的换相开关，还可作为小容量电动机的启动、制动、调速及正反向转换的控制。其触头挡数多、换接线路多、用途广泛，故有"万能"之称（见图6-26）。

(a)LX1　　　　　　　　　(b)LX2

(c)LX19

图 6 – 25　几种常见行程开关

(a)LW2　　　　　　　　　(b)LW6

(c)LW15　　　　　　　　(d)LW4

图 6 – 26　万能转换开关

（4）主令控制器

主令控制器（又称主令开关）主要用于电气传动装置中，按一定顺序分合触头，达到发布命令或其他控制线路连锁、转换的目的。按其结构形式可分为凸轮调整式和凸轮非调整式主令控制器两种，其动作原理与万能转换开关相同，都是靠凸轮来控制触头系统的关合。不同形状凸轮的组合可使触头按一定顺序动作，而凸轮的转角是由控制器的结构决定的，凸轮数量的多少则取决于控制线路的要求（见图6－27）。

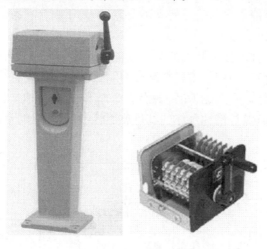

图6－27　主令控制器

（5）接近开关

接近开关（也称半导体接近开关）是一种无须直接接触被测物，而只要被测物接近它就可以发出动作信号的开关元件。它具有反应快、灵敏度高、动作频率高、寿命长、重复定位精度高等优点。所以，它除了广泛用作位置控制以外，还常用于高速计数、测定转速、物位及液位控制和各种安全保护控制等场合。

接近开关外形结构多种多样，电子线路安装调试好以后用环氧树脂密封，具有良好的防潮防腐性能（见图6－28）。

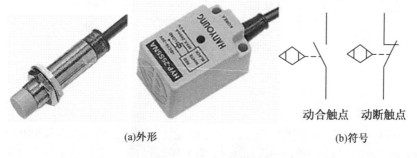

动合触点　　动断触点

(a)外形　　　　　　　　　　(b)符号

图6－28　接近开关

①高频振荡型接近开关。

高频振荡型接近开关都是利用导体在高频振荡中将要产生较大的涡流损耗，使$L$、$C$振荡器中振荡线圈的等效电阻增大、等效电感减小而破坏其振荡条件来反映有无金属物接近其感应头的。

图6-29(a)是LJ2系列晶体管接近开关的原理图。由VT1、感应头中的磁心电感线圈 $L$, $C_1$, $C_2$, $C_3$ 等元件组成了电容耦合振荡电路,输出的高频振荡信号加到VT2的基极后进行放大。放大后的高频振荡信号经过VD1,VD2整流成与之成正比的直流信号,加到VT3的基极使VT3导通。VT3导通使由VT4、VT5等构成的射极耦合触发电路中VT4截止,VT5导通。VT5的导通,使VT6截止,K处于释放状态,即对应于金属物体未接近开关感应头时的状态。当有金属物体接近感应头时,振荡电路形成的高频磁通在金属物体内感应出涡流,使振荡器振荡减弱以至停止振荡⋯⋯使VT6导通,K处于吸合状态。

②干簧管接近开关。

以干簧管为传感元件的接近开关的工作原理如图6-29(b)所示。因干簧管的舌簧片是用铁镍合金制成的,所以当用软磁材料制成的隔磁板离开永久磁铁后,触点1,3接通,1,2断开。反之,当隔磁板接近永久磁铁后,触点1,3断开,1,2接通。由于触点是用金、铑、钯等制成,并且密封在充以氮等惰性气体的红丹玻璃管中,因此它的寿命长,动作迅速、灵敏。

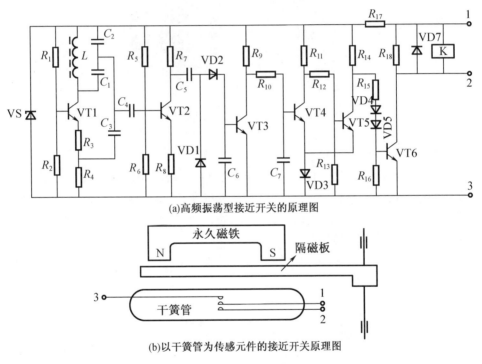

(a)高频振荡型接近开关的原理图

(b)以干簧管为传感元件的接近开关原理图

**图6-29　接近开关原理图**

11. 固态继电器

固态继电器(SSR)是一种全电子电路组合的元件,它依靠半导体器件和电子元件的电磁和光特性来完成其隔离和继电切换功能,是一种无触点开关器件(见图6-30)。

类型:按工作性质分有直流输入-交流输出型,直流输入-直流输出型,交流输入-交流输出型,交流输入-直流输出型;按输出开关元件分有双向可控硅输出型(普通型)和单向可控硅输出型(增强型)。

优点:工作可靠、寿命长、无噪声、无火花、耐腐蚀、体积小、无电磁干扰、能与逻辑电路(TTL,DTL,HTL)兼容、能以微小的控制信号直接驱动大电流负载等。

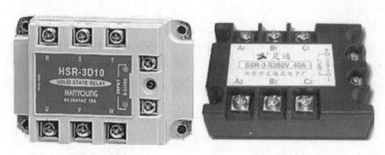

(a)直流固态继电器　　　　　(b)交流固态继电器

**图 6 - 30　固态继电器**

缺点:存在通态压降,需要散热措施,有输出漏电流,交直流不能通用,触点组数少,成本高。

12. 制动电磁铁

电磁铁主要由衔铁、铁芯、线圈三部分组成,当线圈通电后使铁芯被磁化而产生一定的磁力,将衔铁吸引而达到操纵牵引的目的(见图 6 - 31)。

(a)制动电磁铁

(b)牵引电磁铁　　　　　(c)阀用电磁铁

(d)起重电磁铁

**图 6 - 31　常用电磁铁**

（1）电磁铁的种类

电磁铁的种类很多,常用的有以下几种。

①牵引电磁铁。主要用于自动控制设备中,用作开启或关闭水压、油压、气压等阀门以及牵引其他机构装置以达到遥控的目的。

②制动电磁铁。主要用于电气传动装置中,对电机进行制动,以达到准确制动的目的,如船用三速电动锚机、交流三速起货机中均用到制动电磁铁。其工作原理是启动时,电磁铁线圈通电,电磁吸力克服弹簧作用力后吸住动摩擦片,电动机通电运转;当要制动时,电动机断电,同时电磁铁线圈也断电,动摩擦片在反力弹簧作用下复位,与静摩擦片摩擦而使电动机快速停止。

③起重电磁铁。利用电磁铁作为起重装置,用它吊运钢锭、钢材、铁砂等磁性材料。

④其他类型的电磁铁。例如,自动开关上的操作电磁铁、磨床上的电磁吸盘等。

制动电磁铁与闸瓦制动器组成抱闸,是一种常用的机械制动设备。其中,电磁铁有单相与三相之分。单相的行程较短,三相为长行程。抱闸制动器包括闸瓦、闸轮、制动杆、弹簧、支柱、基座等。抱闸与电动机装在同一根转轴上。

电磁抱闸的制动原理是这样的:当电动机通电启动时,电磁抱闸的线圈通电,吸引衔铁动作,操作制动杆,压缩主弹簧使闸瓦与闸轮松开,使电动机正常运转;当电源切断时,线圈也同时停电,衔铁与铁芯分离,在弹簧的压力下使抱闸紧紧抱住,电动机就迅速被制动而停转。

（2）制动电磁铁的试验与调整

①电磁铁冲程调整。先调整电磁铁冲程,也就是制动杆的位移。调整方法:用一把扳手把住调整螺母,用另一把扳手转动制动杆,调整到闭合衔铁时制动杆的位移能使闸瓦张开间隙符合表列数值规定为止。然后,将制动杆上两个锁紧螺母相互压牢,支柱定值螺母随即固定。

②主弹簧压力调整。闸瓦制动力矩的大小决定于主弹簧的压力。当弹簧压力较小时,制动力矩不够;当弹簧压力太大时,又加大了电磁铁线圈的负荷量,甚至可能烧坏线圈。调整方法:先将主弹簧锁紧螺母松开,用一扳手把住弹簧压紧螺母,用另一扳手转动制动杆,调整合适后,再把锁紧螺母压牢。

③电磁抱闸通电试验。先用万用表测量电磁铁线圈的电阻,阻值应符合线圈上所标明的数值。线圈对铁芯的绝缘的电阻,用 500 ~ 1 000 V 摇表测量应良好。将可调电源接主线圈上,调节电压在不低于 85% 线圈额定电压时,衔铁应可靠吸合,正常工作电流应不超过说明书中规定电流的数值。正常工作的温度不应超过 105 ℃。

（3）电磁铁的故障检修

电磁铁的常见故障一般为电磁铁不产生吸力或吸力不足,交流电磁铁噪声大且有振动;电磁吸力面制动器不起制动作用。前者为电磁机构故障,其原因及处理方法与接触器相同。后者为制动器故障,多为制动杆连接螺母松脱、弹簧失效或闸瓦磨损等。

为了保证电磁铁能可靠地工作,要求定期检查和维修,维修周期应根据具体情况来确定。维修要点如下:

①可动部分经常加油润滑。

②定期检查衔铁行程的大小并进行调整。

③更换闸片后应重新调整衔铁行程及最小间隙。

④检查各紧固螺栓及线圈接线螺钉。

⑤检查可动部件的磨损程度。

⑥清除电磁铁零件表面的灰尘和污物。

# 二、常用高压电器

1. 概述

变电所中承担输送和分配电能任务的电路,称为一次电路或一次回路,亦称主电路、主接线。一次电路中所有的设备,称为一次设备或一次元件(高压电器)。

凡用来控制、指示、监测和保护一次设备运行的电路,称为二次回路,亦称副电路、二次接线。二次回路通常接在互感器的二次侧,二次电路中的所有设备,称为二次设备或二次元件。

一次设备按照其功能来分,可分为以下几类。

(1)变换设备

其功能是按照电力系统工作的要求,来改变电压或电流。例如,电力变压器、电流互感器、电压互感器等。

(2)控制设备

其功能是按照电力系统工作的要求,来控制一次电路的通、断。例如,各种高低压开关。

(3)保护设备

其功能是用来对电力系统进行过电流和过电压等的保护。例如,熔断器、避雷器等。

(4)补偿设备

其功能是用来电力系统的无功功率,以提高系统的功率因数。例如,并联电容器。

(5)成套设备

它是按照一次电路接线方案的要求,将有关一次设备及二次设备组合为一体的电气装置。例如,高压开关柜、低压配电屏、动力和照明配电箱等。

本节只介绍一次电路中常用的高压熔断器、高压隔离开关、高压负荷开关、高压断路器。

2. 高压熔断器

熔断器(文字符号为 FU)是一种当所在电路的电流超过规定值并经一定时间后,使其熔体熔化而分断电流、断开电路的一种保护电器。熔断器的功能主要是对电路及设备进行短路保护,但有的也具有过负荷保护的功能。

工厂供电系统中,室内广泛采用 RN1,RN2 型高压管式熔断器;室外则广泛采用 RW4,RW10(F)等跌落式(或称跌开式)熔断器。高压熔断器全型号的含义如下:

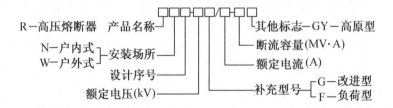

(1)RN1,RN2 型户内高压熔断器

RN1,RN2 型的结构基本相同,都是瓷质熔管内充石英砂填料的密闭管式熔断器。RN1型主要用作高压线路和设备的短路保护,也能起过负荷保护的作用,其熔体要通过主电路的电流,因此其结构尺寸较大额定电流可达 100 A。而 RN2 型只用作高压电压互感器一次侧的短路保护。由于电压互感器二次侧全部接阻抗很大的电压线圈,致使它接近于空载工作,其一次侧电流很小,因此 RN2 型的结构尺寸较小,其熔体额定电流一般为 0.5 A。RN1,

RN2 型户内高压熔断器的外形如图 6－32 所示。

由图 6－32 可知,熔断器的工作熔体(铜熔丝)上焊有小锡球。锡是低熔点金属,过负荷时锡球受热首先熔化,包围铜熔丝,铜锡的分子相互渗透而形成熔点较铜的熔点低的铜锡合金,使铜熔丝能在较低的温度下熔断,这就是所谓的"冶金效应"。它使得熔断器能在不太大的过负荷或较小的短路电流时动作,提高了保护的灵敏度。又由图可知,这种熔断器采用几根熔丝并联,以便在它们熔断时能产生几根并行的电弧,利用粗弧分细灭弧法来加速电弧的熄灭。而且这种熔断器的熔管内充填的是石英砂,熔丝熔断时产生的电弧完全在石英砂内燃烧,因此灭弧能力很强,能在短路后不到半个周期即短路电流未达冲击值之前就

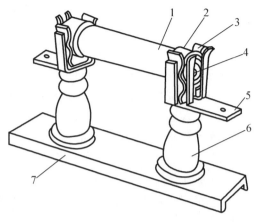

1—瓷熔管;2—金属管帽;3—弹性触座;
4—熔断指示器;5—接线端子;6—绝缘子;7—底座。

图 6－32　RN1,RN2 型高压熔断器

能完全熄灭电弧、切断短路电流,从而使熔断器本身及其所保护的电压互感器不必考虑冲击电流的影响。因此,这种熔断器属于"限流"熔断器。

当短路电流或过负荷电流通过熔体时,工作熔体熔断后,指示熔体也相应熔断,其红色的熔断指示器弹出,如图 6－33 中虚线所示,给出熔断的指示信号。

(2)RW4 和 RW10(F)型户外高压跌落式熔断器

跌落式熔断器广泛应用于环境正常的室外场所,其功能是既可作 6～10 kV 线路的设备的短路保护,又可在一定条件下,直接用高压绝缘钩棒(俗称令克棒)来操作熔管的分合。一般的跌落式熔断器如 RW4－10(G)型等,只能在无负荷下操作,或通断小容量的空载变压器和空载线路等,其操作要求与下面的隔离开关相同。而负荷型跌落式熔断器如RW10－10(F)型,则能带负荷操作,其操作要求与下面将要介绍的负荷开关相同。

图 6－34 是 RW4－10(G)型跌落式熔断器的基本结构。这种跌落式熔断器串接在线路上,正常运行时,其熔管上端的动触借熔丝张力拉紧后,利用钩棒将此动触头推入上静触头内锁紧,同时下动触头与下静触头也相互压紧,从而使电路接通。当线路上发生短路时,短路电流使熔丝熔断,形成电弧。消弧管由于电弧烧灼而分解出大量气体,使管内压力剧增,并沿管道形成强烈的气流纵向吹弧,使电弧迅速熄灭。熔丝熔断后,熔管的上动触头因失去张力而下翻,使锁紧机构释放熔管,在触头弹力及熔管自重的作用下,回转跌落,造成明显可见的断开间隙。

这种跌落式熔断器采用了"逐级排气"结构。由图 6－34 可以看出,其熔管上端在正常运行时是封闭的,可以防止雨水浸入。在分断小的短路电流时,由于上端封闭形成单端排气,使管内保持足够大的压力,这样有利于熄灭小的短路电流产生的电弧。而在分断大的短路电流时,由于管内产生的压力大,使上端薄膜冲开而形成两端排气,这样有助于防止分断大的短路电流时可能造成的熔管爆裂。

RW10－10(F)型跌落式熔断器是在一般跌落式熔断器的静触头上加装简单的灭弧室,因而能带负荷操作。这种负荷型跌落式熔断器有推广应用的趋向。

跌落式熔断器依靠电弧燃烧使产气管分解产生的气体来熄灭电弧,即使是负荷型跌落式熔断器加装有简单的灭弧室,其灭弧能力都不强,灭弧速度都不快,不能在短路电流到达

冲击值之前熄灭电弧,因此属"非限流"熔断器。

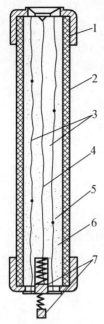

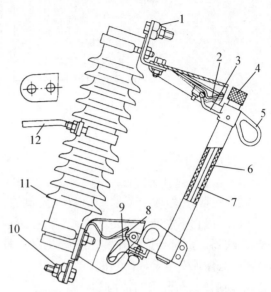

1—管帽;2—瓷管;3—工作熔体;4—指示熔
体;5—锡球;6—石英砂填料;7—熔断指示器。

**图6-33　RN1、RN2型高压熔断器的熔管剖面示意图**

1—上接线端;2—上静触头;3—上动触头;4—管帽;5—操
作环;6—熔管;7—铜熔丝;8—下动触头;9—下静触头;
10—下接线端子;11—绝缘瓷瓶;12—固定安装板。

**图6-34　RW4-10(G)型跌落式熔断器**

RW3-10型户外高压熔断器作为小容量变压器的前级保护安装在室外,要求熔丝管底端对地面距离以4.5 m为宜。

3. 高压隔离开关

高压隔离开关(文字符号为QS)的功能主要是隔离高压电源,以保证其他设备和线路的安全检修。因此,它的结构有如下特点:断开后有明显可见的断开间隙,而且断开间隙的绝缘及相间绝缘都是足够可靠的,能充分保证人身和设备的安全。

隔离开关没有专门的灭弧装置,因此不允许带负荷操作,而必须等断路器切断电路后才能拉开隔离开关;合闸时应先合上隔离开关后,才能合上断路器。然而可以通断一定的小电流,如励磁电流不超过2 A的空载变压器、电容电流不超过5 A的空载线路以及电压互感器和避雷器电路等。

高压隔离开关按照安装地点的不同,分户内式和户外式两大类。图6-35

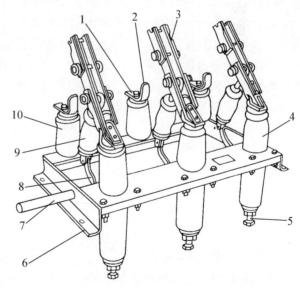

1—上接线端子;2—静触头;3—闸刀;
4—套管绝缘子;5—下接线端子;6—框架;7—转轴;
8—拐臂;9—升降绝缘子;10—支柱绝缘子。

**图6-35　GN8-10/600型高压隔离开关**

是 GN8 型户内式高压隔离开关的外形。高压隔离开关全型号的表示和含义如下：

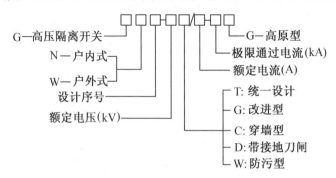

4. 高压负荷开关

（1）高压负荷开关的作用

高压负荷开关(文字符号 QL)具有简单的灭弧装置,因而能通断一定的负荷电流和过负荷电流,但它不能断开短路电流,因此它必须与高压熔断器串联使用,以借助熔断器来切断短路故障。负荷开关断开后,与隔离开关一样,具有明显可见的断开间隙,因此,它也具有隔离电源、保证安全检修的功能。

（2）高压负荷开关的结构

高压负荷开关的类型较多,这里着重介绍一种应用最多的户内压气式高压负荷开关。图 6-36 是 FN3-10RT 型户内压气式高压负荷开关的外形结构图。上半部为负荷开关本身,很像一般隔离开关,实际上它也就是在一般隔离开关的基础上加上一个简单的灭弧装置。负荷开关上端的绝缘子就是一个简单的灭弧室,它不仅起支持绝缘子作用,而且内部是腰锅气缸,装有由操作机构主轴传动的活塞,其作用类似于打气筒。绝缘子上部装有绝缘喷嘴和弧静触头。当负荷开关分闸时,在闸刀一端的弧动触头与绝缘子上的弧静触头之间产生电弧。由于分闸时主轴转动而带动活塞,压缩气缸内的空气从喷嘴往外吹弧,使电弧迅速熄灭。当然,分闸时还有电弧迅速拉长及本身电流回路的电磁吹弧作用。总的来说,负荷开关的灭弧断流能力是很有限的,只能断开一定的负荷电流及过负荷电流。负荷开关绝不能配以短路保护装置来自动跳闸,其热脱扣器只用于过负荷保护。

高压负荷开关全型号的表示和含义如下：

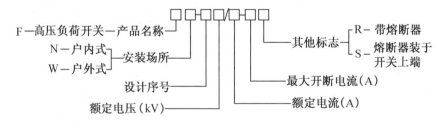

（3）高压负荷开关的使用

①当负荷开关与高压熔断器串联使用时,继电保护应进行以下整定：

a. 当故障电流大于负荷开关的分断能力时,必须保证熔断器先熔断,然后负荷开关才能分闸。

b. 当故障电流小于负荷开关的分断能力时,则负荷开关断开,熔断器不动作。

②断路时,具有明显可见的断开间隙,因此,它能起隔离电源的作用,并能够带负荷

操作。

③负荷开关只能切断和接通规定的负荷电流,一般不允许在短路情况下操作。

④使用前应进行几次开合闸操作,确认无误后,才能投入运行。

⑤使用时,检查负荷电流是否在额定范围之内。

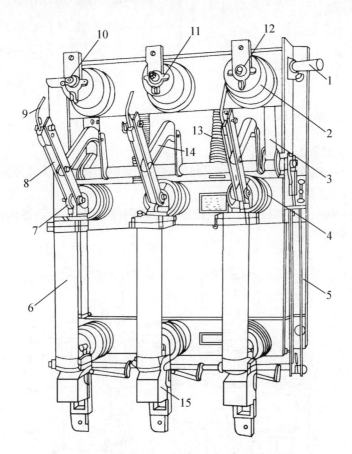

1—主轴;2—上绝缘子兼汽缸;3—连杆;4—下绝缘子;5—框架;6—RN1
型高压熔断器;7—下触座;8—闸刀;9—弧动触头;10—绝缘喷嘴(内有
弧静触头);11—上触座;13—断路弹簧;14—绝缘拉杆;15—热脱扣器。

**图 6-36　FN3—10RT 型户内压气式高压负荷开关**

## 5. 高压断路器

高压断路器(文字符号为 QF)的功能是不仅能通断正常负荷电流,而且能接通和承受一定时间的短路电流,并能在保护装置的作用下自动跳闸,切除短路故障。

高压断路器按照其采用的灭弧介质分,有油断路器(分多油断路器、少油断路器)、六氟化硫($SF_6$)断路器、真空断路器、压缩空气断路器、磁吹断路器等。其中应用最广的为少油断路器。目前真空断路器得到了越来越多的应用。

多油断路器的油量多,其油一方面作灭弧介质,另一方面又作为相对地甚至相与相之间的绝缘介质。少油断路器的油量少(一般只有几千克),其油只作为灭弧介质。一般 6~35 kV 户内配电装置中均采用少油断路器。下面重点介绍我国目前广泛应用的 SN-10 型少油断路器,并简要介绍应用日益广泛的六氟化硫($SF_6$)断路器和真空断路器。

高压断路器全型号的表示和含义如下：

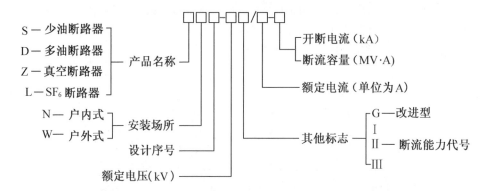

（1）SN10－10型高压少油断路器

SN10－10型少油断路器是我国统一设计、推广应用的一种新型少油断路器。按照其断流容量分，有Ⅰ，Ⅱ，Ⅲ型。

图6－37是SN10－10型高压少油断路器的外形图，这种少油断路器由框架、传动机构和油箱等三个主要部件组成。

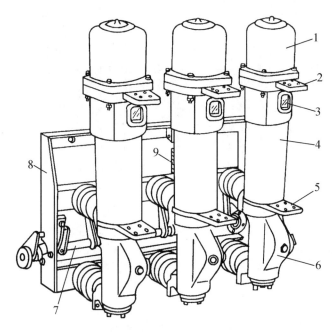

1—铝帽；2—上接线端子；3—油标；4—绝缘帽；
5—下接线端子；6—基座；7—主轴；8—框架；9—断路弹簧。

**图6－37    SN10－10型少油断路器**

油箱是其核心部分。油箱下部是由高强度铸铁制成的基座。操作断路器导电杆（动触头）的转轴和拐臂等传动机构就装在基座内。基座上部固定着中间滚动触头。油箱中部是灭弧室。外面套的是高强度绝缘筒。油箱上部是铝帽。铝帽的上部是油气分离室。铝帽的下部装有插座式静触头。插座式静触头有3~4片弧触片。

断路器合闸时，导电杆插入静触头，首先接通的是弧触片；断路器跳闸时，导电杆离开静触头,最后离开的是弧触片。因此,无论断路器是合闸还是跳闸,电弧总在弧触片与导电杆端部弧触头之间产生。为了使电弧偏向弧触片,在灭弧室上部靠弧触片一侧嵌有吹弧铁片,利用电弧的磁效应使电弧吸往铁片一侧,确保电弧只在弧触片与导电杆之间产生,不致烧损静触头中主要的工作触片。

这种断路器的导电回路是:上接线端子→静触头→导电杆(动触头)→中间滚动触头→下接线端子。

油断路器是用油作灭弧和绝缘介质的,而油在电弧的高温作用下要分解出碳,使油中的含碳量增高,从而降低了油的绝缘和灭弧性能。因此油断路器在运行中要经常注意监视油的颜色,适时分析油样,必要时要更换新油。

少油断路器中的绝缘油仅作灭弧作用,因此不要求有很高的绝缘强度。在经过二、三次跳闸后,油内就会出现碳粒,使油的颜色发黑,但这不影响灭弧作用,所以这时不必更换新油。少油断路器换油的周期可以和小修周期相同。

多油断路器与少油断路器相比,油要多 10～15 倍以上。多油断路器因过负荷或者短路事故的跳闸次数最好不超过 50～80 次就换一次油。

(2)高压六氟化硫(SF$_6$)断路器

六氟化硫(SF$_6$)断路器,是利用六氟化硫(SF$_6$)气体作灭弧和绝缘介质的一种断路器。六氟化硫(SF$_6$)是一种无色、无味、无毒且不易燃烧的惰性气体,在150 ℃以下时,化学性能相当稳定。但它在电弧的高温作用下要分解,分解出的氟(F$_2$)有较强的腐蚀性和毒性,且能与触头的金属蒸气化合为一种具有绝缘性能的白色粉末状的氟化物。因此,这种断路器的触头一般设计成具有自动净化的作用。然而由于上述的分解和化合作用所产生的活性杂质,大部分能在电弧熄灭后几个微秒的极短的时间内还原,而且残余杂质可用特殊的吸附剂(如活性氧化铝)清除,因此对人身和设备都没有什么危害。

SF$_6$ 不含碳元素(C),这对于灭弧和绝缘介质来说,是极为优越的特性。SF$_6$ 也不含氧元素(O),因此它不存在触头的氧化问题。因此 SF$_6$ 断路器较之空气断路器,其触头的磨损较少,使用寿命长。

SF$_6$ 除具有上述优良的物理、化学性能外,还具有优良的电绝缘性能。在 300 kPa 下,其绝缘强度与一般绝缘油的绝缘强度相当。特别优越的是,SF$_6$ 在交流电过零时,电弧暂时熄灭后,具有迅速恢复绝缘强度的能力,从而使电弧难以复燃而很快熄灭。

SF$_6$ 断路器的结构,按照其灭弧方式分,有双压式和单压式两类。双压式具有两个气压系统,压力低的作为绝缘,压力高的作为灭弧。单压式只有一个气压系统,灭弧时,SF$_6$ 的气流靠压气活塞产生。单压式结构简单,我国现在生产的 LN1,LN2 型 SF$_6$ 断路器均为单压式。

SF$_6$ 断路器与油断路器比较,其优点是断流能力强,灭弧速度快,电绝缘性能好,检修间隔时间长,适于频繁操作,而且没有燃烧爆炸危险。缺点是加工精度要求很高,对其密封性能要求更严,因此价格比较昂贵。

应用:主要用于需要频繁操作及有易燃易爆危险的场所,特别是用作全封闭式组合电器。

SF$_6$ 断路器配用 CD10 型等电磁操作机构或 CT7 型等弹簧操作机构。

(3)高压真空断路器

高压真空断路器,是利用(真空)灭弧的一种断路器,其触头装在真空灭弧室内。由于真空不存在气体游离的问题,所以这种断路器的触头断开时很难发生电弧。但是在感性电路中,灭弧速度过快,瞬间切断电流将使电路出现过电压,这对供电系统是不利的。因此,这"真空"不能是绝对的真空,实际上能在触头断开时因高电场发射和热电发射产生一点电弧,这电弧称为"真空电弧",它能在第一次过零时熄灭。这样,燃弧时间既短(至多半个周期),又不致产生很高的过电压。

优点:体积小、质量轻、动作快、寿命长、安全可靠和便于维修等。

缺点:价格比较贵。

应用:主要用于频繁操作的场所。

6. 高低压电器的耐压试验

(1)耐压试验目的

高低压电器的耐压试验的目的是检验电器各带电部分对接地金属部件之间、各带电部分之间等的耐压绝缘强度是否符合有关标准,以确保电器的安全运行。

(2)试验方法

对于定型产品,在常温冷态下进行试验;对于试制产品在温升试验结束时立即进行试验。

①试验部位。各带电部分之间;带电部分与接地金属部分之间;带电部分与正常运行时可能触及的部分(如手柄、磁系统)之间;多极开关电器触头在闭合位置时各极之间;触头在断开位置时,同极的进、出线之间。

②加压时间。(从加至等于耐压值瞬间算起)1 min,加压过程等与变压器、电机的耐压试验类同。

注意:对于过滤及新加油的高压断路器,必须等油中气泡全部逸出后才能进行交流耐压试验,一般需要静止3 h左右,以免油中气泡引起放电。

(3)耐压值的大小

耐压值的大小与试验品额定电压的关系为

$$U = aU_N + b$$

式中　$U$——耐压值(有效值),V;

　　　$U_N$——试验品额定电压,V;

　　　$a,b$——常数。$a$ 低压电器取2;$b$ 取1 000 ~ 1 500 V(IEC 标准取1 500 V)。

试验时出现电流表、电压表读数忽大忽小,表示绝缘击穿或即将击穿。

(4)产生击穿的原因

①受潮、电器表面有尘埃及金属粉末,或绝缘已经受损伤等。

②试验时操作不当,如加压或降压不均匀而引起振荡过电压使绝缘击穿。

(5)几种高压电器的耐压试验标准见表6-5至表6-7。

表6-5　电压互感器的交流耐压试验标准　　　　　　　　单位:kV

| 电压互感器的额定电压 | 3 | 6 | 10 | 35 | 110 |
|---|---|---|---|---|---|
| 出厂试验 | 24 | 32 | 42 | 95 | 200 |
| 交接及预防性试验 | 22 | 28 | 38 | 85 | 180 |

表 6 – 6　电流互感器的交流耐压试验标准　　　　　单位:kV

| 电流互感器的额定电压 | 3 | 6 | 10 | 35 | 110 |
|---|---|---|---|---|---|
| 出厂试验 | 24 | 32 | 42 | 95 | 250 |
| 交接及预防性试验 | 22 | 28 | 38 | 85 | 225 |

表 6 – 7　隔离开关的交流耐压试验标准　　　　　单位:kV

| 电压互感器的额定电压 | 3 | 6 | 10 | 35 | 110 |
|---|---|---|---|---|---|
| 出厂试验 | 24 | 32 | 42 | 95 | 250 |
| 交接及预防性试验 | 24 | 32 | 42 | 95 | 250 |

## 技能训练

# 技能训练一　交流接触器的拆装与维护

### 一、实训目的

1. 熟练掌握交流接触器的拆卸和装配
2. 熟练掌握交流接触器的触头系统、电磁系统、灭弧系统的修理

### 二、实训器材

1. 交流接触器　　　　　　　1 只
2. 万用表　　　　　　　　　1 只
3. 电工工具　　　　　　　　1 只

### 三、实训内容与步骤

1. 交流接触器的拆卸

(1)松掉灭弧罩的紧固螺丝,取下灭弧罩。

(2)拉紧主触头的定位弹簧夹,取下主触头及主触头的压力弹簧片。拉出主触头时必须将主触头旋转 45°后才能取下。

(3)松掉辅助常开静触头的接线桩螺丝,取下常开静触头。

(4)松掉接触器底部的盖板螺丝,取下盖板。在松盖板螺丝时,要用手按住盖板,慢慢放松。

(5)取下静铁芯缓冲绝缘纸片、静铁芯、静铁芯支架及缓冲弹簧。

(6)拔出线圈接线端的弹簧夹片,取出线圈。

(7)取出反力弹簧。

(8)抽出动铁芯和支架。在支架上拔出动铁芯的定位销。

(9)取下动铁芯及缓冲绝缘纸片。

(10)拆卸完各部件后,仔细观察各零部件的结构特点,并做好记录。

2. 触头的表面修理和整形修理

(1)触头表面的清理。用酒精清洗触头的氧化层和油污垢。注意,银触头的氧化层不能清理,如反复清理,会降低其使用寿命。

(2)触头的整形修理。当触头表面比较严重的不平整或有比较多的金属熔渣造成接触不良时,应该拆下触头,用细锉刀加以修整。

(3)触头的更换。当触头磨损到原厚度的1/2时,必须更换触头。更换的触头必须与原来的一致。

3. 电磁系统的维护

(1)检查线圈是否正常。如簧片脱落则需重新焊接。如线圈已经烧坏,则应更换同规格的线圈。

(2)检查铁芯是否正常。

①清除铁芯端面的油污或锈迹。

②检查两侧铁芯端面的磨损情况。正常情况是 E 字形铁芯两侧的铁芯端面高于中间铁芯端面 $0.1\sim0.2$ mm。

③检查短路环是否断路。

4. 灭弧系统的修理

检查灭弧罩是否正常,如不正常,则应采取相应措施。

①灭弧罩受潮。拆下灭弧罩进行烘干。

②灭弧罩炭化或破损。用细锉刀锉掉炭黑,如破损比较严重,则应该更换灭弧罩。

③弧角脱落。重新安装或用紫铜(或钢片、铁片)做一个原样的弧角代替。

5. 交流接触器的装配

按拆卸的逆序进行装配。

### 四、评分标准

评分标准见表6-8。

表6-8　交流接触器的拆装与维护的评分标准

| 考核项目 | 考核内容及要求 | 评 分 标 准 | 配分 | 扣分 | 得分 |
|---|---|---|---|---|---|
| 交流接触器的拆卸和装配 | 1. 拆卸和装配后零件完好无缺<br>2. 装配良好,能正常使用 | 1. 安装后衔铁卡死吸合不严,扣10分<br>2. 触头接触不良,扣10分 | 20 | | |
| 触头系统的检查和修理 | 触头修理方法得当 | 1. 触头修理方法不正确,扣10分<br>2. 触头表面形状不正确,扣10分 | 30 | | |
| 电磁系统的检查和修理 | 1. 正确判断电磁系统故障<br>2. 能对症检修故障 | 1. 不能正确指出故障部位,扣10分<br>2. 检查项目不全、检查方法不正确,扣5分<br>3. 不能正确排除故障,每个故障扣5分 | 20 | | |
| 灭弧系统的检查和修理 | | 1. 灭弧系统故障判断不正确,扣10分<br>2. 灭弧罩内表面清理不达标,扣6分<br>3. 灭弧栅片制作不正确,扣4分 | 20 | | |

表 6 − 8(续)

| 考核项目 | 考核内容及要求 | 评 分 标 准 | 配分 | 扣分 | 得分 |
|---|---|---|---|---|---|
| 安全文明生产 | 1. 遵守操作规程<br>2. 尊重考评员,讲文明、懂礼貌<br>3. 考试结束要清理现场 | 1. 各项考试中,违反安全文明生产考核要求的任何一项扣 2 分,扣完为止<br>2. 当考评员发现考生有重大事故隐患时,要立即予以制止,并每次扣考生安全文明生产总分 5 分 | 10 | | |
| 备注 | | 合计 | | | |
| | | 考评员<br>签字<br><br>　　　年　　月　　日 | | | |

# 项目七　电力拖动自动控制技术

**教学目的**

1. 掌握直流电动机控制线路的工作原理、安装、检修技术。
2. 掌握交流电动机控制线路的工作原理、安装、检修技术。
3. 熟悉典型机床控制线路的工作原理、安装调试与故障检修。

**任务分析**

电力拖动是由电动机、控制和保护设备、生产机械及传动装置等部分组成。任何复杂的控制线路都是由一些基本的控制电路或基本环节组成,熟悉和掌握控制线路的工作原理、安装技术,对于生产和检修电气控制箱至关重要。

**控制线路的基本知识**

## 一、直流电动机的控制线路

1. 并励直流电动机的启动控制

直流电动机的电枢绕组一般很小,若直接启动,将产生很大的启动电流(可达额定电流的 $10 \sim 20$ 倍)。这样,一方面使电机换向不利甚至烧坏电刷和换向器;另一方面将产生较大的启动转矩而造成冲击,所以必须限制启动电流。

常用的限制启动电流方法有减小电枢电压和电枢回路串电阻两种。图 $7 - 1$ 是并励直流电动机电枢回路串电阻二级启动控制线路,其工作原理如下:

合上电源开关 QS,时间继电器 KT1,KT2 得电动作,其常闭触点断开,切断 KM2,KM3 电路。保证启动时串入电阻 $R_1$,$R_2$。按下启动按钮 SB1,接触器 KM1 得电动作,电动机在串入全部电阻下开始启动。同时,由于接触器 KM1 的常闭触点打开,使得时间继电器 KT1,KT2 的线圈断电,其常闭触点按照延时时间的长短顺序复位,使得接触器 KM2,KM3 依次得

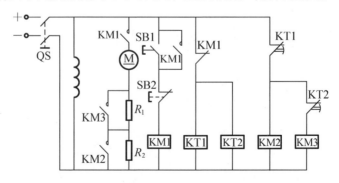

**图 7 -1　电枢回路串电阻启动控制线路**

电动作,启动电阻 $R_1$, $R_2$ 依次被短接,实现电动机逐级启动。当电动机的转速接近额定转速时,切断所有的启动电阻,然后,电动机很快进入额定转速下运行,启动过程结束。

2. 并励直流电动机的正反转控制

改变并励直流电动机旋转方向的方法有两种:一是改变电枢电流方向而保持励磁电流的方向不变;二是改变励磁电流的方向而保持电枢电流方向不变。正如前所述,通常采用改变电枢电流的方向的方法。图 7－2 是改变电枢电流的方向的正反转控制线路,电路的工作原理如下:

合上电源开关 QS,按下启动按钮 SB1,接触器 KM1 线圈得电动作,其常开触点闭合,电动机的

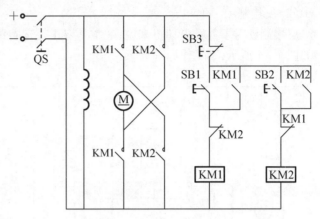

图 7－2　正反转控制线路

电枢接通电源而启动运转。若要使电动机反转,先按下停止按钮 SB3,使接触器 KM1 线圈失电而释放,电动机停止转动。然后按下启动按钮 SB2,使得接触器 KM2 得电动作,其常开触头闭合,改变了电枢电流的方向,实现了电动机的反转。该电路采用了接触器连锁的正反转控制线路。

3. 并励直流电动机的制动控制

直流电动机的制动控制与三相异步电动机的制动相似。制动方法有机械制动和电气制动两大类。机械制动常见的是电磁抱闸制动;电气制动常用的方法是能耗制动、反接制动、回馈制动。

(1)能耗制动控制

图 7－3 是并励直流电动机能耗制动的控制线路,其工作原理如下:

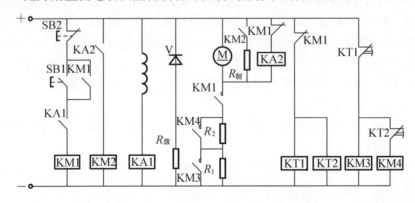

图 7－3　并励直流电动机能耗制动控制线路

合上电源开关 QS,按下启动按钮 SB1,电动机接通电源做二级启动运行。能耗制动时,首先按停止按钮 SB2,接触器 KM1 线圈断电释放,使电动机电枢回路断电。电动机做惯性运动,产生感应电动势,使中间继电器 KA2 得电,接触器 KM2 得电动作,制动电阻被接入电

枢回路。这时电枢中感应电流的方向与原来的方向相反,从而实现了能耗制动。当转速降低后,电枢产生的感应电动势减小,KA2 失电,接触器 KM2 断电释放,制动回路断开,制动完毕。

（2）反接制动

反接制动对于并励电动机来说,通常是将正在运行的电动机电枢绕组反接。其控制电路如图 7-4 所示,其工作原理如下:

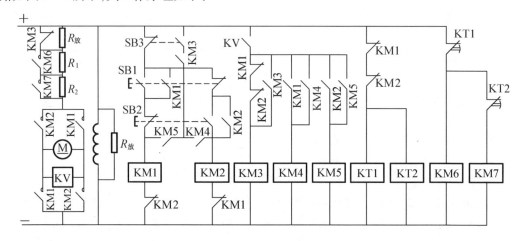

图 7-4　并励直流电动机正反转启动和制动控制线路

①启动过程。合上电源开关 QS,励磁绕组得电开始励磁;同时,时间继电器 KT1,KT2 得电动作,接触器 KM6,KM7 处于分断状态。按下启动按钮 SB1,接触器 KM1 得电动作,电动机在串入电阻 $R_1$,$R_2$ 下进行二级启动。KT1,KT2 经延时逐级切除电阻,电动机全压运行。

②反接制动控制。当电动机的转速升高后,电压继电器 KV 得电动作,使接触器 KM4 得电,为反接制动做准备。当按下停止按钮 SB3,接触器 KM1 断电释放,接触器 KM3 因此得电,接触器 KM2 也因此得电动作,使电动机绕组通以反向电流,从而实现了反接制动而迅速停车。在制动的瞬间,电动机的转速很高,反电动势很大,使电压继电器不会断电释放,从而保证了 KM3,KM4 不失电,以实现反接制动。当转速降低接近于零时,电压继电器断电释放,使接触器 KM3,KM4 和 KM2 断电释放,制动完毕,为下次启动做好准备。

4. 直流电动机的调速控制

正如前面所述,直流电动机的调速方法有三种:电枢回路串电阻调速、改变励磁电流调速、改变电枢电压调速。

这三种方法的调速原理、特点等请见项目四第四节有关内容。下面再介绍两种比较常用的调速系统。

（1）直流发电机 - 电动机调速系统（G - M）,参见图 7-5。

并励直流发电机 G 作为直流电动机 M 的直流电源;三相异步电动机作为 G 的原动机。需要调速时,可采用如下方法:

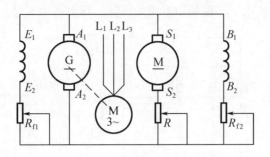

**图 7 – 5　G – M 调速系统示意图**

调节 $R_{f_1}$——调节电枢电压调速；

调节 $R_{f_2}$——调节励磁调速；

调节 $R$——调节电枢回路电阻调速。

直流发电机 – 电动机调速系统的特点：调速平滑、范围广，启动、调速、反转、制动性能好。但是设备费用较高、占地面积大、效率较低、过渡时间较长。

（2）晶闸管 – 直流电动机系统

晶闸管 – 直流电动机系统是使用晶闸管整流电路获得可调节的直流电压，供给直流电动机，以实现调节电动机转速。

由于晶闸管可控整流电路具有体积小、质量轻、控制灵活、安装制造及维修方便、无噪声、价格低等优点，利用晶闸管可控整流电路来取代直流发电机、交磁电机扩大机的晶闸管 – 直流电动机系统的运用越来越广泛。晶闸管整流电路的种类很多，有单相的、三相的、半控的、全控的等多种整流电路。

图 7 – 6 为三相半控桥式整流电路的晶闸管 – 直流电动机系统原理图。其调速原理为：改变晶闸管的导通角，就能改变电动机 M 两端的电压，从而改变直流电动机的转速，达到调速的目的。

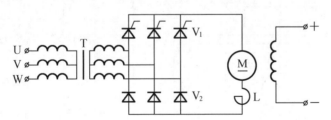

**图 7 – 6　晶闸管 – 直流电动机系统原理图**

# 二、交流异步电动机的控制线路

常用的电动机的基本控制线路有以下几种：点动控制、正反转控制、位置控制、顺序控制、多地控制、降压启动控制、调速控制、制动控制等。

1. 电动机正反转控制线路

图 7 – 7 所示为具有双重连锁的三相异步电动机的正反转控制线路，由于其最安全、操

作又便利,所以在电动机正反转控制中应用最广泛。其工作原理略。

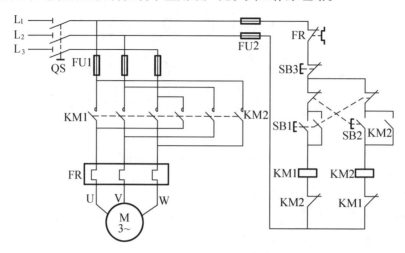

**图 7 - 7　电动机正反转控制线路**

2. 降压启动控制线路

这里只介绍最常用的 Y - △降压启动控制线路,如图 7 - 8 所示。

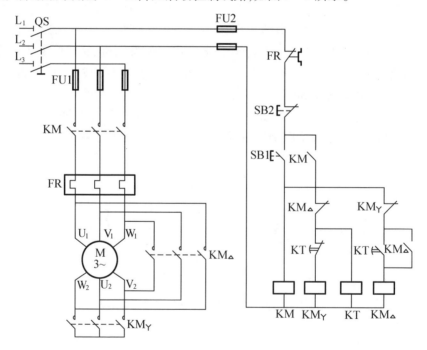

**图 7 - 8　Y - △降压启动控制线路**

　　合上 QS 后,按下 SB1 时,接触器 KM,KM$_Y$ 和时间继电器 KT 吸合,KM 主触头闭合、KM$_Y$ 主触头闭合,电动机 Y 启动。同时,KM 的常开辅助触头闭合自锁,KM$_Y$ 常闭辅助触头断开起连锁作用,以免 KM$_△$ 吸合造成相间短路。几秒钟之后,时间继电器延时时间到,其常闭触头 KT 延时断开,接触器 KM$_Y$ 释放,电动机从 Y 形连接解除,KM$_Y$ 常闭辅助触头恢复闭合,KT 延时常开触头也延时闭合,使接触器 KM$_\triangle$通电闭合,KM$_\triangle$主触头闭合使电动机以△形连接在全压下运行,同时 KM$_\triangle$常开辅助触头闭合自锁。KM$_\triangle$的常闭辅助触头断开起连锁作用,以免 KM$_Y$吸合造成相间短路。时间继电器 KT 也同时释放,Y – △降压启动过程结束。

3. 多地点控制

有些生产机械为了操作方便,需要两地或两地以上控制。多地点控制实现原则是常开启动按钮并联、停止按钮串联。图 7 – 9 所示为三地控制线路。

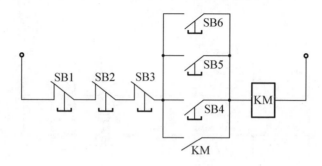

图 7 – 9   三地控制线路

4. 顺序启停控制

在机床控制线路中,往往需要电动机的启停要有一定的顺序。例如,铣床的主轴旋转后,工作台方可移动。顺序启停控制线路有以下几种,即顺序启动、同时停止;顺序启动、顺序停止;顺序启动、逆序停止。

顺序启停控制线路的控制规律是把控制电动机先启动的接触器的常开触点串联在后启动的接触器的线圈回路中,将先停的接触器的常开触点与后停的停止按钮相并联。掌握了上述规律,设计顺序启停控制线路就不难了。图 7 – 10 为顺序启停控制线路,其工作原理略。

5. 调速控制线路

三相异步电动机的调速控制,采用最广泛的方法是改变定子绕组的磁极对数。随着电子技术迅速发展,具有优良调速性能的变频调速方法的运用越来越普遍,但它对维修人员的水平要求也较高。

(1)双速电机的控制线路

双速电动机有低速运行和高速运行两种工作方式,在图 7 – 11 中的双速电机是三角形连接转换成双星形连接的方式。低速运行时,将开关 SA 拨向"低速"位置,接触器 KM1 吸合,电动机 M 的定子绕组 U$_1$、V$_1$、W$_1$出线端与电源连接,电动机成三角形连接——低速运行。在需要高速运行时,将开关 SA 拨向"高速"位置,此时时间继电器 KT 吸合,KT(3 – 6)闭合,使接触器 KM1 吸合,KM1(8 – 9)断开起连锁作用,KM1 的主触头闭合,电动机 M 的定子绕组成三角形连接,低速启动。几秒钟后,KT(6 – 7)延时断开,使接触器 KM1 释放,电动机断电惯性旋转,此时 KM1(8 – 9)恢复闭合,KT(7 – 8)延时闭合,使接触器 KM2 吸合,电动机 M 的定子绕组 U$_3$、V$_3$、W$_3$接电源,同时接触器 KM3 吸合,U$_1$、V$_1$、W$_1$并头,电动机 M 的定子绕组成双星形连接并高速运转。因为采用了时间继电器,由低速启动到高速运转是自动的,所以这种控制线路又称为双速自动加速电路。

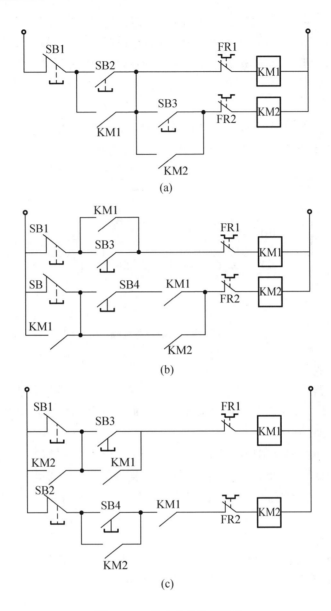

图 7 – 10　顺序启停控制线路

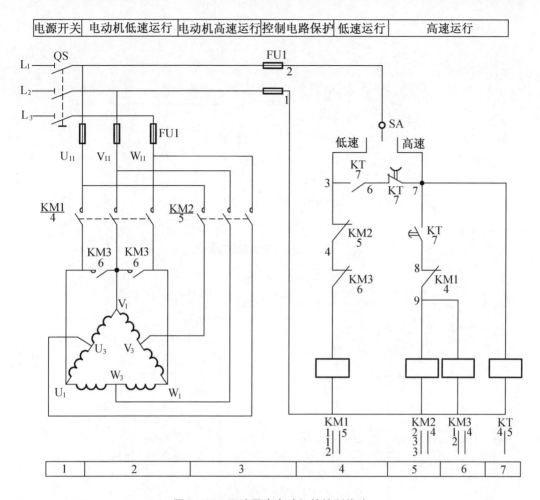

| 电源开关 | 电动机低速运行 | 电动机高速运行 | 控制电路保护 | 低速运行 | 高速运行 |
|---|---|---|---|---|---|

**图 7 – 11　双速异步电动机的控制线路**

（2）三速电机控制线路

图 7 – 12 是双绕组三速异步电动机的低、中速启动，高速运行控制线路，其工作原理略。

6. 电气制动控制线路

正如前面所述，电气制动的方法有能耗制动、反接制动、再生制动（只有在发电状态下出现）。

（1）能耗制动

①单向启动半波整流能耗制动控制线路。

单向启动半波整流能耗制动控制线路简单，只采用一只二极管，装置简单，其控制线路如图 7 – 13 所示。合总电源开关 QS 后，压下启动按钮 SB2 时，接触器 KM1 吸合，KM1（8 – 9）断开，起连锁作用，于是 KM1（4 – 5）自锁，KM1 主触头闭合，电动机 M 运转。当压下停止按钮 SB1 时，接触器 KM1 释放，KM2 和时间继电器 KT 吸合，于是 KM2（5 – 6）断开起连锁作用，KM2（3 – 7）闭合自锁，KM2 主触头闭合，电动机定子绕组内通入直流电，能耗制动开始。几秒钟后，时间继电器 KT（7 – 8）延时断开，接触器 KM2 释放，于是接触器 KM2（3 – 7）断开，时间继电器 KT 释放，其触头复位，KM2（5 – 6）恢复闭合，接触器 KM2 的主触头断开，切断直流电源，能耗制动结束。

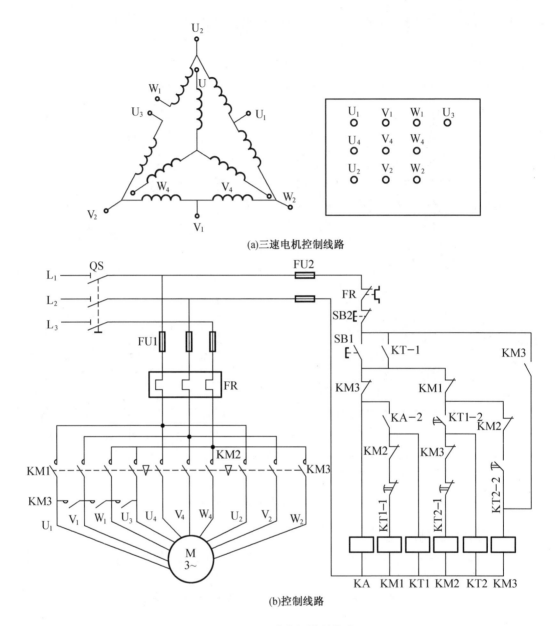

(a)三速电机控制线路

(b)控制线路

**图 7 – 12　三速电机控制线路**

②双向启动半波整流能耗制动控制线路。

双向启动半波整流能耗制动控制线路是在图 7 – 13 的线路基础上满足电动机可逆运转需要而设计的,其控制线路如图 7 – 14 所示。合总电源开关 QS 后,压下正运转按钮 SB2时,接触器 KM1 吸合,电动机 M 以正方向运转。当压下停止按钮 SB1 时,接触器 KM1 释放,电动机 M 断电惯性运转,同时接触器 KM3 吸合,直流电通入电动机定子绕组,能耗制动开始,KM3 吸合后,KM3(3 – 7)闭合,时间继电器 KT 吸合。几秒钟后,KT(11 – 12)延时打开,接触器 KM3 释放,切断直流电源,能耗制动结束。

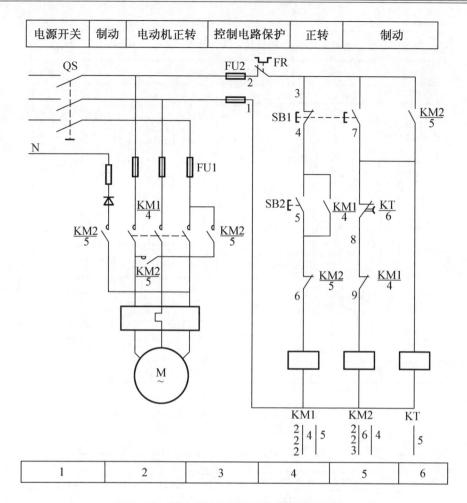

**图 7 - 13　单向启动半波整流能耗制动控制线路**

反向启动及能耗制动过程和正向类同,这里不再赘述。

(2)反接制动

①单向启动反接制动控制线路,如图 7 - 15 所示。

线路的工作原理如下:

a. 单向启动。合上电源开关 QS,按下 SB 接触器→KM1 得电吸合并自锁→KM1 对 KM2 的连锁切断;电动机 M 全压启动运行。当电动机转速 $n \geqslant 120$ r/min 时,速度继电器 KS 的动合触头接通。

b. 制动。按下 SB2 后,接触器 KM1 断电释放→电动机断电并惯性运转,同时 KM1 对 KM2 的连锁接通。待 SB2 的动合触头接通后,接触器 KM2 得电吸合→使电动机 M 反接制动,当电动机的转速 $n$ 下降到 100 r/min 后,KS 动合触头断开→KM2 释放→电动机 M 的电源切断,制动完成。

反接制动的制动力强,但冲击大,准确性差,能耗大。

②双向启动反接自动控制线路,如图 7 - 16 所示。

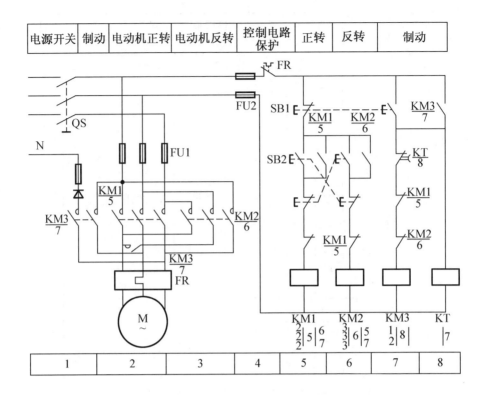

| 电源开关 | 制动 | 电动机正转 | 电动机反转 | 控制电路保护 | 正转 | 反转 | 制动 |
|---|---|---|---|---|---|---|---|
| 1 | 2 | 3 | 4 | 5 | 6 | 7 | 8 |

**图 7-14　双向启动半波整流能耗制动控制线路**

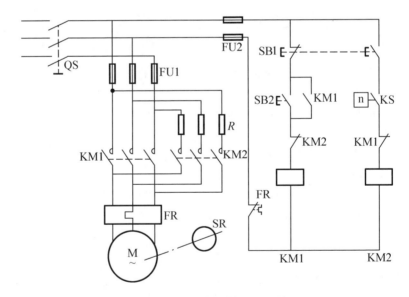

**图 7-15　单向启动反接制动控制线路**

该电路的工作原理与单向启动反接制动的工作原理相同。其特点是:电路中的电阻 $R$ 既能限制反接制动电流,又能限制启动电流。电路看起来比较复杂,但运行安全可靠,操作十分方便,是一个较为完善的电路。该电路的缺点是:制动中冲击比较大,容易损坏传动机件,且制动能量损耗比较大,故这种方式适用于制动要求迅速、系统惯性大、而制动不太频繁的场合,其工作原理留给读者自行分析。

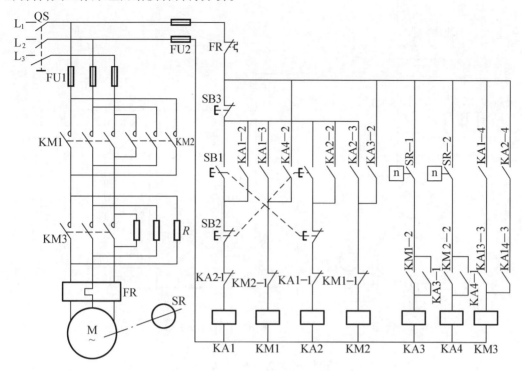

**图 7 – 16　双向启动反接制动控制线路**

# 三、同步电动机的控制线路

1. 三相同步电动机的启动控制线路

由于同步电动机本身没有启动转矩,所以不能自行启动。为了解决这个问题,常采用异步启动的方法。

由于同步电动机在启动时,必须等待转子转速达到同步转速的95%及以上时再投入励磁,因而必须对电机的转速进行监测。转速的监测可由定子回路的电流或转子电流的频率等参数来间接反映。图 7 – 17 是按照定子电流原则自动投入励磁电流的同步电动机控制线路。其工作原理如下:

启动时,分别合上电源开关 QF1 和 QF2,按下启动按钮 SB2,接触器 KM1 得电吸合并自锁,电动机串电阻降压启动。由于启动电流很大,电流继电器 KI 动作。它的常开触点闭合使时间继电器 KT1,KT2 线圈通电吸合。同时 KT2 的适时闭合常闭触点瞬时断开,避免接触器 KM3,KM4 误动作。当电动机的转速接近同步转速时,定子电流下降,使电流继电器 KI 释放,KT1随之释放,经过一定时间的延时后,KT1 的常闭延时闭合,KT2常开触点还未断开,使KM3得电并自锁,当KT2常开断开,常闭闭合时,KM4得电使接触器KM1释放,将直流励磁加入同步电动机的定子绕组,使电动机同步运行。

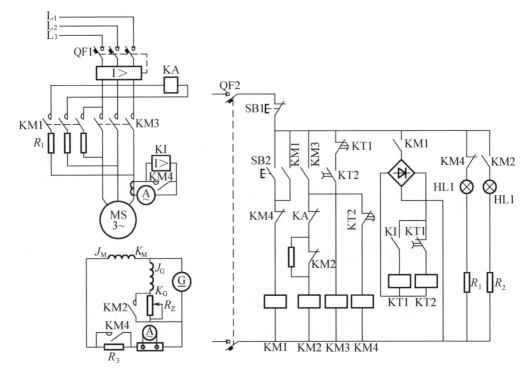

**图 7 – 17　按定子电流原则自动投入励磁的启动控制线路**

2. 三相同步电动机的制动控制线路

同步电动机停车时,如需要电气制动,最方便的方法是能耗制动。图 7 – 18 将运行中的同步电动机定子绕组从电源断开,再将电机定子绕组接于一组外接电阻(或频敏变阻器)上,并保持转子励磁绕组的直流励磁。这时,同步电动机就成为电枢被 $R$ 短接的同步发电机,即很快将电动机的动能转变成电能在转子中消耗掉,同时电动机被制动。

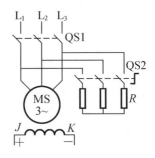

**图 7 – 18　简化的同步电动机**
**能耗制动原理图**

**技 能 训 练**

# 技能训练一　三相异步电动机正反转线路的安装

## 一、实训目的

1. 进一步熟悉常用低压电器的结构、工作原理和使用方法
2. 加深理解三相异步电动机正反转线路的工作原理
3. 初步学会三相异步电动机控制线路安装的一般方法

## 二、实训器材

| | |
|---|---|
| 1. 交流接触器 | 2 只 |
| 2. 热继电器 | 1 只 |
| 3. 三联按钮 | 1 只 |
| 4. 电工工具 | 1 套 |
| 5. 万用表 | 1 只 |
| 6. 熔断器 | 5 只 |
| 7. 三相异步电动机 | 1 台 |
| 8. 接线板 | 1 块 |
| 9. 单股铜芯线 | 10 m |

## 三、实训内容与步骤

### 1. 熟悉原理图

为了顺利地安装控制线路,必须认真阅读原理图(图7-7),理解正反转控制线路的工作原理,明确电器元件的数目、种类、规格;为便于接线和检查调试,应按规定给原理图标注线号。标注时应将主电路和控制回路分开标注,各自从电源端起,各相线分开,顺序标注到负荷端。标注时应做到每段导线均有线号,并且一线一号,不得重复。

### 2. 绘制安装接线图

为了具体接线、检查调试和排除故障,应根据原理图绘制接线图。在接线图中,各元器件都要按照在控制板上的实际位置绘出。元器件所占的面积按照它的实际尺寸依照统一的比例绘制;一个元件所有的部件应画在一起并用虚线框起来。

绘制接线图时应注意以下几点:

①接线图中各电器元件的符号、图形及文字符号必须与原理图完全一致,并符合国家标准。

②各电器元件上凡是需要接线的部件端子都要绘出,并且一定要标出端子编号,各接线端子的标注编号必须与原理图上相应的线号一致,同一根导线上连接的所有端子的标注编号应相同。

③安装底板(或控制箱,控制柜)内外的电器元件之间连线,应通过端子进行连接。

④走向相同的相邻导线可以绘成一股线。

### 3. 检查电器元件

安装接线前应对所有的元器件逐个进行检查。对元器件检查主要包括以下几个方面:

①各电器外观是否清洁、完整;外壳有无破裂;零部件是否齐全有效。

②各触点是否正常;触点的开距、超程是否符合标准。

③电磁机构和传动部件是否灵活。

④接触器线圈是否正常。

⑤时间继电器的延时动作、延时范围是否正常。

### 4. 固定电器元件

固定电器元件应按照定位、打孔、固定三个步骤进行。元件之间的最小距离应符合规定,既要节省板面,又要方便走线和维修。紧固时应垫上弹簧垫圈,不要过分用力。

**5. 按图接线**

接线时,应按照接线图规定的走线方向进行。

①按照主电路、辅助电路的电路容量选好规定导线的截面。

②准备好线号管。

③按照先辅助电路、后主电路的顺序进行。走线要横平竖直,拐弯要直角(导线的弯曲半径为导线直径的3～4倍,不要用钳子"死"弯)。将成型的导线套上写好的线号管,走线时应尽量避免交叉。同一走向的导线汇成一束,依次弯向所需要的方向。

④接线过程中注意对照图纸,进行核对,防止接错。同一螺丝上接线一般不要超过2根。

注意按钮颜色的选择,国标 GB 5226—85《机床电气设备通用技术条件》对按钮的颜色规定如下:

①"停止"和"急停"按钮必须是红色。当按下红色按钮时,必须使设备停止工作或断电。

②"启动"按钮的颜色是绿色。

③"启动"与"停止"交替动作的按钮必须是黑色、白色或灰色,不得使用红色和绿色。

④"点动"按钮必须是黑色。

⑤"复位"按钮(保护继电器的复位按钮)必须是蓝色。当复位按钮还具有停止作用时,必须是红色。

**6. 检查线路和试车**

安装完毕的控制线路必须经过认真检查确认无误后才能通电试车,以防止因接线错误造成短路。检查线路按照以下顺序进行:

①核对接线。对照原理图、接线图,从电源端开始逐段检查。排除漏接、错接。核对同一导线两端编号是否一致。重点检查接触器线圈是否被短路。

②检查各接线是否牢靠。

③用万用表测量线路的通断情况。

④经过检查并确认无误后,在老师的指导下通电试车。按照"正转"→"停止"→"反转"→"停止"几个步骤进行。

**四、评分标准**

评分标准见表7-1。

表7-1　三相异步电动机正反转线路的安装评分标准

| 考核项目 | 考核内容及要求 | 评 分 标 准 | 配分 | 扣分 | 得分 |
|---|---|---|---|---|---|
| 元件安装 | 1. 正确使用工具和仪表,熟练正确检查各元件<br>2. 元件布局合理<br>3. 元件安装正确、牢靠 | 1. 未检测元件,扣3分<br>2. 元件布局不整齐、不合理,扣3分<br>3. 元件安装不正确、不牢靠,扣3分<br>4. 损坏元件,每个扣5分 | 10 | | |

表 7 - 1(续)

| 考核项目 | 考核内容及要求 | 评 分 标 准 | 配分 | 扣分 | 得分 |
|---|---|---|---|---|---|
| 布线 | 1.接线正确<br>2.布线合理、接触良好<br>3.布线横平竖直、美观 | 1.接线错误或接触不良或损伤导线绝缘,每处扣5分<br>2.布线不合理,扣15分<br>3.布线不美观,扣20分<br>4.漏套线号管,扣5分 | 60 | | |
| 通电试验 | 1.通电试验方法正确<br>2.在保证人身和设备安全的前提下,通电试验一次成功 | 1.热继电器整定错误,扣5分<br>2.操作方法不正确,扣5分<br>3.第一次试车不成功,扣8分。第二次试车不成功,扣8分 | 20 | | |
| 安全文明生产 | 1.遵守操作规程<br>2.尊重考评员,讲文明、懂礼貌<br>3.考试结束要清理现场 | 1.各项考试中,违反安全文明生产考核要求的任何一项扣2分,扣完为止<br>2.当考评员发现考生有重大事故隐患时,要立即予以制止,并每次扣考生安全文明生产总分5分 | 10 | | |
| 备注 | | 合计 | | | |
| | | 考评员<br>签字<br><br>年 月 日 | | | |

# 技能训练二　Y - △ 降压启动控制线路的安装

## 一、实训目的

1.进一步熟悉常用低压电器的结构、工作原理和使用方法
2.加深理解三相异步电动机 Y - △ 降压启动线路的工作原理
3.进一步学习三相异步电动机控制线路安装的一般方法

## 二、实训器材

1.交流接触器　　　　　3 只
2.热继电器　　　　　　1 只
3.时间继电器　　　　　1 只
4.三联按钮　　　　　　1 只
5.电工工具　　　　　　1 套
6.万用表　　　　　　　1 只
7.熔断器　　　　　　　5 只

8. 三相异步电动机　　　　　　　1 台

9. 接线板　　　　　　　　　　　　1 块

10. 单股铜芯线　　　　　　　　　12 m

### 三、实训内容与步骤

1. 熟悉原理图

理解 Y - △降压启动线路的工作原理(原理图见图 7 - 8),明确电器元件的数目、种类、规格;为便于接线和检查调试,应按规定给原理图标注线号。标注时应将主电路和控制回路分开标注,各自从电源端起,各相线分开,顺序标注到负荷端。标注时应做到每段导线均有线号,并且一线一号,不得重复。

2 ~ 5. 同实训一中的 2 ~ 5。

6. 检查线路和试车

①核对接线。对照原理图、接线图,从电源端开始逐段检查。排除漏接、错接。重点检查接触器线圈是否被短路。

②检查各接线是否牢靠。

③经过检查并确认无误后,在老师的指导下通电试验。观察电动机的 Y 形启动及转换成△形运转的情况。如出现异常情况,必须立即断电。

### 四、评分标准

评分标准见表 7 - 2。

表 7 - 2　　Y - △降压启动控制线路的安装评分标准

| 考核项目 | 考核内容及要求 | 评 分 标 准 | 配分 | 扣分 | 得分 |
|---|---|---|---|---|---|
| 元件安装 | 1. 正确使用工具和仪表,熟练正确检查各元件<br>2. 元件布局合理<br>3. 元件安装正确、牢靠 | 1. 未检测元件,扣3分<br>2. 元件布局不整齐、不合理,扣3分<br>3. 元件安装不正确、不牢靠,扣3分<br>4. 损坏元件,每个扣5分 | 10 | | |
| 布线 | 1. 接线正确<br>2. 布线合理、接触良好<br>3. 布线横平竖直、美观 | 1. 接线错误、接触不良或损伤导线绝缘,每处扣5分<br>2. 布线不合理,扣15分<br>3. 布线不美观,扣20分<br>4. 漏套线号管,扣5分 | 60 | | |
| 通电试验 | 1. 通电试验方法正确<br>2. 在保证人身和设备安全的前提下,通电试验一次成功 | 1. 热继电器、时间继电器整定错误,每个扣5分<br>2. 操作方法不正确,扣5分<br>3. 第一次试车不成功,扣8分。第二次试车不成功,扣8分 | 20 | | |

表 7 − 2（续）

| 考核项目 | 考核内容及要求 | 评 分 标 准 | 配分 | 扣分 | 得分 |
|---|---|---|---|---|---|
| 安全文明生产 | 1. 遵守操作规程<br>2. 尊重考评员，讲文明、懂礼貌<br>3. 考试结束要清理现场 | 1. 各项考试中，违反安全文明生产考核要求的任何一项扣 2 分，扣完为止<br>2. 当考评员发现考生有重大事故隐患时，要立即予以制止，并每次扣考生安全文明生产总分 5 分 | 10 | | |
| 备注 | | 合计 | | | |
| | | 考评员<br>签字<br><br>　　　　　　　年　月　日 | | | |

# 技能训练三　断电延时带直流能耗制动的 Y − △启动控制线路的安装与调试

## 一、实训目的

1. 加深理解三相异步电动机 Y − △降压启动、能耗制动线路的工作原理
2. 学习用软线安装三相异步电动机控制线路安装的一般方法

## 二、实训器材

1. 交流接触器　　　　4 只
2. 热继电器　　　　　1 只
3. 时间继电器　　　　1 只
4. 三联按钮　　　　　1 只
5. 电工工具　　　　　1 套
6. 万用表　　　　　　1 只
7. 熔断器　　　　　　5 只
8. 三相异步电动机　　1 台
9. 接线板　　　　　　1 块
10. 单股铜芯线　　　　若干
11. 二极管　　　　　　4 只
12. 单相变压器　　　　1 只
13. 线槽　　　　　　　若干

### 三、实训内容与步骤

**1. 熟悉原理图**

理解断电延时带直流能耗制动的 Y－△降压启动线路的工作原理,如图 7－19 所示,明确电器元件的数目、种类、规格;为便于接线和检查调试,应按规定给原理图标注线号。标注时应将主电路和控制回路分开标注,各自从电源端起,各相线分开,顺序标注到负荷端。标注时应做到每段导线均有线号,并且一线一号,不得重复。

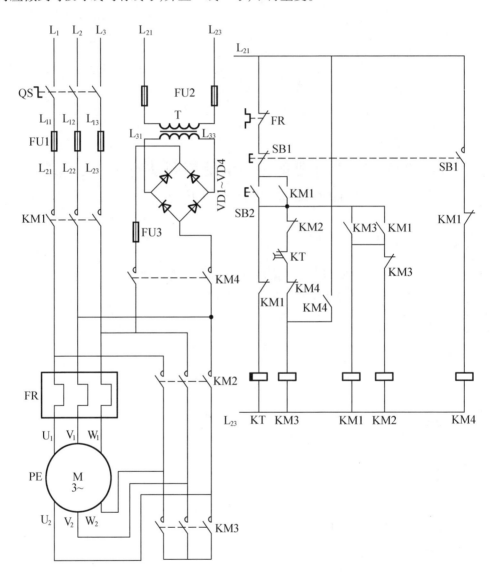

**图 7－19　断电延时带直流能耗制动的 Y－△启动的控制线路**

**2. 在控制板上安装电器元件和线槽**

要求布局合理、固定牢靠、不损坏元件。

**3. 进行线槽配线,并套上线号**

4. 自检接线线路板,接上电动机
5. 在老师允许、指导下通电试验

**四、评分标准**

评分标准见表 7－3。

**表 7－3 断电延时带直流能耗制动 Y－△线路的安装评分标准**

| 考核项目 | 考核内容及要求 | 评 分 标 准 | 配分 | 扣分 | 得分 |
|---|---|---|---|---|---|
| 元件安装 | 1. 正确使用工具和仪表,熟练正确检查各元件<br>2. 元件布局合理<br>3. 元件安装正确、牢靠 | 1. 未检测元件,扣 3 分<br>2. 元件布局不整齐、不合理,扣 3 分<br>3. 元件安装不正确、不牢靠,扣 3 分<br>4. 损坏元件,每个扣 5 分 | 10 | | |
| 布线 | 1. 接线正确<br>2. 布线合理、接触良好、美观 | 1. 接线错误或接触不良或损伤导线绝缘,每处扣 8 分<br>2. 布线不合理,扣 15 分<br>3. 布线不美观,扣 15 分<br>4. 漏套线号管,扣 5 分 | 60 | | |
| 通电试验 | 1. 通电试验方法正确<br>2. 在保证人身和设备安全的前提下,通电试验一次成功 | 1. 热继电器、时间继电器整定错误,每个扣 5 分<br>2. 操作方法不正确,扣 5 分<br>3. 第一次试车不成功,扣 8 分。第二次试车不成功,扣 8 分 | 20 | | |
| 安全文明生产 | 1. 遵守操作规程<br>2. 尊重考评员,讲文明、懂礼貌<br>3. 考试结束要清理现场 | 1. 各项考试中,违反安全文明生产考核要求的任何一项扣 2 分,扣完为止<br>2. 当考评员发现考生有重大事故隐患时,要立即予以制止,并每次扣考生安全文明生产总分 5 分 | 10 | | |
| 备注 | | 合计 | | | |
| | | 考评员<br>签字 | | | |
| | | | 年 月 日 | | |

# 技能训练四 顺序启动控制线路的安装与调试

线路功能要求:

(1)能实现三条传送带运输机顺序启动;

(2)能实现三条传送带运输机逆序停止;

(3)三台交流电动机具有短路保护、过载保护、欠压和失压保护。

### 一、实训目的

1. 学会交流电动机控制线路设计的一般方法
2. 学会根据电机的功率大小,选用电器元件的方法

### 二、实训器材

| | | |
|---|---|---|
| 1. 交流接触器 | 3只 | |
| 2. 热继电器 | 3只 | |
| 3. 按钮 | 3只 | |
| 4. 电工工具 | 1套 | |
| 5. 万用表 | 1只 | |
| 6. 熔断器 | 5只 | |
| 7. 三相异步电动机 | 1台 | |
| 8. 接线板 | 1块 | |
| 9. 单股铜芯线 | 若干 | |

### 三、实训内容与步骤

1. 根据给出的电气控制要求,正确绘出电路图
2. 根据所给出的电动机大小,正确选择元器件
3. 根据所设计的电路图,正确使用工具和仪表,合理布局、熟练安装电气元器件
4. 合理配线、接线
5. 仔细检查接线
6. 在老师许可和指导下通电试验

### 四、评分标准

评分标准见表7-4。

表7-4　设计、安装调试顺序启动控制线路的评分标准

| 考核项目 | 考核内容及要求 | 评分标准 | 配分 | 扣分 | 得分 |
|---|---|---|---|---|---|
| 电路设计 | 1. 根据给出的电气控制要求,正确绘出电路图<br>2. 根据所给出的电动机大小,正确选择元器件 | 1. 主电路设计1次错误,扣10分<br>2. 控制电路1次错误,扣10分<br>3. 元器件选择错误,每个扣3分 | 30 | | |
| 元件安装 | 1. 正确使用工具和仪表,熟练正确检查各元件<br>2. 元件布局合理<br>3. 元件安装正确、牢靠 | 1. 未检测元件,扣3分<br>2. 元件布局不整齐、不合理,扣3分<br>3. 元件安装不正确、不牢靠,扣3分<br>4. 损坏元件,每个扣5分 | 10 | | |

表7-4(续)

| 考核项目 | 考核内容及要求 | 评分标准 | 配分 | 扣分 | 得分 |
|---|---|---|---|---|---|
| 布线 | 1. 接线正确<br>2. 布线合理、接触良好<br>3. 布线横平竖直、拐直角、美观 | 1. 接线错误、接触不良或损伤导线绝缘,每处扣5分<br>2. 布线不合理,扣5分<br>3. 布线不美观,扣5分<br>4. 漏套线号管,扣5分 | 30 | | |
| 通电试验 | 1. 通电试验方法正确<br>2. 在保证人身和设备安全的前提下,通电试验一次成功 | 1. 热继电器整定错误,每个扣5分<br>2. 操作方法不正确,扣5分<br>3. 第一次试车不成功,扣8分。第二次试车不成功,扣8分 | 20 | | |
| 安全文明生产 | 1. 劳动保护用品穿戴整齐<br>2. 遵守操作规程<br>3. 尊重考评员,讲文明、懂礼貌<br>4. 考试结束要清理现场 | 1. 各项考试中,违反安全文明生产考核要求的任何一项扣2分,扣完为止<br>2. 当考评员发现考生有重大事故隐患时,要立即予以制止,并每次扣考生安全文明生产总分5分 | 10 | | |
| 备注 | | 合计 | | | |
| | | 考评员<br>签字<br>　　　　　　　　年　月　日 | | | |

# 技能训练五　三相异步电动机正反转启动、能耗制动控制线路的检修

## 一、实训目的

学会三相异步电动机控制线路故障排除的方法。

## 二、实训器材

1. 三相异步电动机正反转启动、能耗制动的控制线路板　　　1块

2. 电工工具　　　　　　　　　1套

3. 万用表　　　　　　　　　1只

## 三、实训内容与步骤

故障设置:主电路1个,控制电路2个。

1. 熟悉电路图

见图7-20,理解其工作原理。

电气故障涉及的范围广,出现的故障是多方面的。要彻底排除故障,必须分析故障发生

的原因。而熟悉电路图,并理解其工作原理基础是分析故障原因的关键一步。

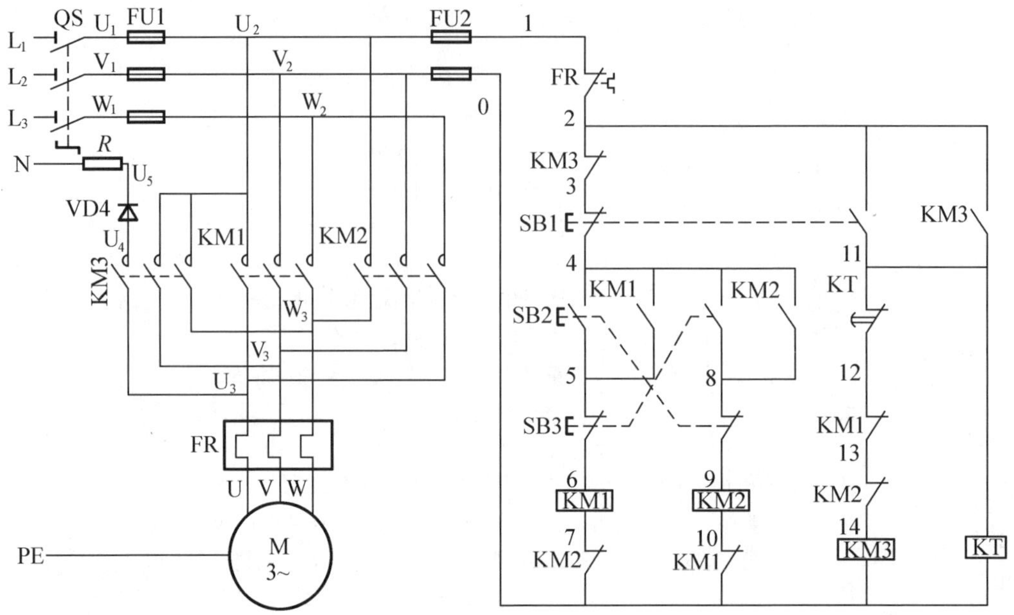

图 7 - 20　正反转启动能耗制动的控制线路

掌握各电器元件在设备中的具体位置及线路和布局,实现电气原理图与实际配线对应。

2. 检修电器

利用所学的专业知识和技能,检修并排除故障。检修故障一般有断电检查和带电检查两种。

(1)断电检查

①断开电源。

②根据故障现象,分析产生故障的可能原因,初步确定故障范围。

③检查可疑电器有无损坏。

④用万用表的电阻挡($R \times 1$ 或 $R \times 10$)检查线路有无断路、按钮是否接触良好、交流接触器线圈和常开及常闭触点是否正常等。

⑤找出故障后做出相应处理,排除故障。

(2)带电检查

①尽量使电动机空载、转换开关置于零位、行程开关复位等。

②检查三相电源是否正常。

③先检查控制电路,后检查主电路。用万用表的交流电压挡依次检查可疑部位是否断路、短路等。

通电检查时,必须注意人身和设备的安全。要遵守安全操作规程,严禁随意用手直接触碰带电部位。

## 四、评分标准

评分标准见表 7 - 5。

**表7－5 正反转启动能耗制动的控制线路评分标准**

| 考核项目 | 考核内容及要求 | 评 分 标 准 | 配分 | 扣分 | 得分 |
|---|---|---|---|---|---|
| 调查研究 | 对每个故障现象进行调查研究 | 排除故障前不进行调查研究,扣5分 | 10 | | |
| 故障分析 | 分析故障可能的原因,思路正确 | 1. 错标或标不出故障范围,扣15分<br>2. 不能标出最小的故障范围,每个故障扣8分 | 30 | | |
| 故障排除 | 正确运用工具和仪表,找出故障点并排除故障 | 1. 实际排除故障过程中,思路不清晰,每个故障点扣10分<br>2. 每少排除一个故障点,扣20分<br>3. 排除故障方法不正确,每处扣10分 | 60 | | |
| 其他 | 超时或操作有错误,从总分中扣除 | 1. 排除故障中产生新的故障不能自行排除,每个扣10分;自行修复,每个扣5分<br>2. 损坏设备,扣10~30分<br>3. 考试时间为30 min。每超5 min,扣10分 | | | |
| 备注 | | 合计 | | | |
| | | 考评员<br>签字<br><br>　　　　　　　　年　月　日 | | | |

# 技能训练六　绕线式异步电动机启动、机械制动控制线路的安装与调试

## 一、实训目的

1. 学会绕线式异步电动机的使用方法
2. 学会凸轮控制器、电阻器的使用方法
3. 熟悉电磁制动器、过流继电器、行程开关的结构和使用方法

## 二、实训器材

1. 交流接触器　　　　　　1只
2. 热继电器　　　　　　　1只
3. 三联按钮　　　　　　　1只
4. 电工工具　　　　　　　1套
5. 万用表　　　　　　　　1只

6. 熔断器　　　　　　　　　5只

7. 行程开关　　　　　　　　2只

8. 组合开关　　　　　　　　1只

9. 接线板　　　　　　　　　1块

10. 铜芯线　　　　　　　　若干

11. 电阻器　　　　　　　　1只

12. 摇表　　　　　　　　　1只

13. 过流继电器　　　　　　2只

14. 电磁制动器　　　　　　1套

15. 凸轮控制器　　　　　　1台

16. 三相绕线式异步电动机　1台

### 三、实训内容与步骤

**1. 熟悉原理图**

为了顺利地安装控制线路,必须认真阅读原理图(见图7-21),理解其控制原理,明确电器元件的数目、种类、规格;为便于接线和检查调试,应按规定给原理图标注线号。标注时应将主电路和控制回路分开标注,各自从电源端起,各相线分开,顺序标注到负荷端。标注时应做到每段导线均有线号,并且一线一号,不得重复。

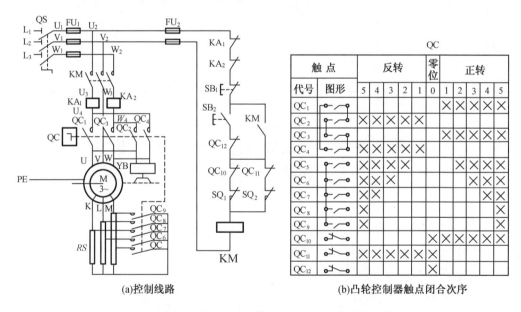

(a)控制线路　　　　　　　　　　　　(b)凸轮控制器触点闭合次序

**图7-21　绕线式异步电动机转子回路串电阻启动控制线路**

**2. 熟悉元器件**

本实训项目主要接触到几个新器件,即凸轮控制器、电阻器、过流继电器、电磁制动器、行程开关、绕线式异步电动机等,必须认真观察每个器件的结构、工作原理,必须掌握每个器件的使用方法,如图7-22～图7-24所示。

图 7 - 22 凸轮控制器

图 7 - 23 电阻器

图 7 - 24 电磁制动器

3. 检查电器元件

安装接线前应对所有的元器件逐个进行检查。对元器件检查主要包括以下几个方面：

①各电器外观是否清洁、完整，外壳有无破裂，零部件是否齐全有效。

②各触点是否正常。触点的开距、超程是否符合标准。

③电磁机构和传动部件是否灵活。

④接触器线圈是否正常。

⑤凸轮控制器触点闭合顺序是否符合要求。

4. 固定电器元件

固定电器元件应按照定位、打孔、固定三个步骤进行。元件之间的最小距离应符合规定，既要节省板面，又要方便走线和维修。紧固时应垫上弹簧垫圈，不要过分用力。

5. 按图接线

接线时，应按照接线图规定的走线方向进行。

（1）按照主电路、辅助电路的电路容量选好规定导线的截面。

（2）准备好线号管。

（3）按照先辅助电路、后主电路的顺序进行。走线要横平竖直，拐弯要直角（导线的弯曲半径为导线直径的 3~4 倍，不要用钳子"死"弯）。将成型的导线套上写好的线号管，走线时应尽量避免交叉。同一走向的导线汇成一束,依次弯向所需要的方向。

(4)接线过程中注意对照图纸,进行核对,防止接错。同一螺丝上接线一般不要超过2根。

6. 检查线路和试车

安装完毕的控制线路必须经过认真检查确认无误后才能通电试车,以防止因接线错误造成短路。

检查线路按照以下顺序进行:

(1)核对接线。对照原理图、接线图,从电源端开始逐段检查。排除漏接、错接。核对同一导线两端编号是否一致。重点检查接触器线圈是否被短路。

(2)检查各接线是否牢靠。

(3)用万用表测量线路的通断情况。

(4)经过检查并确认无误后,在老师的指导下通电试车。

**四、评分标准**

评分标准见表7-6。

表7-6    绕线式异步电动机转子回路串电阻启动控制线路的安装评分标准

| 考核项目 | 考核内容及要求 | 评 分 标 准 | 配分 | 扣分 | 得分 |
|---|---|---|---|---|---|
| 元件安装 | 1. 正确使用工具和仪表,<br>熟练正确检查各元件<br>2. 元件布局合理<br>3. 元件安装正确、牢靠 | 1. 未检测元件,扣3分<br>2. 元件布局不整齐、不合理,扣3分<br>3. 元件安装不正确、不牢靠,扣3分<br>4. 损坏元件,每个扣5分 | 10 | | |
| 布线 | 1. 接线正确<br>2. 布线合理、接触良好<br>3. 布线横平竖直、美观 | 1. 接线错误或接触不良或损伤导线绝缘,每处扣5分<br>2. 布线不合理,扣15分<br>3. 布线不美观,扣20分<br>4. 漏套线号管,扣5分 | 60 | | |
| 通电试验 | 1. 通电试验方法正确<br>2. 在保证人身和设备安全的前提下,通电试验一次成功 | 1. 热继电器整定错误,扣5分<br>2. 操作方法不正确,扣5分<br>3. 第一次试车不成功,扣8分。第二次试车不成功,扣8分 | 20 | | |
| 安全文明生产 | 1. 遵守操作规程<br>2. 尊重考评员,讲文明、懂礼貌<br>3. 考试结束要清理现场 | 1. 各项考试中,违反安全文明生产考核要求的任何一项扣2分,扣完为止<br>2. 当考评员发现考生有重大事故隐患时,要立即予以制止,并每次扣考生安全文明生产总分5分 | 10 | | |
| 备注 | | 合计 | | | |
| | | 考评员<br>签字<br><br>                         年    月    日 | | | |

# 项目八　机床电气维修技术

## 教学目的

1. 熟悉常用机床的工作原理。
2. 学会常见机床的故障原因分析。
3. 掌握机床电气维修技术。

## 任务分析

随着我国经济的飞速发展，各种各样的机床应用越来越广泛，但随之而来的问题是机床的电气维修工作量也日益加大。只有掌握一定的专业维修技术，才能当好一名合格的维修电工。

### 机床电气维修的基本知识

机床的电气控制线路是由各种主令电器、接触器、继电器、保护装置和电动机等，按照一定的要求和规律用导线连接而成的。机床种类比较多，控制线路比较复杂，故障种类较多，故障现象各异，只有认真掌握了电力拖动中各个基本环节的原理，弄清机床的主要结构和电气控制要点，才能正确分析并且能尽快排除故障。

1. 机床电气维修的常用方法

（1）逻辑检查分析法

逻辑检查分析法就是根据机床电气控制线路的工作原理、控制环节的动作程序以及它们之间的联系，结合故障现象作具体的分析，迅速地缩小检查范围，然后判断故障可能的部位。

（2）试验法

当判断故障可能集中在个别控制环节，从外表又找不到故障所在时，在充分考虑到不损伤电气和机械设备，并征得机床操作人员同意的前提下，可开动机床试验。开动时先启动试验各控制环节的动作程序，看有关电器是否按照正常的顺序动作。若发现某一电器动作不符合要求，即说明故障点在与此电器有关的电路中，于是可在这部分电路中做进一步检查，便可发现故障所在。

（3）测量法

利用万用表、测电笔、灯泡等，测量线路中的电压、电阻，以判断电器元件是否正常。

2. 对设备故障的具体检查方法

（1）电阻法

如图 8 - 1 所示，假设按下 SB2 后 KM1 不吸合。用电阻法检查步骤如下：

首先停电。然后用万用表 $R \times 1$ 或 $R \times 10$ 挡，逐次测量各段电阻。

①测量 1 ~ 2 之间的电阻。如果电阻趋于零，说明 SB1 正常，并且 1 ~ 2 之间的导线连接也正常。如果电阻无穷大，则说明按钮 SB1 断开或其间接线松脱。

②测量 2～3 之间的电阻。按下 SB2,如果其无穷大($L_1$,$L_2$ 之间若有几条支路并联,则一般有几百欧姆电阻),则说明按钮 SB2 不能有效闭合,或其间接线松脱。

③设法压下中间继电器 KA,使其闭合,再用万用表测量 3～4 之间的电阻,如果电阻很大,则说明中间继电器常开触点 KA 闭合不严或完全不闭合。如果常开触点 KA 正常,则应该检查 KA 线圈、KA 线圈回路,直至查出故障。

④同理,测量 4～5,5～6 之间的电阻,判断限位开关常闭触点 SQ 和交流接触器 KM2 的线圈是否正常。

⑤测量 7～$L_2$ 之间的电阻,判断热继电器常闭触点 FR 是否闭合。

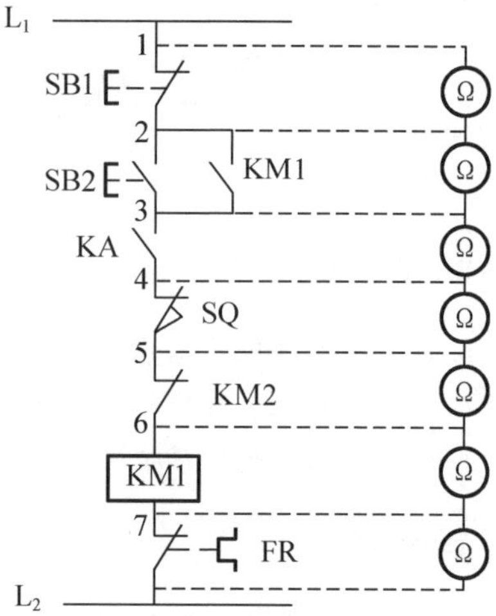

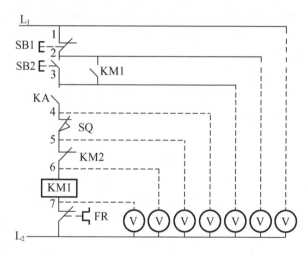

图 8-1　用电阻法检查线路

(2)电压法

电压法就是利用万用表、试验灯等,测量电路的电压,以判断故障所在的一种方法。由于此法是带电操作,所以必须十分注意安全。

以图 8-2 为例来说明检查过程。故障现象还是按下 SB2 后接触器 KM1 不吸合,电源电压为 380 V。

图 8-2　用电压法检查线路

检查步骤如下:

①断开主电路,以免检修时设备动作而意外伤害维修人员、扩大故障。

②测量 $L_1$～$L_2$ 之间电压。如果电压为 380 V,则说明控制线路电压正常。

③将万用表的一根表棒如黑表棒固定在 $L_2$ 上,红表棒点到 2 处。如果电压为 380 V,则说明 SB1 正常。如果测得的电压为 0,则说明 SB1 已断开或其间的连线松脱。

④按下 SB2,将红表棒点 3 处。如果电压为 380 V,则说明 SB2 正常。如果测得的电压为 0,则说明 SB2 损坏。

⑤断电,用一根导线短接 1～3,再通电,设法按下中间继电器 KA,测量 L₂～4 之间的电压。如果电压正常,则说明 KA 常开触点闭合正常。

⑥断电,改变短接点,即短接 1～4。通电,如果 KM1 不吸合,测量 5～L₂ 之间的电压。如果电压正常,再测量 6～L₂ 之间的电压,如果无电压,则说明故障就是交流接触器 KM2 的常闭辅助触点断开。

⑦用同样的方法,判断 KM2 的线圈、热继电器的常闭触点 FR 是否正常。

以上实例足以说明:用万用表检查机床电气故障是切实可行的,但是一定要注意安全。

### 3. 机床电气维修的步骤

#### (1)熟悉机床电路

到现场排除机床故障时,不要急于动手处理。首先要弄清使用说明书、机床电路、动作顺序,分析清楚是主电路故障还是控制回路故障,是电气系统故障还是机械、液压系统故障,列出产生故障的可能原因,做好排除故障的准备。

#### (2)缩小故障范围

在弄清使用说明书、机床电路、动作顺序的基础上,进一步询问、调查故障现象。询问故障指示情况、故障现象、故障产生的背景情况等。检查是否存在机械、液压故障。按照电路基本模块功能尽量缩小故障范围。

#### (3)通过问、摸、闻、看、听进一步确认故障范围

①问。机床出现电气故障后,首先应向操作者了解故障发生前后机床的详细情况。如故障发生的时间、现象(有无异常的响声、冒烟、冒火和气味)等,并询问机床的日常使用情况以及易出故障的部位等。

②看。重点查看热继电器等保护类电器是否已动作、熔断器的熔丝是否熔断、各个触点和接线处是否松动或脱落、导线的绝缘是否破损甚至短路等。

③摸。断开电源,用手触摸电动机及各种电器的表面有无过热现象。

④听。如果机床还能开动,则注意听运行时是否有异常声响。

#### (4)排除故障

通过以上故障的检查方法,可初步判断故障所在,可着手排除故障。

排除故障时注意:

①一定要注意人身安全。除非必须带电检查,否则一定要切断电源,确认无误后方可进行操作。带电检查时,千万要注意安全。

②检查故障所使用的仪表、试验工具等,必须技术性能良好,否则会带来误判。

③注意设备安全。检查故障时,尽量切断主回路,以防在故障尚未排除的情况下,设备启动,造成意外伤害和设备损坏。

④故障排除后,请操作人员操作试车。试车时如出现意外现象,应立即断电,以防事故扩大。

#### (5)总结经验

每次排除故障之后,应及时总结,积累经验,做好记录,为以后更好、更快地检修排除故障奠定良好的基础。

在分析完一个机床电气控制线路后,还应紧紧抓住这个机床电气控制的特点,C620 车床为恒功率负载,采用齿轮变速箱的机械调速;M7130 平面磨床采用电磁吸盘控制;Z35 摇臂钻床的十字开关操作,内外立柱的夹紧与放松、摇臂的夹紧与放松控制;Z3040 摇臂钻床

的电气－液压－机械联合控制。X62W万能铣床的反接制动、变速冲动、机械与电气联合控制;T68卧式镗床的双速电动机控制及正、反转反接制动,变速时的连续自动低速冲动等。只有掌握各机床电气控制的特点,才能区别这一机床与那一机床,也才抓住了其实质,这对于提高维修技能很有帮助。

# 一、车床电气维修

普通车床主要由床身、主轴变速箱、溜板箱(又称拖板)、刀架、尾架、丝杆、光杆、挂轮箱和床身等组成。

**1. 主电路分析**

现以亚龙YL－120型CA6140车床电路实训考核台为例,讲授车床的电气维修技术,如图8－3所示。

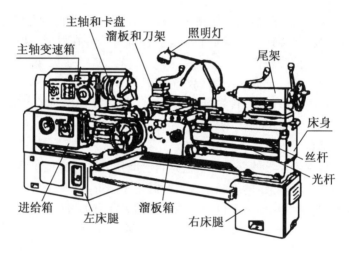

**图8－3　CA6140车床示意图**

主电路中共有三台电动机,M1为主轴电动机,带动主轴旋转和刀架做进给运动;M2为冷却泵电动机;M3为刀架快速移动电动机。

三相交流电源通过转换开关QS1引入。主轴电动机M1由接触器KM1控制启动,热继电器FR1为主轴电动机M1的过载保护。冷却泵电动机M2由接触器KM2控制启动,热继电器FR2为它的过载保护。刀架快速移动电动机M3由接触器KM3控制启动。如图8－4(a)所示。

**2. 控制电路分析**

控制回路的电源由控制变压器TC副边输出110V电压提供。如图8－4(b)所示。

(1)主轴电动机的控制

按下启动按钮SB1,接触器KM1的线圈获电动作,其主触头闭合,主轴电机启动运行。同时,KM1的自锁触头和另一副常开触头闭合。按下停止按钮SB2,主轴电动机M1停车。

(2)冷却泵电动机控制

如果车削加工过程中,工艺需要使用冷却液时,合上开关SA1,在主轴电机M1运转情况下,接触器 KM1 线圈获电吸合,其主触头闭合,冷却泵电动机获电而运行。由电气原理图可知,只有当主轴电动机 M1 启动后,冷却泵电机 M2 才有可能启动,当 M1 停止运行时,M2也自动停止。

（3）刀架快速移动电动机的控制

刀架快速移动电动机 M3 的启动是由安装在进给操纵手柄顶端的按钮 SB3 来控制,它与中间继电器 KM2 组成点动控制环节。将操纵手柄扳到所需的方向,压下按钮 SB3,继电器 KM2 获电吸合,M3 启动,刀架就向指定方向快速移动。

3.照明、信号灯电路分析

控制变压器 TC 的副边分别输出 24 V 和 6 V 电压,作为机床低压照明灯和信号灯的电源。EL 为机床的低压照明灯,由开关 SA 控制;HL 为电源的信号灯。它们分别采用 FU4 和FU3 作短路保护。

4.常见故障及其原因

（1）所有按钮不起作用,车床不能运转

故障分析:所有按钮不起作用,车床不能运转。应该从总电源、控制回路电源着手查找。可能的原因有:

①总电源没有;

②熔断器 FU2 熔断;

③线路(59—117)或(60—118)中间导线接触不良或脱落;

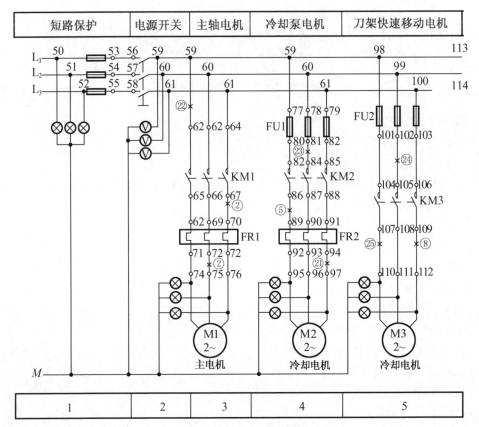

(a)CA6140车床主电路原理图

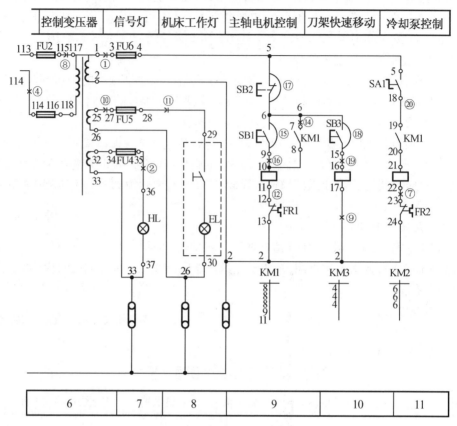

| 控制变压器 | 信号灯 | 机床工作灯 | 主轴电机控制 | 刀架快速移动 | 冷却泵控制 |
|---|---|---|---|---|---|

| 6 | 7 | 8 | 9 | 10 | 11 |
|---|---|---|---|---|---|

(b)CA6140车床控制电路原理图

**图 8-4　CA6140 车床电路原理图**

④变压器 TC 烧坏;

⑤熔断器 FU6 熔断。

(2)主轴电机 M1 不能启动

故障分析:主轴电机 M1 不能启动,应从 M1 的主电路、交流接触器 KM1 的线圈回路中查找原因。可能的原因有:

①SB2 常闭触点(5—6)断开;

②SB1 常开触点(6—9)不能闭合;

③KM1 线圈断开;

④FR1 常闭触点(12—13)断开;

⑤熔断器 FU6 熔断。

(3)刀架快速移动失灵

故障分析:刀架快速移动由电动机 M3 拖动,所以应重点检查 M3 的主电路、KM3 的控制回路。可能的原因有:

①FU2 熔断;

②M3 的主电路断相;

③SB3 不能闭合;

④KM3 线圈断路。

（4）冷却泵电机不能启动

可能的原因有以下几点：

①FU1 熔断；

②SA1 失灵；

③KM1 常开辅助触点（19—20）不能闭合；

④KM2 线圈烧断；

⑤FR2 动作后不能复位，其常闭触点（23—24）断开；

⑥冷却泵电机 M2 主电路缺相。

5. 车床电气保养

车床电气的保养、大修参考标准见表 8 - 1。

表 8 - 1　车床电气的保养、大修参考标准

| 项　　目 | 内　　　　容 |
| --- | --- |
| 检修周期 | 1. 例保：一星期一次<br>2. 一保：一月一次<br>3. 二保：电机封闭式三年一次，电机开启式二年一次<br>4. 大修：与机床大修同时进行 |
| 车床电气设备的修理例保 | 1. 检查电气设备各部分是否正常<br>2. 检查电气设备有没有不安全的因素，如开关箱内及电机是否有水或油污进入<br>3. 检查导线及管线有无破裂现象<br>4. 检查导线及控制变压器等有无过热现象<br>5. 向操作者了解设备的运行情况 |
| 车床线路的一保 | 1. 检查线路有无过热现象，电线的绝缘是否老化及机械损伤。蛇皮管是否脱落或损伤，如有，应及时修复<br>2. 检查电线紧固情况，拧紧接线头，保持良好接触<br>3. 必要时更换个别损伤的电器和线段<br>4. 清洁电气元件、电气箱等 |
| 车床其他电气的一保 | 1. 检查电源线工作状况，清除灰尘和油污<br>2. 检查控制变压器和补偿器磁放大器等线圈是否过热<br>3. 检查信号过流保护装置是否完好，要求保险丝、过流保护符合要求<br>4. 检查铜鼻子是否有过热和熔化现象<br>5. 必要时更换不符合要求的电气部件<br>6. 检查接地线接触是否良好<br>7. 检查线路及各电器的绝缘电阻 |
| 车床开关箱的一保 | 1. 检查配电箱的外壳及其密封性能是否良好，是否有油污进入<br>2. 门锁及其开门的连锁机构是否正常 |

**表 8 – 1**(续)

| 项　目 | 内　容 |
|---|---|
| 车床电气的二保 | 1. 进行一保的全部内容<br>2. 清除和更换损坏的配件、电线管、金属软管、塑料管等<br>3. 重新整定热保护、过流保护及仪表装置,要求动作灵敏可靠<br>4. 空试线路要求各开关动作灵敏可靠<br>5. 核对图纸,提出对大修的要求 |
| 车床电气的大修 | 1. 进行一保、二保的全部内容<br>2. 全部拆除配电箱,重新安装所有的配线<br>3. 检查旧的各电器开关,清扫各电器元件的灰尘和油污,除去锈迹,并进行防腐工作,必要时更新<br>4. 进行试车,要求各连锁装置、信号装置、仪表装置动作灵敏可靠,电机电器无异常声响、过热现象,三相电流平衡<br>5. 油漆开关箱和其他附件<br>6. 核对图纸,要求图纸编号符合要求 |
| 车床电气完好标准 | 1. 各电器开关线路清洁整齐并有编号,无损伤,接触点接触良好<br>2. 电气开关箱门密封性能良好<br>3. 电器线路电机绝缘电阻符合要求<br>4. 具有电子及可控硅线路的信号电压波形及参数应符合要求<br>5. 热保护、过流保护、保险丝、信号装置符合要求<br>6. 各电器设备动作灵敏可靠、电机电器无异常声响,各部位温升正常、三相电流平衡<br>7. 零部件齐全符合要求<br>8. 具有直流电机的设备,调整范围满足要求,电刷下火花正常<br>9. 图纸、资料齐全 |

# 二、磨床电气维修

　　磨床是用砂轮的周边或端面进行机械加工的精密机床。磨床的种类很多,有平面磨床、外圆磨床、内圆磨床、无心磨床以及一些专用磨床,如螺纹磨床、球面磨床等。磨床的电气控制线路有很简单的,也有相当复杂的。本书选择使用较为普遍的 M7120 型平面磨床进行分析(以亚龙 YL – 123 型 M7120 平面磨床电路智能实训考核设备为例)。

　　1. 主电路分析

　　主电路中共有四台电动机,其中 M1 是液压泵电动机(本产品采用丝杆控制),实现工作台的往复运动;M2 是砂轮电动机,带动砂轮转动来完成磨削加工工件;M3 是冷却泵电动机;它们只要求单向旋转。冷却泵电机 M3 只是在砂轮电机 M2 运转后才能运转。M4 是砂轮升降电动机,用于磨削过程中调整砂轮和工件之间的位置。

　　M1,M2,M3 是长期工作的,所以都装有过载保护,如图 8 – 5(a)所示。

**2. 控制电路分析**

**(1)工作台往返电动机 M1 的控制**

如图8-5所示,合上总开关 QS1 后,整流变压器一个副边输出130伏交流电压,经桥式整流器 VC 整流后得到直流电压,使电压继电器 KA 获电动作,其常开触头(7区)闭合,为启动电机做好准备。如果 KA 不能可靠动作,各电机均无法运行。因为平面磨床的工件靠直流电磁吸盘的吸力将工件吸牢在工作台上,只有具备可靠的直流电压后,才允许启动砂轮和液压系统,以保证安全。

当 KA 吸合后,按下启动按钮 SB3(或 SB5),接触器 KM1(或 KM2)通电吸合并自锁,工作台电机 M1 启动自动往返运转,HL2 灯亮。若按下停止按钮 SB2(或 SB4),接触器 KM1(或 KM2)线圈断电释放,电动机 M1 断电停转。

**(2)砂轮电动机 M2 及冷却泵电机 M3 的控制**

按下启动按钮 SB7,接触器 KM3 线圈获电动作,砂轮电动机 M2 启动运转。由于冷却泵电动机 M3 与 M2 联动控制,所以 M3 与 M2 同时启动运转。按下停止按钮 SB6 时,接触器 KM3 线圈断电释放,M2 与 M3 同时断电停转。

两台电动机的热继电器 FR2 和 FR3 的常闭触头都串联在 KM3 中,只要有一台电动机过载,就使 KM3 失电。因冷却液循环使用,经常混有污垢杂质,很容易引起电动机 M3 过载,故使热继电器 FR3 进行过载保护。

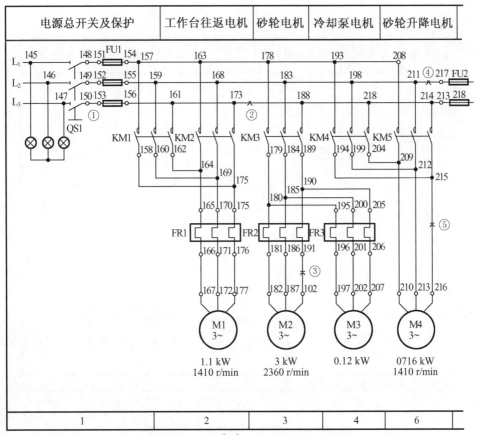

(a)

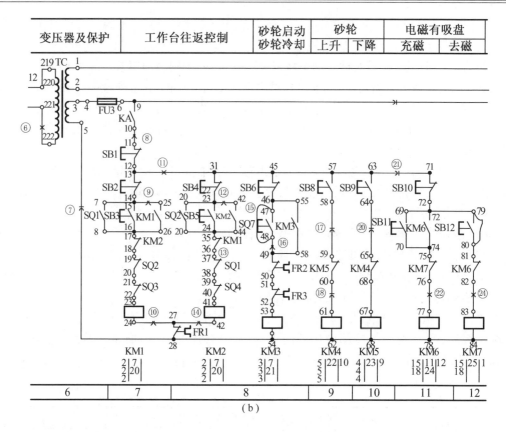

(b)

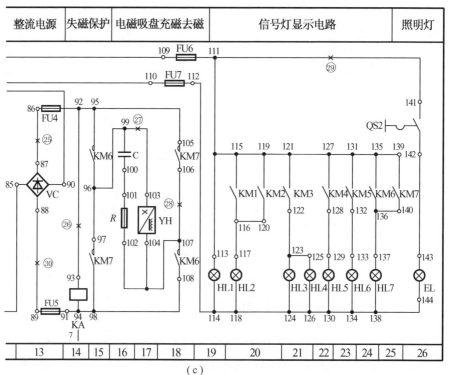

(c)

**图 8-5　M7120 平面磨床电气原理图**

（3）砂轮升降电动机 M4 的控制

砂轮升降电动机只有在调整工件和砂轮之间位置时使用，所以用点动控制。当按下点动按钮 SB8，接触器 KM4 线圈获电吸合，电动机 M4 启动正转，砂轮上升。到达所需位置时，松开 SB8，KM4 线圈断电释放，电动机 M4 停转，砂轮停止上升。

按下点动按钮 SB9，接触器 KM5 线圈获电吸合，电动机 M4 启动反转，砂轮下降。到达所需位置时，松开 SB9，KM5 线圈断电释放，电动机 M4 停转，砂轮停止下降。

为了防止电动机 M4 的正、反转线路同时接通，故在对方线路中串入接触器 KM5 和 KM4 的常闭触头进行连锁控制。

3．电磁吸盘控制电路分析

电磁吸盘是固定加工工件的一种夹具。利用通电导体在铁芯中产生的磁场吸牢铁磁材料的工件，以便加工。它与机械夹具比较，具有夹紧迅速，不损伤工件，一次能吸牢若干个小工件，以及工件发热可以自由伸缩等优点。因而电磁吸盘在平面磨床上用得十分广泛。电磁吸盘的控制电路包括整流装置、控制装置和保护装置三个部分。

整流装置由变压器 TC 和单相桥式全波整流器 VC 组成，供给 120 直流电源。

控制装置由按钮 SB10，SB11，SB12 和接触器 KM6，KM7 等组成。

充磁过程如下：

按下充磁按钮 SB11，接触器 KM6 线圈获电吸合，KM6 主触头（15，18 区）闭合，电磁吸盘 YH 线圈获电，工作台充磁吸住工件。同时其自锁触头闭合，连锁触头断开。

磨削加工完毕，在取下加工好的工件时，先按 SB10，切断电磁吸盘 YH 的直流电源，由于吸盘和工件都有剩磁，所以需要对吸盘和工件进行去磁。

去磁过程如下：

按下点动按钮 SB12，接触器 KM7 线圈获电吸合，KM7 的两副主触头（15，18 区）闭合，电磁吸盘通入反相直流电，使工作台和工件去磁。去磁时，为防止因时间过长使工作台反向磁化，再次吸住工件，因而接触器 KM7 采用点动控制。

保护装置由放电电阻 $R$ 和电容 $C$ 以及零压继电器 KA 组成。电阻 $R$ 和电容 $C$ 的作用是：电磁吸盘是一个大电感，在充磁吸工件时，存贮有大量磁场能量。当它脱离电源时的一瞬间，吸盘 YH 的两端产生较大的自感电动势，会使线圈和其他电器损坏，故用电阻和电容组成放电回路。利用电容 $C$ 两端的电压不能突变的特点，使电磁吸盘线圈两端电压变化趋于缓慢，利用电阻 $R$ 消耗电磁能量，如果参数选配得当，此时 $R-L-C$ 电路可以组成一个衰减振荡电路，对去磁将是十分有利的。零压继电器 KA 的作用是：在加工过程中，若电源电压不足，则电磁吸盘将吸不牢工件，会导致工件被砂轮打出，造成严重事故。因此，在电路中设置了零压继电器 KA，将其线圈并联在直流电源上，其常开触头（7 区）串联在液压泵电机和砂轮电机的控制电路中，若电磁吸盘吸不牢工件，KA 就会释放，使液压泵电机和砂轮电机停转，保证了安全。

4．照明和指示灯电路分析

图中 EL 为照明灯，其工作电压为 36 V，由变压器 TC 供给。QS2 为照明开关。

HL1，HL2，HL3，HL4 和 HL5 为指示灯，其工作电压为 6.3 V，也由变压器 TC 供给，五个指示灯的作用是：

HL1 亮，表示控制电路的电源正常；不亮，表示电源有故障。

HL2 亮，表示工作台电动机 M1 处于运转状态，工作台正在进行往复运动；不亮，表示

M1 停转。

HL3,HL4 亮,表示砂轮电动机 M2 及冷却泵电动机 M3 处于运转状态;不亮,表示 M2,
M3 停转。

HL5 亮,表示砂轮升降电动机 M4 处于上升工作状态;不亮,表示 M4 停转。

HL6 亮,表示砂轮升降电动机 M4 处于下降工作状态;不亮,表示 M4 停转。

HL7 亮,表示电磁吸盘 YH 处于工作状态(充磁和去磁);不亮,表示电磁吸盘未工作。

5. 常见故障及其分析

(1)工作台不能往返

故障分析:工作台往返由电机 M1 拖动。而电动机 M1 则由交流接触器 KM1,KM2 控制
其正反转。因此,工作台不能往返的故障原因要从交流接触器 KM1,KM2 的线圈回路中去
寻找。故障原因可能有以下几点:

①电压继电器 KA 的常开触点 KA(9—10)不能吸合;

②SB1(11—12)断开;

③SB2(13—14)或 SB4(31—32)断开;

④SB3(15—16)或 SB5(33—34)断开;

⑤(17—23)或(35—41)之间的常闭触点断开或导线接触不良、脱落;

⑥线圈 KM1 或 KM2 断路;

⑦热继电器常闭触点 FR1(27—28)断开;

⑧(5—8)之间开路。

(2)砂轮、冷却电机不能启动

故障分析:若其他二台电机启动正常,砂轮、冷却电机却不能启动,则故障出在交流接触
器 KM3 的线圈支路中。可能的原因有以下几点:

①SB6(45—46)开路;

②SB7(47—48)不能闭合;

③热继电器 FR2,FR3 的常闭触点(49—52)断开;

④KM3 线圈开路;

⑤(45—54)之间存在导线接触不良或脱落。

(3)砂轮升降电机上升或下降控制失灵

依据电路图可分析知可能的原因有以下几点:

①SB8(57—58)或 SB9(63—64)失灵;

②KM5(59—60)或 KM4(65—66)断开;

③线圈 KM4 或 KM5 开路;

④(58—62)或(64—68)之间导线接触不良或脱落。

(4)KA 不动作,机床操作全部失灵

故障分析:因为平面磨床的工件靠直流电磁吸盘的吸力将工件吸牢在工作台上,只有具
备可靠的直流电压后(KA 吸合为标志),才允许启动砂轮和液压系统,以保证安全。因此要
从整流电路、KA 和电磁吸盘线路中查找原因。可能原因有以下几点:

①整流桥无交流电输入(9—90 之间断路);

②整流桥损坏,无直流电输出;

③FU4 熔断;

④中间继电器 KA 损坏或其上连线松脱；

⑤交流接触器 KM6 的常开触点(95—96),(107—108)不能闭合；

⑥电磁吸盘线圈 YH 断路。

(5)电磁吸盘不能充磁

故障可能原因有以下几点：

①整流桥无交流电输入(89—90 之间断路)；

②整流桥损坏,无直流电输出；

③FU4 熔断；

④SB10 或 SB11 失灵；

⑤KM7(75—76)不能闭合；

⑥KM6 线圈(77—78)断路；

⑦KM6 常开触点(95—96),(107—108)不能闭合；

⑧电磁铁线圈 YH 断路。

(6)电磁吸盘不能去磁

故障分析：平面磨床去磁的方法是向电磁吸盘通入反向直流电,以产生反向磁通抵消吸盘和工件上的剩磁。如果充磁正常,去磁不正常,则应该从交流接触器 KM7 着手排查故障。可能原因有以下几点：

①SB12(79—80)失灵；

②交流接触器线圈 KM7(83—84)断路；

③交流接触器常闭辅助触点 KM6(81—82)断开；

④交流接触器常闭辅助触点 KM7 的常开主触点(97—98)或(105—106)不能闭合。

6. 磨床电气保养

磨床电气的保养、大修参考标准见表 8-2。

表 8-2　磨床电气的保养、大修参考标准表

| 项　　目 | 内　　　容 |
|---|---|
| 检修周期 | 1. 例保：一星期一次<br>2. 一保：一月一次<br>3. 二保：三年一次(使用频繁者电机轴承油每二年检查一次,利用率全年少于 1/2 时间者还可延长,但电机轴承每二年要检查一次)<br>4. 大修：与机床大修同时进行 |
| 磨床电气设备的<br>例保内容 | 1. 检查电气设备各部分是否正常,并向操作者了解设备运行情况<br>2. 检查开关箱、电机是否有水和油污进入等不安全的因素,各部有否异常声响及温升是否正常<br>3. 检查导线及管线有无破裂现象 |

表 8 - 2(续)

| 项　目 | 内　容 |
| --- | --- |
| 磨床电气设备的<br>一保内容 | 1. 清洁导线、电器上的灰尘和油污<br>2. 必要时更换损伤的电器和线段<br>3. 检查信号装置热保护、过流保护装置是否完好<br>4. 检查电磁吸盘线圈的出线端绝缘和接触情况,并检查吸盘力情况<br>5. 拧紧电器装置上的所有螺丝,要求接触良好<br>6. 检查退磁机构是否完好<br>7. 测量电机、电器及线路的绝缘电阻<br>8. 检查开关箱及门,要求连锁机构完好 |
| 磨床电气设备的二保<br>(二保后达到完好标准) | 1. 进行一保的全部项目<br>2. 更换损伤的电器和触点、损伤的电线段<br>3. 重新整定热继电器、过流继电器、仪表等保护装置<br>4. 对电磁吸盘出线段擦干净、重新包扎等,并调整工作台吸力<br>5. 核对图纸,提出对大修的要求 |
| 磨床电气设备的大修<br>(大修后达到完好标准) | 1. 进行二保的全部内容<br>2. 全部拆除配电箱,配电板上的元件<br>3. 解体旧的各电器开关,清扫各电器元件的灰尘和油污,除去锈迹,并进行防腐工作<br>4. 更换损伤的电器元件和线段,重新排线<br>5. 组装后的电器要求工作灵敏可靠,触点接触良好<br>6. 油漆开关箱及附件 |
| 磨床电气完好标准<br>(技术验收标准) | 1. 开关管线清洁整齐无损伤<br>2. 配电箱门及开门的连锁机构完好<br>3. 电器线路、电机绝缘电阻符合要求<br>4. 电磁吸盘吸力正常,退磁机构良好<br>5. 保险丝、热继电器、过流继电器的整定值符合要求<br>6. 电磁开关、按钮、限位开关、计数器等各元件灵敏可靠<br>7. 直流电机调速的,调速范围满足要求,电刷下的火花正常<br>8. 具有电子及可控硅线路的信号电压波形及参数应符合要求<br>9. 零部件齐全符合要求<br>10. 图纸、资料齐全 |

# 三、铣床电气维修

　　铣床是一种高效率的加工机床,它应用广泛,仅次于车床。它可以用圆柱铣刀、成型铣刀及端面铣刀等工具对各种零件进行平面、斜面、螺旋面及成形表面的加工,还可以加装铣头和利用圆工作台来扩大加工范围。

　　如图 8 - 6 所示,铣床主要由床身、主轴、刀杆、横梁、工作台、回转盘、横溜板和升降台等几部分组成。床身固定在底座上,在床身内装有主轴的传动机构和变速操纵机构。床身的顶部有水平导轨,上面装置刀杆支架的悬梁,悬梁可以水平移动,刀杆支架可以在悬梁上水平移动。在床身的前面有垂直导轨,升降台可沿着它上下移动。在升降台上面的水平导轨上,装有可在平行主轴轴线方向移动的溜板。溜板的上面有可转动部分,工作台就在溜板上部可转动部分的导轨上做垂直于主轴轴线方向移动。工作台上有 T 型槽来固定工件。这样安装在工作台上的工件就可以在三个坐标轴的六个方向上调整位置或者进给。

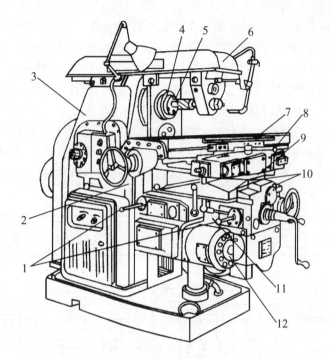

1—工作台升降及横向操纵手柄;2—主轴变速盘;3—床身;4—主轴;5—刀杆;6—横梁;7—工作台;8—工作台纵向操纵手柄;9—回转盘;10—横溜板;11—升降台;12—进给变速盘。

**图 8 - 6　X62W 型万能铣床**

1. X62W 万能铣床电气维修

以亚龙 YL - 121 型 X62W 万能铣床电路智能实训考核设备为例。

(1)主轴电动机的控制

如图 8 - 7 所示,主电动机 M1 通过交流接触器 KM3 的主触点直接启动。其正反转是利用组合开关 SA5 手动控制电源相序来完成的。控制线路的启动按钮 SB1 和 SB2 是异地控制按钮,方便操作。SB3 和 SB4 是停止按钮。主轴电动机停车时采用反接制动,KM2 是主轴反接制动接触器,串入电阻 R 是为了减小制动电流。SQ7 是主轴变速冲动开关,KS 是速度继电器。

①主轴电动机的启动。启动前先合上电源开关 QS,再把主轴转换开关 SA5 扳到所需要的旋转方向,然后按启动按钮 SB1(或 SB2),接触器 KM3 获电动作,其主触头闭合,主轴电动机 M1 启动。

②主轴电动机的停车制动。当铣削完毕,需要主轴电动机 M1 停车,此时电动机 M1 运转速度在 120 r/min 以上时,速度继电器 KS 的常开触头闭合(9 区或 10 区),为停车制动做好准备。当要 M1 停车时,就按下停止按钮 SB3(或 SB4),KM3 断电释放,由于 KM3 主触头

断开,电动机 M1 断电做惯性运转,紧接着接触器 KM2 线圈获电吸合,电动机 M1 串电阻 $R$ 反接制动。当转速降至 120 r/min 以下时,速度继电器 KS 常开触头断开,接触器 KM2 断电释放,停车反接制动结束。

③主轴的冲动控制。当需要主轴冲动时,按下开关 SQ7,SQ7 的常闭触头 SQ7-2 先断开,而后常开触头 SQ7-1 闭合,使接触器 KM2 通电吸合,电动机 M1 启动,冲动完成。

(2)工作台进给电动机控制

工作台的进给运动应在主轴转动以后才能进行。如果主轴尚未转动,工作台就将工件送进,可能会导致刀具或工件的损坏。铣床的工作台可在垂直、纵向、横向进行运动,为保证安全,在同一时间内只允许一个方向的运动。为此,用一台进给电机来拖动,用选择手柄来选择运动方式,以进给电动机的正反转来实现上下、左右、前后六个方向的运动。当需要停止时,将操作手柄扳回中间位置即可。

转换开关 SA1 是控制圆工作台的,在不需要圆工作台运动时,转换开关扳到"断开"位置,此时 SA1-1 闭合,SA1-2 断开,SA1-3 闭合;当需要圆工作台运动时将转换开关扳到"接通"位置,则 SA1-1 断开,SA1-2 闭合,SA1-3 断开。然后启动主轴电动机,KM1 吸合并自锁,为进给电动机启动做准备。

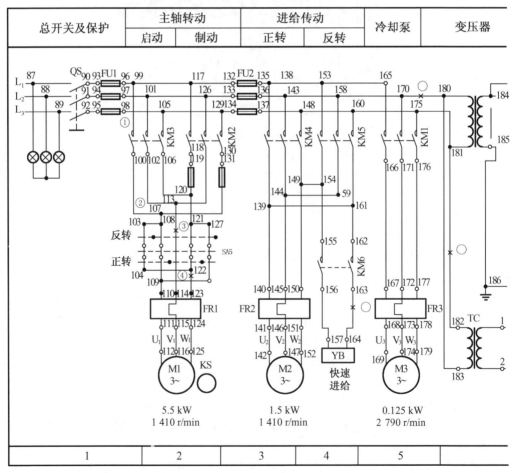

(a)

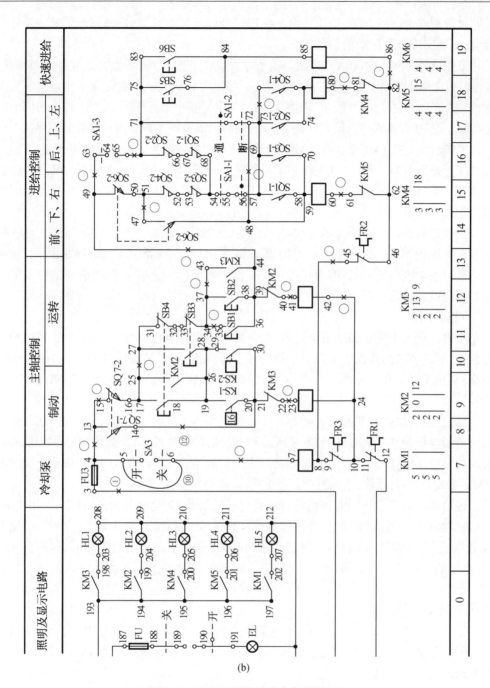

图 8 - 7　X62W 万能铣床电气原理图

①工作台纵向进给。工作台的左右（纵向）运动是由装在床身两侧的转换开关跟开关 SQ1,SQ2 来完成,需要进给时把转换开关扳到"纵向"位置,按下开关 SQ1,常开触头 SQ1 - 1 (57～58)闭合,常闭触头 SQ1 - 2(67～68)断开,接触器 KM4 通电吸合电动机 M2 正转,工作台向右运动。KM4 通电通路是:44—49—50—51—62—48—8—12—2。

当工作台要向左运动时,按下开关 SQ2,常开触头 SQ2 - 1 闭合,常闭触头 SQ2 - 2 断开,接触器 KM5 通电吸合电动机 M2 反转工作台向左运动。在工作台上设置有一块挡铁,两边各设置有一个行程开关,当工作台纵向运动到极限位置时,挡铁撞到位置开关工作台停止运动,从而实现纵向运动的终端保护。

②工作台升降和横向(前后)进给。由于本产品无机械机构,不能完成复杂的机械传动,方向进给只能通过操纵装在床身两侧的转换开关跟开关 SQ3,SQ4 来完成工作台上下和前后运动。在工作台上也分别设置有一块挡铁,两边各设置有一个行程开关,当工作台升降和横向运动到极限位置时,挡铁撞到位置开关工作台停止运动,从而实现纵向运动的终端保护。

a. 工作台向上(下)运动。在主轴电机启动后,把装在床身一侧的转换开关扳到"升降"位置再按下按钮 SQ3(SQ4),SQ3(SQ4)常开触头闭合,SQ3(SQ4)常闭触头断开,接触器 KM4(KM5)通电吸合电动机 M2 正(反)转,工作台向下(上)运动。到达想要的位置时松开按钮工作台停止运动。

b. 工作台向前(后)运动。在主轴电机启动后,把装在床身一侧的转换开关扳到"横向"位置再按下按钮 SQ3(SQ4),SQ3(SQ4)常开触头闭合,SQ3(SQ4)常闭触头断开,接触器 KM4(KM5)通电吸合电动机 M2 正(反)转,工作台向前(后)运动。到达想要的位置时松开按钮工作台停止运动。

(3)连锁问题

真实机床在上下前后四个方向进给时,又操作纵向控制这两个方向的进给,将造成机床重大事故,所以必须连锁保护。当上下前后四个方向进给时,若操作纵向任一方向,SQ1 - 2 或 SQ2 - 2 两个开关中的一个被压开,接触器 KM4(KM5)立刻失电,电动机 M2 停转,从而得到保护。

同理,当纵向操作时又操作某一方向而选择了向左或向右进给时,SQ1 或 SQ2 被压着,它们的常闭触头 SQ1 - 2 或 SQ2 - 2 是断开的,接触器 KM4 或 KM5 都由 SQ3 - 2 和 SQ4 - 2 接通。若发生误操作,而选择上下前后某一方向的进给,就一定使 SQ3 - 2 或 SQ4 - 2 断开,使 KM4 或 KM5 断电释放,电动机 M2 停止运转,避免了机床事故。

①进给冲动。真实机床为使齿轮进入良好的啮合状态,将变速盘向里推。在推进时,挡块压动位置开关 SQ6,首先使常闭触头 SQ6 - 2 断开,然后常开触头 SQ6 - 1 闭合,接触器 KM4 通电吸合,电动机 M2 启动。但它并未转起来,操作手柄立刻迅速退回,位置开关 SQ6 复位,首先断开 SQ6 - 1,而后闭合 SQ6 - 2。接触器 KM4 失电,电动机失电停转。这样一来,使电动机接通一下电源,齿轮系统产生一次抖动,使齿轮啮合顺利进行。要冲动时按下冲动开关 SQ6,模拟冲动。

②工作台的快速移动。在工作台向某个方向运动时,按下按钮 SB5 或 SB6(两地控制),接触器闭合 KM6 通电吸合,它的常开触头(4 区)闭合,电磁铁 YB 通电(指示灯亮)模拟快速进给。

③圆工作台控制。把圆工作台控制开关 SA1 扳到"接通"位置,此时 SA1 - 1 断开,SA1 - 2 接通,SA1 - 3 断开,主轴电动机启动后,圆工作台即开始工作,其控制电路是:电源—SQ4 - 2—SQ3 - 2—SQ1 - 2—SQ2 - 2—SA1 - 2—KM4 线圈——电源。接触器 KM4 通电吸合,电动机 M2 运转。

真实铣床为了扩大机床的加工能力,可在机床上安装附件圆工作台,这样可以进行圆弧或凸轮的铣削加工。拖动时,所有进给系统均停止工作,只让圆工作台绕轴心回转。该电动机带动一根专用轴,使圆工作台绕轴心回转,铣刀铣出圆弧。在圆工作台开动时,其余进给一律不准运动,若有误操作动了某个方向的进给,则必然会使开关 SQ1 ~ SQ4 中的某一个常闭触头将断开,使电动机停转,从而避免了机床事故的发生。按下主轴停止按钮 SB3 或 SB4,主轴停转,圆工作台也停转。

(4)冷却照明控制

要启动冷却泵时扳开关 SA3,接触器 KM1 通电吸合,电动机 M3 运转冷却泵启动。机床照明是由变压器 T 供给 36 V 电压,工作灯由 SA4 控制。

接触器闭合 KM6 通电吸合,它的常开触头(4 区)闭合,电磁铁 YB 通电(指示灯亮,模拟吸合,模拟通过杠杆使进给传动链中的摩擦离合器合上,减少中间的传动装置),模拟快速进给。若要求在主轴未转动时工作台快速移动,可将 SA5 扳在"停止"位置,按下 SB1 或 SB2,使接触器 KM3 通电吸合并自锁,再按下 SB5 或 SB6,工作台就可实现快速移动。

圆工作台的控制 把圆工作台控制开关 SA1 扳到"接通"位置,此时 SA1 -1 断开,SA1 -2 接通,SA1 -3 断开,主轴电动机启动后,圆工作台即开始工作,其控制电路是:电源—SQ4 -2—SQ3 -2—SQ1 -2—SQ2 -2—SA1 -2—KM4 线圈—电源。接触器 KM4 通电吸合,电动机 M2 运转。

2. X62W 常见故障及其原因

(1)主轴电动机不能启动

可能原因有以下几点:

①主轴转换开关 SA5 失灵;

②启动按钮 SB1(或 SB2)失灵;

③接触器 KM3 损坏;

④FU3 熔断;

⑤SB3(33 ~ 34)、SB4(31 ~ 32)的常闭触点不能闭合;

⑥SQ7 ~ 2(15 ~ 16)断开;

⑦KM2 的常闭辅助触点(39 ~ 40)断开;

⑧FR1 的常闭触点(11 ~ 12)断开;

⑨KM3 的线圈通路(1 ~ 17 ~ 35),(36,38 ~ 41,2)中存在导线接触不良或脱落。

(2)其他正常,快速进给失灵

可能的原因有以下几点:

①按钮 SB5 或 SB6 失灵;

②KM6 线圈断路;

③YB 线圈断路;

④YB 回路断路。

(3)主轴冲动失效

可能的原因有以下几点:

①冲动开关 SQ7 失灵;

②KM3 的常闭辅助触点(21 ~ 23)断开;

③KM2 的线圈烧断;

④KM2 的线圈支路存在接触不良或导线脱落。

另:工作台的纵向进给控制、横向进给控制、工作台的升降控制等故障,读者可依照上述类似方法,自行分析故障原因。

3. X6132 型万能铣床电气控制装置的安装、调试

X6132 型万能铣床是一种常用的铣削设备,用途很广,其电气线路如图 8 - 8 所示。

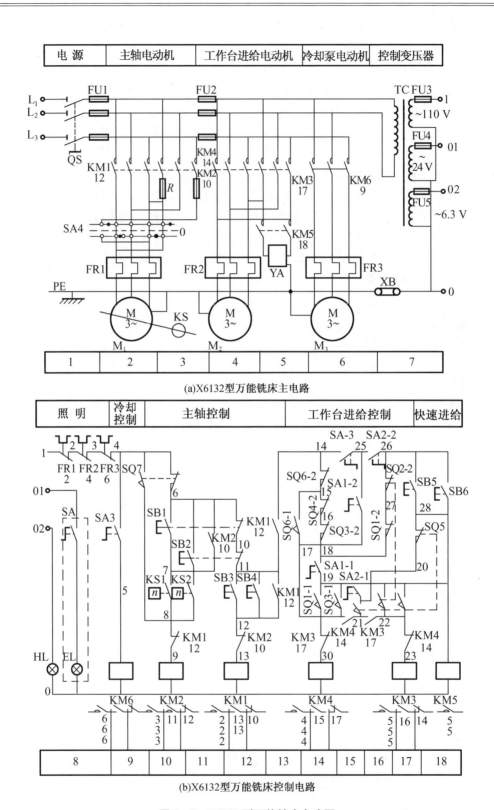

(a)X6132型万能铣床主电路

(b)X6132型万能铣床控制电路

**图 8-8　X6132 型万能铣床电路图**

（1）安装

①安装前的准备工作。

a. 制作电气控制板。根据控制箱、按钮的尺寸,选择 2.5 mm 厚的钢板裁剪出控制底板和按钮板,并修整四周。电气控制板共制作 4 块(左控制箱箱盖、箱壁控制板、右控制箱箱盖、箱壁控制板),然后进行元器件的定位、打孔、修整,在板的两面刷上防锈漆,并在正面喷涂一层白色油漆,按钮控制板 2 块,如图 8 - 9 所示。

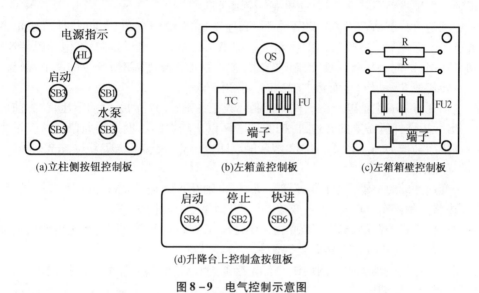

图 8 - 9　电气控制示意图

b. 准备好各种电气零部件、元器件、材料。如交流接触器、按钮、限位开关、热继电器、接线端子、电线等。导线的选用如下:主电路中导线截面按照电动机的额定功率选择,控制回路用 1.0 mm$^2$ 的塑料铜芯导线;如果敷设控制板选用单芯硬导线,其他连接导线多用同规格的多股铜芯软导线。

c. 准备电工工具一套,钻孔工具一套(手电钻、丝锥)。

d. 板上敷线。一般有走线槽敷线法(采用塑料绝缘软铜芯线)和沿板面敷设法(采用塑料绝缘单芯铜芯线)。敷线要求美观、整齐、可靠。

②机床电气的安装。

a. 电动机的安装。用吊具将电动机吊起与安装孔对正,装好电动机与齿轮箱的连接件并相互对准;将电动机与齿轮连接件相啮合,对好电动机安装孔,旋紧螺栓,撤去起吊装置。

b. 限位开关的安装。检查限位开关是否完好;安装限位开关;将限位开关放置在撞块安全撞击区域内,固定牢靠。

c. 敷设接线。裁剪合适长度的导线;套保护管;机床床身立柱上各电气部件之间的连接导线用塑料套管保护;立柱上电气部件与升降台电气部件之间的连接导线用金属软管保护,其两端用卡子或接头固定好;接线,套上号码。

（2）X6132 型机床电气的调试

①检查是否有短路。首先是主回路,用兆欧表检查绝缘是否良好(要断开变压器一次绕组)。再检查控制回路,用万用表 $R \times 1$ 挡检查火线与零线是否有短路现象。

②检查熔断器中的熔芯是否正常。

③接试车电源。要求试车电源有独立的开关及熔断器。

④主轴电动机控制的调试。

接通试车电源,合上总开关 QS,立柱侧面按钮板上的电源指示灯(HL)亮,接通照明灯开关 SA,则照明灯(EL)亮。

a. 主轴启动。将换向开关 SA4 拨到标示牌所指示的正转或反转方向,再按动主轴启动按钮 SB3 或 SB4(SB3 在床身立柱侧的按钮板上,SB4 在升降台的按钮板上),主轴旋转的转向应正确。如果主轴不转,检查电动机 M1 控制回路。

b. 主轴的反转制动。主轴启动正常后,当速度达到 120 r/min 以上时,速度继电器 KS 动合触点闭合。按下停止按钮 SB1 或 SB2,KM1 断电,KM2 得电反接制动,电动机转速很快下降到 120 r/min 时,KS 触点复位,制动结束,主轴停止。通过调整 KS 上的调节螺钉,可以选定一定转速使 KS 动作,从而将主轴准确、可靠停车。

c. 主轴变速时的主轴电动机的冲动控制。先把主轴瞬时冲动手柄向下压,拉到前面,转动主轴调速盘,选择所需要的转速,再把冲动手柄以比较快的速度推回原位。这个过程中,各元器件依次动作为 SQ7 动作→KM2 常开触点闭合→M1 反转→SQ7 复位,KM2 失电→M1 停止,冲动结束。

由于变速冲动时电动机是瞬间反转,所以,主轴在正常运转情况下不宜直接做变速操作,必须先将主轴停车以后,再进行变速操作,以确保变速机构的安全。

⑤水泵电动机控制的调试。接通主令开关 SA3,接触器 KM6 吸合,水泵电动机启动,如果泵不出冷却水,应检查水泵转向是否正常。

⑥工作台进给电动机的控制调试。首先接通 QS,启动主轴,然后才能接通工作台进给控制回路,进行一下调试。

a. 工作台升降(上下)和(横向前后)移动调试。将 SA1 扳到"断开"位置,SA1 - 1 闭合、SA1 - 2 断开、SA1 - 3 闭合。将 SA2 转到手动位置,操纵工作台升降与横向进给手柄在不同位置,来实现不同方向的进给。该手柄操纵位置与进给方向、开关动作情况见表 8 - 3。通过调整操纵手柄联动机构及限位开关 SQ3 和 SQ4 的位置,使开关可靠动作。

表 8 - 3　限位开关 SQ3 和 SQ4 的动作情况表

| 开关触点 | | 手 柄 位 置 | | |
|---|---|---|---|---|
| | | 向前、向下 | 中间停止 | 向后、向上 |
| SQ4 | SQ4 - 1 | - | - | + |
| | SQ4 - 2 | + | + | - |
| SQ3 | SQ3 - 1 | + | - | - |
| | SQ3 - 2 | - | + | + |

b. 工作台纵向(左右)移动的调试。工作台的纵向移动由"纵向操纵手柄"来控制,该操纵手柄有三个位置:左、右及中间。当操纵手柄在左时,行程开关 SQ2 动作,电动机 M2 反转;在右时,行程开关 SQ1 动作,电动机 M2 正转;在中间时,电动机 M2 停转,工作台停止运动。其调整方向与开关动作见表 8 - 4。

表 8 − 4　限位开关 SQ1 和 SQ2 的动作情况表

| 开关触点 | | 手 柄 位 置 | | |
| --- | --- | --- | --- | --- |
| | | 向左 | 中间(停止) | 向右 |
| SQ2 | SQ2 − 1 | + | − | − |
| | SQ2 − 2 | − | + | + |
| SQ1 | SQ1 − 1 | | | + |
| | SQ1 − 2 | + | + | − |

　　其电气电路与测试点如图 8 − 10 所示。除了操作手柄用万用表检测开关动作以外,当调试中出现异常现象时,检测回路中各测试点的电压。

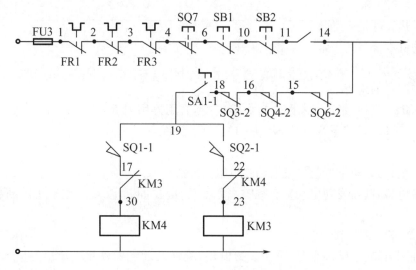

图 8 − 10　工作台纵向移动电气控制电路

　　c. 工作台进给变速时的冲动。在需要改变工作台进给速度时,通常使电动机 M2 瞬时冲动,以确保变速齿轮安全、可靠地啮合。其调试及操作方法是:将蘑菇形操作手柄向外拉出并转动手柄,转盘也跟着转动,将所需要进给速度的标尺数字对准箭头,然后将蘑菇形操作手柄拉到极限位置,这时连杆机构压合 SQ6,使 SQ6 − 2 断开,SQ6 − 1 闭合,M2 接通正转。因蘑菇形操作手柄一到极限位置随即推回原位,所以 SQ6 只是瞬时动作,电动机 M2 也只能瞬时冲动,手柄推回原位,冲动即告结束。瞬时冲动的关键是当蘑菇形操作手柄处于极限位置的瞬间,必须可靠地压合 SQ6。可以通过调整手柄上撞击块或 SQ6 限位开关的位置来实现。具体调整方法是:将手柄拉到极限位置,调整 SQ6,使 SQ6 − 2 断开、SQ6 − 1 可靠闭合;而当手柄推回时,用万用表测量触头动作情况。

　　注意:该调整在断电、断开开关上的连接线的情况下进行。

　　d. 工作台的快速移动。在前后、左右和上下六个方向上,工作台可以由电动机 M2 拖动实现快速移动控制。

　　调整步骤是:启动主轴电动机 M1,根据需要快速移动的方向,将"升降和横向操作手柄"扳到相应位置。按下 SB5 或 SB6,这时 KM5 得电吸合,接通牵引电磁铁 YA,工作台按照选定的方向快速移动。各仪器件动作顺序如下:按下 SB3(或按下 SB4)→KM1 得电吸合→电动机 M1 启动运转→操作手柄选择一个进给方向→按下 SB5 或 SB6→KM5 得电吸合→接通牵引电磁铁 YA→工作台按照选定的方向快速移动。

快速移动有利于提高工作效率,便于对刀,它是通过点动控制进行的。调整时,必须注意 YA 动作的即时性和准确性,如有异常现象,应立即停止。

4. X6132 型万能铣床的故障检修

(1)主轴电机 M1 不能启动

分主电路和控制回路两部分检查。

①主电路的检查。

a. 电源电压是否正常。

b. KM1 主触点闭合是否良好。

c. SA4 是否正常。

d. FR1 热元件是否烧断。

e. 电动机本身是否正常。

f. 所有接线是否牢靠。

②控制回路的检查。

检查 KM1 线圈回路是否断路。首先断电,然后用万用表 $R \times 1$ 挡检查:从 1→2→3→4→6→10→11→12(先按下 SB3 或 SB4)→13→0 是否断路。

注意:

a. 为安全起见,初学者应尽量采用断电检查方法。

b. 若带电检查,若发现电动机有嗡嗡声但不转,应立即断电,防止电动机因断相运行而烧坏。

(2)主轴停车时无制动作用

由原理图可知,主轴停车时,采用反接制动,其涉及的元器件是交流接触器 KM2、制动电阻 $R$、速度继电器 KS。只要分别检查它们的技术状况及 KM2 通路的线路连接是否正常即可。

(3)工作台无快速进给

由原理图可知,快速进给涉及的主要仪器件是接触器 KM5 和电磁离合器 YA。分别检查这两个仪器件的技术状态和线路连接情况即可。如是离合器故障,则应根据检查情况调整、检修离合器,如更换线圈、调整摩擦片间隙等。

5. 铣床的电气保养

铣床电气的保养、大修周期、内容要求及完好标准见表 8 - 5。

表 8 - 5　铣床电气的保养、大修周期、内容要求及完好标准

| 项　目 | 内　容 |
| --- | --- |
| 检修周期 | 1. 例保:一星期一次<br>2. 一保:一月一次<br>3. 二保:三年一次<br>4. 大修:与机床大修同时进行 |

表 8 - 5（续）

| 项　目 | 内　容 |
| --- | --- |
| 铣床电气设备的例保内容 | 1. 向操作者了解设备运行情况<br>2. 查看电气运行情况,检查不安全的因数<br>3. 听开关及电机有无异常声响<br>4. 检查导线及电机有无过热现象 |
| 铣床电气线路的一保内容 | 1. 清洁导线、电器上的灰尘和油污<br>2. 检查电器及线路是否有老化及绝缘损伤的地方<br>3. 拧紧电器装置上的所有螺丝,要求接触良好 |
| 铣床其他电器的一保 | 1. 清洁限位开关,要求接触良好<br>2. 拧紧螺丝,检查手柄动作,要求灵敏可靠<br>3. 检查制动装置中的速度继电器、硅整流元件、变压器、电阻等是否完好并清扫,要求主轴电机制动准确、速度继电器动作灵敏可靠<br>4. 检查按钮、转换开关、冲动开关的工作应正常,接触良好<br>5. 检查快速电磁铁,要求工作准确<br>6. 检查电器动作保护装置是否灵敏可靠 |
| 铣床电气设备的二保（二保后达到完好标准） | 1. 进行一保的全部内容<br>2. 更换老化和损伤的电器、线段及不能用的电器元件<br>3. 重新整定热继电器,检验仪表<br>4. 对制动二极管和电阻进行清扫和数据测量<br>5. 检查接地是否良好,测量绝缘电阻<br>6. 试车中要求开关动作灵敏可靠<br>7. 核对图纸,提出对大修的要求 |
| 铣床电气设备的大修（大修后达到完好标准） | 1. 进行二保的全部内容<br>2. 拆下配电板各元件和管线并进行清扫<br>3. 解体各旧的电器开关、清扫各电器元件的灰尘和油污<br>4. 更换损伤的电器、不能用的电器元件<br>5. 更换老化和损伤的线段,重新排线<br>6. 除去电器锈迹,并进行防腐<br>7. 重新整定热继电器、过流继电器等保护装置<br>8. 油漆开关箱,并对所有的附件进行防腐<br>9. 核对图纸 |
| 铣床电气完好标准（技术验收标准） | 1. 各电器开关线路清洁整齐无损伤,各保护装置、信号装置完好<br>2. 各接触点接触良好,床身接地良好,电机电器绝缘良好。<br>3. 试验中各开关动作灵敏可靠,符合图纸要求<br>4. 开关 |

# 四、镗床电气维修

　　镗床是一种精密加工机床,主要用于加工精确的孔和孔之间的距离要求比较精确的零件。比如一些箱体零件,往往需要加工几个不同尺寸的孔,这些孔的尺寸较大、精度要求高,且这些孔的轴心线之间的同轴度、垂直度、平行度、距离等的精确性要求高,这些要求钻床是难以满足的,而镗床就能达到这些要求。

镗床可分为卧式镗床、坐标镗床、专门化镗床等。其中,卧式镗床应用最为广泛。其主要由床身、前立柱、后立柱、镗头架、尾架、上溜板、下溜板、工作台等构成。镗头架可沿着导轨垂直移动,镗头架里装有主轴部分、变速箱、进给箱、操纵机构等部件。刀具固定在镗轴前端的锥形孔里,或装在花盘上的刀具溜板上。在工作过程中,镗轴一面旋转,一面沿轴向做进给运动。而花盘只能旋转,装在其上的刀具溜板则可作垂直于主轴轴线方向的径向进给运动。镗轴和花盘主轴是通过单独的传动链传动,因此它们可以独立转动。

后立柱的尾架用来支持装夹在镗轴上的镗杆末端,它与镗头架同时升降,因此两者的轴心线始终在一轴线上。后立柱可以沿着床身导轨在镗轴的轴线方向调整位置。

安装工件用的工作台安置在床身中的导轨上,它由上溜板、下溜板、工作台(可绕上溜板圆导轨旋转)构成。工作台可在平行于(纵向)与垂直于(横向)镗轴轴线的方向移动。

卧式镗床的主要运动有以下几种:

①主运动。镗轴的旋转运动、花盘的旋转运动。

②进给运动。镗轴的轴向运动、花盘刀具溜板的径向进给、镗头架的垂直进给、工作台的横向进给与工作台的纵向进给。

③辅助运动。工作台的回转、后立柱的水平移动、尾架的垂直移动。

下面以亚龙 YL – 122 型 T68 镗床电路智能实训考核设备为例,介绍镗床的电气维修。如图 8 – 11 所示。

**1. 电路分析**

**(1)主轴电动机 M1 的控制**

本机床有两台电动机拖动,即主拖动电动机 M1 和快速拖动电动机 M2。其中 M1 是一台双速电动机,可以根据不同的加工需要来变换速度。M1 主要负责拖动主轴旋转和工作台的进给。可实现正反转运转和正、反向点动控制,并能实现主轴及进给在变速时的冲动(实际机床中停车时采用反接制动)。M2 是快速移动电机,专供机床各部分快速移动用,以提高工作效率。

①主轴电动机的正反转控制。按下正转按钮 SB3,接触器 KM1 线圈获得电吸合,主触头闭合(此时开关 SQ2 已闭合),KM1 的常开触头(8 区和 13 区)闭合,接触器 KM3 线圈获电吸合,接触器主触头闭合,制动电磁铁 YB 得电松开(指示灯亮),电动机 M1 接成三角形正向启动。

反转时只需按下反转启动按钮 SB2,动作原理同上,所不同的是接触器 KM2 获电吸合。

②主轴电机 M1 的点动控制。按下正向点动按钮 SB4,接触器 KM1 线圈获电吸合,KM1 常开触头(8 区和 13 区)闭合,接触器 KM3 线圈获电吸合。而不同于正转的是按钮 SB4 的常闭触头切断了接触器 KM1 的自锁,只能点动。这样 KM1 和 KM3 的主触头闭合便使电动机 M1 接成三角形点动。

同理按下反向点动按钮 SB5,接触器 KM2 和 KM3 线圈获电吸合,M1 反向点动。

③连锁保护。真实机床在为了防止工作台或主轴箱自动快速进给时又将主轴进给手柄扳到自动快速进给的误操作,就采用了与工作台和主轴箱进给手柄有机械连接的行程开关 SQ3。当上述手柄扳在工作台(或主轴箱)自动快速进给的位置时,SQ3 被压断开。同样,在主轴箱上还装有另一个行程开关 SQ4,它与主轴进给手柄有机械连接,当这个手柄动作时,

SQ4 也受压断开。电动机 M1 和 M2 必须在行程开关 SQ3 和 SQ4 中有一个处于闭合状态时,才可以启动。如果工作台(或主轴箱)在自动进给(此时 SQ3 断开)时,再将主轴进给手柄扳到自动进给位置(SQ4 也断开),那么电动机 M1 和 M2 便都自动停车,从而达到连锁保护的目的。

④主轴电动机 M1 的高、低速控制。若选择电动机 M1 在低速运行可通过变速手柄使变速开关 SQ1(16 区)处于断开低速位置,相应的时间继电器 KT 线圈也断电,电动机 M1 只能由接触器 KM3 接成三角形连接低速运动。

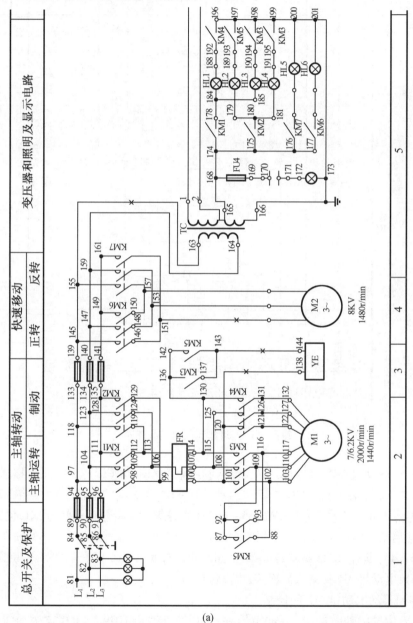

(a)

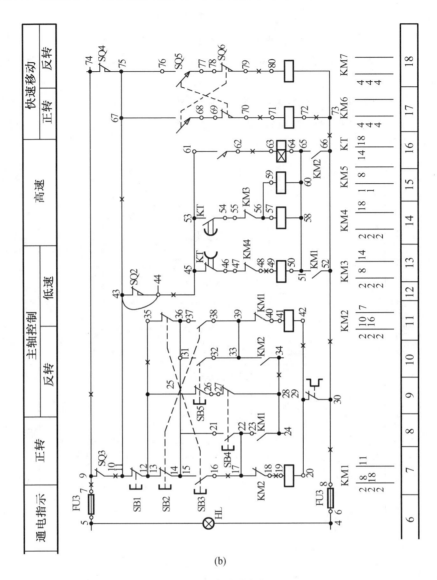

(b)

**图 8 – 11　T68 镗床的电气原理图**

　　如果需要电动机在高速运行,应首先通过变速手柄使变速开关 SQ1 压合接通处于高速位置,然后按正转启动按钮 SB3(或反转启动按钮 SB2),交流接触器 KM1 或 KM2 吸合,其常闭辅助触点 KM1(51~52)或 KM2(65~66)闭合,KM3 线圈先获电吸合,电动机 M1 接成三角形低速启动。时间继电器 KT 线圈获电吸合。经过一段时间的延时,KT 的常闭延时断开触点(45~46)断开,KM3 线圈断电释放,KT 的常开触头(14 区)延时闭合,KM4、KM5 线圈获电吸合,电动机 M1 接成 YY 连接,以高速运行。

　　(2)快速移动电动机 M2 的控制

　　M2 负责主轴的轴向进给、主轴箱的垂直进给、工作台的纵向和横向进给等的快速移动。本产品无机械机构不能完成复杂的机械传动的方向进给,只能通过操纵装在床身的转换开关跟开关 SQ5,SQ6 来共同完成工作台的横向和前后、主轴箱的升降控制。在工作台上六个方向各设置有一个行程开关,当工作台纵向、横向和升降运动到极限位置时,挡铁撞到位置开关工作台停止运动,从而实现终端保护。

①主轴箱升降运动。首先将床身上的转换开关扳到"升降"位置,扳动开关 SQ5(SQ6),SQ5(SQ6)常开触头闭合,SQ5(SQ6)常闭触头断开,接触器 KM7(KM6)通电吸合电动机 M2 反(正)转,主轴箱向下(上)运动,到了想要的位置时扳回开关 SQ5(SQ6)主轴箱停止运动。

②工作台横向运动。首先将床身上的转换开关扳到"横向"位置,扳动开关 SQ5(SQ6),SQ5(SQ6)常开触头闭合,SQ5(SQ6)常闭触头断开,接触器 KM7(KM6)通电吸合电动机 M2 反(正)转,工作台横向运动,到了想要的位置时扳回开关 SQ5(SQ6)工作台横向停止运动。

③工作台纵向运动。首先将床身上的转换开关扳到"纵向"位置,扳动开关 SQ5(SQ6),SQ5(SQ6)常开触头闭合,SQ5(SQ6)常闭触头断开,接触器 KM7(KM6)通电吸合电动机 M2 反(正)转,工作台纵向运动,到了想要的位置时扳回开关 SQ5(SQ6)工作台纵向停止运动。

2. 常见故障及其原因

(1)主轴电动机 M1 高低速均不能启动

故障分析:主轴电动机 M1 高低速均不能启动,故障大多出在高低速控制的公共部分和电磁制动部分。分析电气原理图,故障可能的原因有以下几点:

①熔断器 FU3 熔断;

②因过载导致热继电器 FR 动作(29～30 断开);

③起进给和快速移动保护的行程开关 SQ3(12～13),SQ4(74～75)均断开;

④线段(1～11),(2～30)存在接触不良或导线脱落;

⑤制动电磁铁 YB 不能获电松闸。

(2)主轴电动机 M1 只有低速没有高速

故障分析:主轴电动机 M1 有低速,说明交流接触器 KM1 和 KM3 运行正常。没有高速,说明交流接触器 KM4,KM5 不能吸合。因此要从 KM4,KM5 的线圈回路中查找故障原因。对照原理图,不难看出,导致 KM4、KM5 不能吸合(即电动机 M1 没有高速)的可能原因有以下几点:

①机械故障使得操作变速手柄时,不能压合变速开关 SQ1(61～62),导致时间继电器线圈不能得电动作;

②线段(44～63)存在断路;

③KT 线圈断路;

④时间继电器线圈虽然吸合,但不起延时作用,即延时断开的常闭触点(45～46)不断开;

⑤延时闭合的常开触点(53～54)不能闭合或者其上的连线脱落;

⑥KM3 的常闭辅助触点(55～56)不能复位或者其上的连线脱落。

(3)主轴电动机 M1 只有高速没有低速

故障分析:主轴电动机有高速,说明高低速控制线路的公共部分正常,交流接触器 KM4,KM5 运行正常。而交流接触器 KM1,KM3 不能正常工作。可能原因有:

①KT 的延时断开的常闭触点(45～46)不能闭合或者其上的连线脱落;

②交流接触器的 KM4 的常闭辅助触点(47～48)不能复位或者其上的连线脱落;

③KM3 的线圈断路;

④从(45～51)之间存在导线断路或者脱落。

（4）快速移动电机 M2 正向或反向不能启动

导致故障的可能原因有：

①机械故障使得限位开关 SQ5 或者 SQ6 失灵，导致 KM6 或 KM7 线圈不能得电动作；

②KM6 或 KM7 线圈断路；

③线段（43～67）或（70～71）或（72～73）或（66～73）或（79～80）断开或连线脱落；

④FU3 熔断。

另外，还有一些故障，如：主轴电机正向或反向只能点动、主轴电机正向或反向点动失灵、主轴电机或快速移动电机断相运行等，读者可根据前面所学知识，自行分析。

3. 镗床的电气保养

镗床电气的保养、大修周期、内容要求及完好标准见表 8－6。

表 8－6　铣床电气的保养、大修周期、内容要求及完好标准

| 项　　目 | 内　　　容 |
|---|---|
| 检修周期 | 1. 例保：一星期一次<br>2. 一保：一月一次<br>3. 二保：三年一次<br>4. 大修：与机床大修同时进行 |
| 镗床电气设备的例保内容 | 1. 查看电气设备各部分，向操作者了解设备运行情况<br>2. 检查开关箱及电机，管线是否有水或油污进入<br>3. 检查导线及管线是否有破裂现象<br>4. 检查线路和开关的触点有无烧焦的地方<br>5. 听电动机是否有异常声响 |
| 铣床的一保内容 | 1. 清洁导线、电器上的灰尘和油污<br>2. 检查电器及线路是否有老化及绝缘损伤的地方<br>3. 拧紧电器装置上的所有螺丝，要求接触良好<br>4. 检查电气元件是否完好、灭弧罩是否完好<br>5. 检查线路是否老化，必要时进行更换 |
| 镗床电气设备的二保<br>（二保后达到完好标准） | 1. 进行一保的全部内容<br>2. 重新整定热继电器<br>3. 更换损伤的电气元件、电线管、金属软管<br>4. 检查接地是否良好，测量绝缘电阻<br>5. 试车中要求开关动作灵敏可靠<br>6. 核对图纸，提出对大修的要求 |

表 8 – 6(续)

| 项　　目 | 内　　容 |
| --- | --- |
| 铣床电气设备的大修<br>（大修后达到完好标准） | 1. 进行二保的全部内容<br>2. 拆下配电板各元件和管线并进行清扫<br>3. 解体各旧的电器开关、清扫各电器元件的灰尘和油污<br>4. 更换损伤的电器、不能用的电器元件<br>5. 更换老化和损伤的线段，重新排线<br>6. 除去电器锈迹，并进行防腐<br>7. 重新整定热继电器、过流继电器等保护装置<br>8. 油漆开关箱，并对所有的附件进行防腐<br>9. 核对图纸 |
| 镗床电气完好标准<br>（技术验收标准） | 1. 各电器开关线路清洁整齐无损伤，各保护装置、信号装置完好<br>2. 各接触点接触良好，床身接地良好，电机电器绝缘良好<br>3. 试验中各开关动作灵敏可靠，符合图纸要求<br>4. 三相交流电机三相电流平衡<br>5. 图纸资料齐全 |

# 五、钻床电气维修

钻床是一种广泛使用的通用机床。一般钻床都能进行多种形式的加工，为了保证钻孔、扩孔、镗孔、绞孔、攻螺纹的要求，钻床的主轴和进给都必须有较大的调速范围。

钻床的运动方式有以下几种：

①主运动。钻床的主轴带着钻头的旋转运动。

②进给运动。主轴的前进运动即机床的进给运动。

主运动和进给运动由一台电动机拖动。摇臂钻床的正反转（加工螺纹时需要）一般都采用机械方法变换，电动机只作单方向旋转。

③辅助运动。摇臂连同外立柱围绕着内立柱的回转运动、摇臂在外立柱上的升降运动、主轴箱在摇臂上的左右移动等。

外立柱、摇臂和主轴箱都有夹紧装置固定位置。

下面以亚龙 YL – 125 型 Z3040 摇臂钻床智能实训考核设备为例讲授钻床的电气维修技术。

Z3040 摇臂钻床主轴的调速范围为 50∶1，正转最低转速为 40 r/min，最高转速为 2 000 r/min。每转进刀量范围 0.05 ~ 1.6 mm/r。

Z3040 摇臂钻床采用液压装置夹紧立柱，通过电气连锁同时使主轴箱夹紧。所以用一台异步电动机 M4 拖动一台齿轮泵，供给液压装置所用的压力油。

1. 电路分析

本机床立柱顶上没有汇流环装置，可以减少因汇流环接触不良而造成缺相故障等。但同时，在使用过程中，不要总是沿着一个方向连续转动摇臂，以免把穿过内立柱的电源线拧断造成机床短路危及人身。

（1）开车前的准备工作

合上总电源开关 QS1，电源指示灯 HL 亮，如图 8 - 12 所示。

（2）主电动机旋转

按启动按钮 SB2，交流接触器 KM1 吸合并自锁，主电动机 M1 旋转；按停止按钮 SB1，交流接触器 KM1 释放，主电动机 M1 停止旋转。

为了防止主电动机长时间过载运行，电路中设置热继电器 FR1，其整定值应根据主电动机 M1 的额定电流进行调整。

（3）摇臂升降

按上升（或下降）按钮 SB3（SB4），时间继电器 KT 吸合，使交流接触器 KM4 得电吸合，液压泵电动机 M3 旋转，压力油经分配阀进入摇臂松开油腔，推动活塞和菱形块使摇臂松开。同时活塞杆通过弹簧片压限位开关 SQ2，使交流接触器 KM4 失电释放，液压泵电动机 M3 停止旋转，交流接触器 KM2 或（KM3）得电吸合，升降电动机 M2 旋转，带动摇臂上升（或下降）。如果摇臂没有松开，限位开关 SQ2 常开触点不能闭合，交流接触器 KM2（或 KM3）就不能得电吸合，摇臂不能升降。当摇臂上升（或下降）到所需的位置时，松开按钮 SB3（或 SB4），交流接触器 KM2（或 KM3）和时间继电器 KT 失电释放，升降电动机 M2 停止旋转，摇臂停止上升（或下降）。

由于时间继电器 KT 失电释放，经 1 ~ 3.5 s 延时后，其延时闭合的常闭触点闭合，交流接触器 KM5 得电吸合，液压泵电动机 M3 反向旋转，供给压力油，压力油经分配阀进入摇臂夹紧油腔，使摇臂夹紧。同时活塞杆通过弹簧片压限位开关 SQ3，使交流接触器 KM5 失电释放，液压电动机 M3 停止旋转。

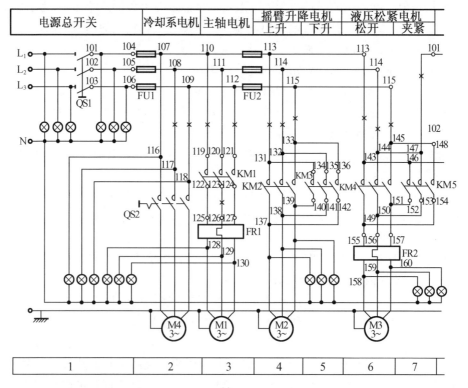

(a)

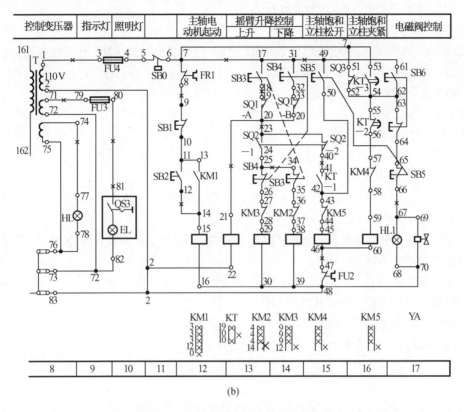

| 控制变压器 | 指示灯 | 照明灯 | | 主轴电动机起动 | 摇臂升降控制 | | 主轴饱和立柱松开 | 主轴饱和立柱夹紧 | 电磁阀控制 |
| --- | --- | --- | --- | --- | --- | --- | --- | --- | --- |
| | | | | | 上升 | 下降 | | | |

**图 8 – 12　Z3040 摇臂钻床的电气原理图**

行程开关 SQ1a,SQ1b 用来限制摇臂的升降行程,当摇臂升降到极限位置时,SQ1a,SQ1b 动作,交流接触器 KM2(或 KM3)断电,升降电动机 M2 停止旋转,摇臂停止升降。

摇臂的自动夹紧是由限位开关 SQ3 来控制的。如果液压夹紧系统出现故障,不能自动夹紧摇臂或者由于 SQ3 调整不当,在摇臂夹紧后不能使 SQ3 的常闭触点断开,都会使液压泵电动机处于长时间过载运行状态,造成损坏。为了防止损坏液压泵电动机,电路中使用热继电器 FR2,其整定值应根据液压泵电动机 M3 的额定电流进行调整。

(4)立柱和主轴箱的松开或夹紧同时进行

按松开按钮 SB5(或夹紧按钮 SB6),交流接触器 KM4(或 KM5 吸合),液压泵电动机 M3 正转或反转,给压力油。此时,电磁铁 YA 断电释放,压力油经分配阀进入立柱和主轴箱松开(或夹紧)油腔,推动活塞和菱形块使立柱和主轴箱分别松开(或夹紧)。此时摇臂松开夹紧油路已被切断。

(5)冷却泵的启动和停止

合上或断开开关 QS2,就可接通或切断电源,实现冷却泵电动机 M4 的启动和停止。

2.常见故障及其原因

(1)钻床全不动

可能有以下几点原因:

①总电源开关 QS1 损坏,或 FU1,FU2 熔断;

②变压器 T 原边输入线路断路,使得变压器无输入电压;

③变压器 T 副边(1~6)之间线路断路。

(2)主轴电机不能启动,其他正常

故障分析:主轴电机由交流接触器 KM1 控制,故只需要检查 KM1 的主触点回路和线圈回路即可。可能有以下几点原因:

①FRI 常闭触点(7~8)断开;

②SB1 或 SB2 失灵;

③KM1 线圈烧断;

④线段(7~16)存在线头脱落;

⑤KM1 的主触点过热烧毁;

⑥主轴电机主电路缺相(FR 的热元件烧毁、线头脱落)。

(3)摇臂不能升降

故障分析:摇臂不能升降,主要是因为摇臂未能松开或者摇臂升降电动机 M2 不能运行。可能有以下几点原因:

①SB3,SB4 失灵;

②时间继电器 KT 失灵或其线圈回路开路;

③KM4 线圈烧断或其通路(18~20~40~48)导线脱落;

④FR2 动作;

⑤液压电动机 M2 主电路缺相,导致 M2 不能正常运行;

⑥线段(7~17)断开。

另外,还有一些故障:摇臂能上不能下、摇臂能下不能上等。读者可依据电路图自行分析故障原因。

3. 钻床的电气保养

钻床电气的保养、大修周期、内容要求及完好标准见表8-7。

表8-7　钻床电气的保养、大修周期、内容要求及完好标准

| 项　目 | 内　容 |
|---|---|
| 检修周期 | 1. 例保:一星期一次<br>2. 一保:一月一次<br>3. 二保:三年一次<br>4. 大修:与机床大修同时进行 |
| 钻床电气设备的例保内容 | 1. 查看电气设备各部分,向操作者了解设备运行情况<br>2. 检查开关箱及电机,管线是否有水或油污进入<br>3. 检查导线及管线是否有破裂现象<br>4. 检查线路和开关的触点有无烧焦的地方<br>5. 听电动机是否有异常声响<br>6. 检查是否存在不安全因素 |

表 8 - 7(续)

| 项 目 | 内 容 |
|---|---|
| 钻床的一保内容 | 1. 清洁导线、电器上的灰尘和油污<br>2. 检查电器及线路是否有老化及绝缘损伤的地方<br>3. 拧紧电器装置上的所有螺丝,要求接触良好<br>4. 检查电气元件是否完好、灭弧罩是否完好<br>5. 检查线路是否老化,必要时进行更换 |
| 钻床电气设备的二保(二保后达到完好标准) | 1. 进行一保的全部内容<br>2. 重新整定热继电器<br>3. 更换损伤的电气元件、电线管、金属软管<br>4. 检查接地是否良好,测量绝缘电阻<br>5. 检查夹紧放松机构的电器,要求接触良好,动作灵敏<br>6. 核对图纸,提出对大修的要求 |
| 钻床电气设备的大修(大修后达到完好标准) | 1. 进行一、二保的全部内容<br>2. 拆下配电板各元件和管线并进行清扫<br>3. 重新安装全部管线及电器元件,并进行排线<br>4. 重新整定热继电器<br>5. 核对图纸,提出对大修的要求 |
| 钻床电气完好标准(技术验收标准) | 1. 各电器开关线路清洁整齐无损伤,各保护装置、信号装置完好<br>2. 各接触点接触良好,床身接地良好,电机电器绝缘良好<br>3. 试验中各开关动作灵敏可靠,符合图纸要求<br>4. 各电器动作灵敏,电机无异常声响,电机三相电流平衡<br>5. 保护装置齐全,动作符合要求<br>6. 零部件完好无损,符合要求<br>7. 图纸资料齐全 |

# 六、15/3 t 桥式起重机电气维修

## 1. 15/3 t 桥式起重机电气原理介绍

桥式起重机的大车桥架跨度一般较大,两侧装置两个主动轮分别由两台相同规格的电动机 M3 和 M4 拖动,沿大车轨道纵向两个方向同速运动。

小车移动机构由一台电动机 M2 拖动,沿固定在大车桥架上的小车轨道横向两个方向运动。

主钩升降由一台电动机 M5 拖动。

副钩升降由一台电动机 M1 拖动。

如图 8 - 13 所示,电源总开关为 QS1,凸轮控制器 SA1,SA2,SA3 分别控制副钩电动机(M1)、小车电动机(M2)、大车电动机(M3,M4);主令控制器 SA4 配合磁力控制屏(PQR)完成对主钩电动机(M5)的控制。

整个启动机的保护环节是由交流保护控制柜(GQR)和交流磁力控制屏(PQR)来实现。各控制电路均用熔断器 FU1,FU2 作为短路保护;总电源及每台电动机均采用过电流继电器

KA0，KA1，KA2，KA3，KA4，KA5作过载保护；为了保障维修人员的安全，在驾驶室舱门盖上装有安全开关SQC；在横梁两侧栏杆门上分别装有安全开关SQd，SQe；为当发生紧急情况时操作人员能立即切断电源，防止事故扩大，在保护柜上还装有一只单刀单掷的紧急开关QS4。上述各开关在电路中均为常开触头并与副钩、小车、大车的过电流继电器的常闭触头相串联，当驾驶室舱门或横梁栏杆门开时，主接触器KM线圈不能获电运行或运行中断电释放，这样起重机的全部电动机都不能启动运行，保证了人身安全。电源总开关QS1，熔断器FU1，FU2，主接触器KM，紧急开关QS4以及电流电器KA0～KA5都安装在保护柜上。保护柜、凸轮控制器及主令控制器均安装在驾驶室内，便于司机操作。

起重机各移动部分均采用限位开关作为行程限位保护。分别为：主钩上升限位开关QSa；副钩上升限位开关SQb，小车横向限位开关QS1，QS2；大车纵向限位开关QS3，QS4。利用移动部件上的挡铁压开限位开关将电动机断电并制动，以保证行车安全。

起重机设备上的移动电动机和提升电动机均采用电磁制动器抱闸制动，分别为：副钩制动电磁铁YA1；小车制动电磁铁YA2；大车制动电磁铁YA3，YA4；主钩制动电磁铁YA5，YA6。当电动机通电时，电磁铁也获电松开制动器，电动机可以自由旋转。当电动机断电时，电磁铁也断电，电动机被制动器所制动，特别是正在运行时突然停电，可以保证安全。

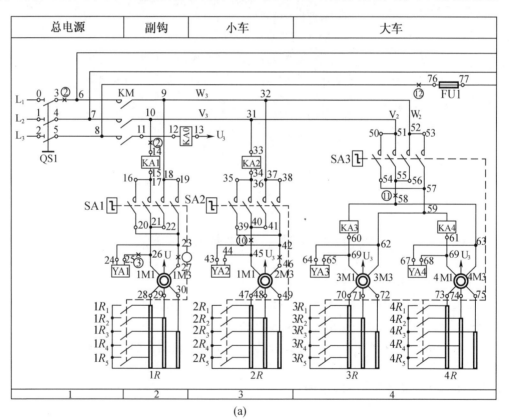

(a)

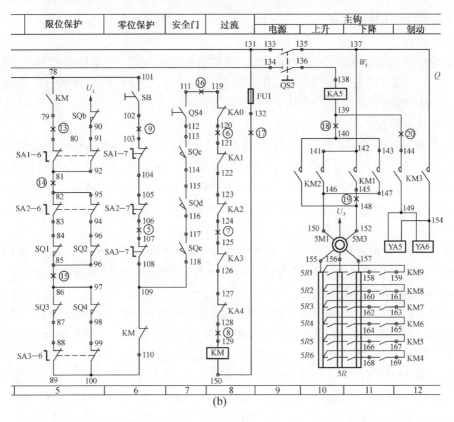

(b)

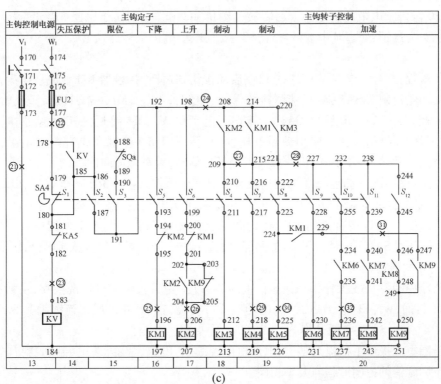

(c)

**图 8－13　15/3 t 交桥式起重机电气控制线路**

(1)主接触器 KM 的控制

①准备阶段。

在起重机投入运行前应当将所有凸轮控制器手柄置于"零位",零位连锁触头 SA1 - 7,SA2 - 7,SA3 - 7(6 区)处于闭合状态,合上紧急开关 QS4,关好舱门和横梁栏杆门,使开关 SQC,SQd,SQe 也处于闭合状态(7 区)。

②启动运动阶段。

操作人员按下保护控制柜上的启动按钮 SB(6 区),主接触器 KM 线圈获电吸合(8 区),三副常开主触头 KM 闭合(1 区)。使两相电源进入各凸轮控制器,一相电源直接引入各电动机定子接线端。此时由于各凸轮控制器手柄均在零位,故电动机不会运转。同时,主接触器 KM 两副常开辅助触头 KM 闭合自锁(5 区和 6 区),当松开启动按钮 SB1 后,主接触器 KM 线圈从另一条通路获电。

通路为源 1→KM(自锁触头)→SA1 - 6→SA2 - 6→ SQ1→SQ3→SA3 - 6→KM(自锁触头)→SQe→SQd→SQc→SQ4→KA0→KA1→KA2→KA3→KA4→KM(线圈→电源 2)

(2)凸轮控制器的控制

桥式起重机的大车、小车和副钩电动机容量较小,一般采用凸轮控制器控制。现以大车为例,说明控制过程。由于大车为两台电动机同时拖动,故大车凸轮控制器 SA3 比 SA1 及 SA2 多了五副转子电阻控制触头,以供切除第二台电动机的转子电阻用。由图可以看出,大车凸轮控制器 SA3 共有 11 个位置,中间位置是零位,右边五个位置,左边五个位置,控制电动机 M3 和 M4 的正反转(即大车的前进和后退)。四副主触头控制电动机 M3 和 M4 的定子电源,并实现正反转换接($V_2$ - 3M3,4M1、$W_2$ - 3M1、4M3;$V_2$ - 3M1,4M3,$W_2$ - 3M3,4M1)。10 副传子电阻控制触头分别切换电动机 M3 和 M4 的转子电阻 3R 和 4R。另有三副辅助触头为连锁触头,其中 SA3 - 5,SA3 - 6 为电动机正反转连锁触头,SA3 - 7 为零位连锁触头。

操作过程:当合上电源总开关 QS1,按启动按钮 SB 使主接触器 KM 线圈获电运行。

扳动凸轮控制器 SA3 操作手柄向后位置 1,主触头 $V_2$ - 3M1,4M1 接通,正反转连锁触头 SA3 - 6 接通,SA3 - 5 断开,SA3 - 7 断开,电动机 M3,M4 接通三相电源,同时电磁铁 YA3,YA4 获电(指示灯亮),使制动器放松,此时转子回路中串联着全部附加电阻,故电动机有较大的启动转矩、较小的启动电流,以最低速旋转,大车慢速向后运动。

扳动凸轮控制器 SA3 操作手柄向后位置 2,转子电阻控制触头 3R5,4R5 接通,电动机 M3,M4 转子回路中的附加电阻 3R,4R 各切除一段电阻,电动机转速略有升高。当手柄置于位置 3 时,控制触头 $3R_4$,$4R_4$ 接通,转子回路中的附加电阻又被切除一段,电动机转速进一步升高。这样凸轮控制器 SA3 手柄从位置 2 循序转到位置 5 的过程中,控制触头依次闭合,转子电阻逐段切除,电动机转速逐渐升高,当电动机转子电阻全部切除时,转速达到最高速。

当凸轮控制器 SA3 操作手柄扳至向前时,通过主触头将电动机电源换相,主触头 $V_2$ - 3M3,4M1 接通,$W_2$ - 3M1,4M3 接通,电动机反方向旋转。另外正反转连锁触头 SA3 - 5 接通,SA3 - 6 断开,SA3 - 7 断开,其他工作过程与向后完全一样。

由于断电或操作手柄扳至零位,电动机电源断电,电磁铁线圈断电,制动器将电动机制动。小车和副钩的控制过程与大车相同。

(3)主令控制器的控制

主钩运行有升降两个方向,主钩上升控制与凸轮控制器的工作过程基本相似。区别在于它是通过接触器来控制的。

主钩下降时与凸轮控制器的动作过程有较明显的差异。主钩下降有六挡位置。"J""1""2"挡为制动下降位置,防止在吊有重载下降时速度过快,电动机处于反接制动运行状态。"3""4""5"挡为强力下降位置,主要用于轻负载时快速强力下降。主令控制器在下降位置时,六个挡次的工作情况如下:

合上开关 QS1(1 区)、QS2(9 区)、QS3(13 区)接通主电路和控制电路电源,主令控制器手柄置于零位,触头 S1(13 区)处于闭合状态,电压继电器 kV(13 区)线圈获电动作,其常开触头 kV(14 区)闭合自锁,为主钩电动机 M5 启动控制做好准备。

①手柄扳到制动下降位置"J"挡。

主令控制器 SA4 常闭触头 S1 断开,常开触头 S3,S6,S7,S8 闭合,接触器 KM2 线圈获电吸合,常开主触头 KM2 闭合,电动机 M5 定子绕组通入三相正相序电压,电动机 M5 产生的电磁转矩为提升方向。另外,常开辅助触头 KM2 闭合自锁,常闭辅助触头 KM2 断开连锁,常开辅助触头 KM2 闭合,为制动 KM3 线圈获电做好准备;接触器 KM4,KM5 线圈获电吸合,常开触头 KM4,KM5 闭合,转子电阻 5R6,5R5 被切被,转子回路中还接入四段电阻。此时,尽管电动机 M5 已接通电源,但由于主令控制器的常开触头 S4 未闭合,接触器 KM3 线圈不能获得,故制动电磁铁 YA5,YA6 线圈也不能获电,制动器未释放,电动机 M5 仍处于抱闸制动状态,迫使电动机 M5 不能启动旋转。

这种操作常用于主钩上吊有很重的货物或工件,停留在空中或在空间移动时,因负载很重,防止抱闸制动失灵或打滑,所以使电动机产生一个向上的提升力,协助抱闸制动克服重负载所产生的下降力,以减轻抱闸制动的负担,保证运行安全。

②手柄扳到制动下降位置"1"挡。

当主令控制器手柄扳至"1"挡时,除"J"挡时的 S3,S6,S7 仍闭合,接触器 KM2,KM4 线圈仍获得吸合外,另有常开触头 S4 闭合,接触器 KM3 线圈获电吸合,常开主触头 KM3 闭合,电磁铁 YA5,YA6 线圈获电动作,电磁抱闸制动放松,电动机 M5 得以旋转。常开触头 KM3 闭合自锁,并与常开辅助触头 KM1,KM2 并联,主要保证电动机 M5 正反转切换过程中电磁铁 YA5,YA6 有电,处于非制动状态,这样就不会产生机械冲击。

由于触头 S8 的分断,接触器 KM5 线圈断电释放,此时仅切除一段转子电阻 5R6,使电动机 M5 产生的提升方向的电磁转矩减小。若此时负载足够大,则在负载重力下电动机作反向(下降方向)旋转,电磁转矩成为反接制动力矩迫使重负载低速下降。

③手柄扳到制动下降位置"2"挡。

此时主令控制器触头 S3,S4,S6 仍闭合,触头 S7 分断,接触器 KM4 线圈断电释放,附加电阻全部接入转子回路,是电动机向提升方向的电磁转矩又减少,重负载下降速度比"1"挡时加快。这样,操作者可根据重负载情况及下降速度要求,适当选择"1"挡或"2"挡作为重负载合适的下降速度。

④手柄扳到强力下降位置"3"挡。

此挡主令控制器触头 S3 分断 S2 闭合,因为"3"挡为强力下降,故上升限位开关 SQa 失去保护作用,控制电源通路改由触头 S2 控制。触头 S6 分断,上升接触器 KM2 线圈断电释放。触头 S4,S5,S7,S8 闭合,接触器 KM1 线圈获电吸合,电动机电源相序切换反向旋转(向下降方向),常开辅助 KM1 闭合自锁,常闭辅助触头 KM1 断开连锁。同时接触器 KM4,KM5 线圈获电吸合,转子附加电阻 5R6,5R5 被切除,这时轻负载便在电动机下降转矩作用下强制下落,又称强力下降。

⑤手柄扳到强力下降位置"4"挡。

主令控制器的触头 S2,S4,S5,S7,S8,S9 闭合,接触器 KM6 线圈获电吸合,转子附加电阻 5R4 被切除,电动机转速进一步增加,轻负载下降速度变快。另外,常开辅助触头 KM6 闭合,为接触器 KM7 获电做准备。

⑥手柄扳到强力下降位置"5"挡。

此挡主令控制器触头 S2~S12 全闭合,接触器 KM7~KM9 线圈依次获电吸合,转子附加电阻 5R3、5R2、5R1 依次逐级切除,这样可以防止过大的冲击电流,同时使电动机旋转速度逐渐增加,待转子附加电阻全部被切除后,电动机以最高转速运行,负载下降速度也最快。此挡若负载重力作用较大使实际下降速度超过电动机同步转速时,由电动机运行特性可知,电磁转矩由驱动转矩变为制动转矩,即发电制动,能起到一定的制动下降作用,保证下降速度不致太高。

桥式起重机在实际运行中,操作人员要根据具体情况选择不同的运行位置和挡位。比如主令控制器手柄在强力下降位置"5"挡时,因负载重力作用太大使下降速度过快,虽有发电制动控制高速下降仍很危险。此时,就需要把主令控制器手柄扳回到制动下降位置"2"或"1"挡,进行反接制动控制下降速度。为了避免在转换过程中可能发生过高的下降速度,在接触器 KM9 电路中常用辅助常开触头 KM9 自锁。同时,为了不影响提升的调速,在该支路中再串联一个常开辅助常开触头 KM1。这样可以保证主令控制器手柄由强力下降位置向制动下降位置转换时,接触器 KM9 线圈始终都有电,只有手柄扳至制动下降位置后,接触器 KM9 线圈才断电,在主令控制器 SA4 触头开合表中可以看到,强力下降位置"4"、"3"挡上有"0"的符号便是这个意思。表示当手柄由"5"挡向零位回转时,触头 S12 接通。否则,如果没有以上连锁装置,在手柄由强力下降位置向制动下降位置转换时,若操作人员不小心,误把手柄停在了"4"或"3"挡上,那么正在高速下降的负载速度不但不会得到控制,反而使下降速度更为增加,可能造成恶性事故。

另外,串接在接触器 KM2 支路中的常开触头 KM2 与常闭触头 KM9 并联,主要作用当接触器 KM1 线圈断电释放后,只有在接触器 KM9 线圈断电释放的情况下,接触器 KM2 线圈才允许获电并自锁,这就保证了只有在转子电路中保持一定的附加电阻前提下,才能进行反接制动,以防止反接制动时造成直接启动而产生过大的冲击电流。

2. 常见故障及其原因

15/3 t 桥式起重机常见故障有主钩电动机不能启动、副钩电动机不能启动、主接触器不能吸合等,读者可根据所学的知识,自行分析故障产生的原因。

# 七、机床电气控制电路图的绘制方法

任何一台比较复杂的电气设备、仪器仪表等的电气控制线路图都是它们的使用说明书中的一个重要内容,是必须由专人保管、不允许丢失的。维修人员也不允许任意私自对设备线路进行改动;已经合理改动的线路必须随时更改底图,使图、物相符,并将其蓝图及时下发给维修人员。一台新进的设备如果没有成套的电气图,应该拒绝验收。

但是,在实际工作中,常常会遇到这样一种情况,由于电气设备使用日久,原有机床的电气控制线路图已经丢失,这会给电器设备及电气控制线路的检修带来诸多不便。所以有必

要根据实物测绘机床的控制电路图,其方法大体可按以下几步进行:

1. 了解机床的基本结构及运动形式

了解机床的基本结构及运动形式,有哪些运动是属电气控制的,有哪些运动是机械传动的,哪些属液压传动的。液压传动时,电磁阀的动作情况如何。另外,电气控制中哪些需要连锁,限位,需要什么保护。

2. 熟悉各电器元件的作用及所处的安装位置

熟悉各电器元件(如开关、按钮、电磁阀、接触器、继电器、电动机等)的作用及所处的安装位置,顺便对各部分(包括配电箱)进行一下清理。

3. 启动机床

让机床的操作者启动机床,展示各运动部件的动作情况,了解哪些是正反转控制,哪些是顺序控制,哪台电动机需要制动控制等。

4. 根据动作情况绘制电气控制原理图

根据各部件的动作情况以及在电气控制箱中观察的各电器元件的动作情况,绘制电气控制原理图,绘制的步骤如下:

①先绘制主运动、辅助运动及进给运动的主电路的控制线路图;

②绘制主运动、辅助运动及进给运动的控制回路的线路图;

③将绘制的原理图按实物编号;

④将绘制好的电气原理图与实物进行对照、检查是否正确。

5. 对绘制好的电气控制草图进行分析

对绘制好的电气控制草图要进行分析,看其是否能满足机床的动作控制及各种保护控制的要求。对有疑问之处重做现场检查、核对,直至满足要求为止。

**技能训练**

# 技能训练一　车床电气维修

## 一、实训目的

1. 进一步熟悉 CA6140 型车床的电气原理
2. 进一步学习用万用表检查电气故障的方法
3. 会排除车床的一般电气故障

## 二、实训器材

| | |
|---|---|
| 1. 亚龙 YL - 120 型 CA6140 车床电路实训考核台 | 1 套 |
| 2. 万用表 | 1 只 |
| 3. 摇表 | 1 只 |
| 4. 电工工具 | 1 套 |
| 5. 钳形电流表 | 1 只 |

## 三、实训内容与步骤

1. 熟悉 CA6140 型车床的电气原理

**2.检查车床电路实训考核台**

检查电源接线是否牢靠、检查接地线是否接牢、检查绝缘是否符合要求。

**3.通电试车**

在老师允许情况下通电试车,仔细观察并记录故障现象。能够对照图纸分析,指出故障可能产生的原因和部位,通过检查,能够找出故障的正确部位。

**4.能够正确地排除故障**

附:常见故障

(1)主轴不能启动的故障排除;

(2)所有按钮不能启动的故障排除;

(3)刀架不能快速移动的故障排除。

**5.注意事项**

(1)在进行通电检查时必须熟悉电气原理图,并弄清有关电器元件的部位及其相互连接导线的走向;

(2)检察时要仔细核对导线标号,排除故障时防止接线或测量错误;

(3)要注意安全防护和监护,以免发生事故。

## 四、评分标准

评分标准见表8-8。

**表8-8 CA6140型车床的电气故障排除评分标准**

| 考核项目 | 考核内容及要求 | 评 分 标 准 | 配分 | 扣分 | 得分 |
|---|---|---|---|---|---|
| 故障原因分析 | 能根据具体的故障现象,按照原理图对故障原因进行分析,口述故障可能的范围 | 1.不能对故障原因进行分析,扣10分<br>2.不能口述故障可能范围,扣10分 | 20 | | |
| 检查、判断故障 | 1.检查故障方法得当,测试方法正确<br>2.正确找出故障点 | 1.测试方法不正确,扣10分<br>2.检查步骤不正确(杂乱、无条例),扣10分 | 30 | | |
| 故障排除 | 正确运用工具和仪表,找出故障点并正确排除故障 | 1.修理方法不正确,扣10分<br>2.每少排除一个故障点,扣20分<br>3.测试仪表、工具使用不正确,扣10分 | 50 | | |
| 其他 | 超时或操作有错误,从总分中扣除 | 1.排除故障中产生新的故障不能自行排除,每个扣10分;自行修复,每个扣5分<br>2.损坏设备,扣10~30分<br>3.考试时间为30 min。每超5 min,扣10分 | | | |
| 备注 | | 合计 | | | |
| | | 考评员<br>签字 | | | |
| | | | 年 月 日 | | |

# 技能训练二　磨床电气维修

## 一、实训目的

1. 进一步熟悉 M7120 型平面磨床的电气原理
2. 能根据故障现象，依据电气原理图，分析故障可能产生的原因和部位
3. 掌握磨床电气故障排除的一般方法

## 二、实训器材

| | |
|---|---|
| 1. 亚龙 YL – 123 型 M7120 平面磨床电路智能实训考核设备 | 1 套 |
| 2. 万用表 | 1 只 |
| 3. 摇表 | 1 只 |
| 4. 电工工具 | 1 套 |
| 5. 钳形电流表 | 1 只 |

## 三、实训内容与步骤

1. 熟悉 M7120 型平面磨床的电气原理
2. 检查平面磨床实训考核装置

检查电源接线是否牢靠、接地线是否接牢、绝缘是否符合要求、导线连接是否有松动等。

3. 通电试车

在老师允许情况下通电试车，仔细观察并记录故障现象。能够对照图纸分析，指出故障可能产生的原因和部位，通过检查，能够找出故障的正确部位。

4. 能够正确地排除故障

附：常见故障

(1) 砂轮升降电机上升或下降控制失灵；

(2) 工作台不能往返；

(3) KA 不动作，机床操作全部失灵；

(4) 电磁吸盘不能充磁。

5. 注意事项

(1) 在进行通电检查时必须熟悉电气原理图，并弄清有关电器元件的部位及其相互连接导线的走向；

(2) 检察时要仔细核对导线标号，排除故障时防止接线或测量错误；

(3) 要注意安全防护和监护，以免发生事故。

## 四、评分标准

评分标准见表 8 – 9。

**表 8 – 9　M7120 型磨床的电气故障排除评分标准**

| 考核项目 | 考核内容及要求 | 评 分 标 准 | 配分 | 扣分 | 得分 |
|---|---|---|---|---|---|
| 故障原因分析 | 能根据具体的故障现象,按照原理图对故障原因进行分析,口述故障可能的范围 | 1. 不能对故障原因进行分析,扣 10 分<br>2. 不能口述故障可能范围,扣 10 分 | 20 | | |
| 检 查、判断故障 | 1. 检查故障方法得当,测试方法正确<br>2. 正确找出故障点 | 1. 测试方法不正确,扣 10 分<br>2. 检查步骤不正确(杂乱、无条例),扣 10 分 | 30 | | |
| 故障排除 | 正确运用工具和仪表,找出故障点并正确排除故障 | 1. 修理方法不正确,扣 10 分<br>2. 每少排除一个故障点,扣 20 分<br>3. 测试仪表、工具使用不正确,扣 10 分 | 50 | | |
| 其他 | 超时或操作有错误,从总分中扣除 | 1. 排除故障中产生新的故障不能自行排除,每个扣 10 分;自行修复,每个扣 5 分<br>2. 损坏设备,扣 10 ~ 30 分<br>3. 考试时间为 30 min。每超 5 min,扣 10 分 | | | |
| 备注 | | 合计<br>考评员<br>签字<br>　　　　　　　　　年　　月　　日 | | | |

# 技能训练三　铣床电气维修

## 一、实训目的

1. 进一步熟悉 X62 型铣床的电气原理
2. 能根据故障现象,依据电气原理图,分析故障可能产生的原因和部位
3. 掌握铣床电气故障排除的一般方法

## 二、实训器材

1. 万用表　　　　　　　　　　　1 只
2. 摇表　　　　　　　　　　　　1 只
3. 电工工具　　　　　　　　　　1 套
4. 钳形电流表　　　　　　　　　1 只
5. X62 型铣床实训装置　　　　　1 套

## 三、实训内容与步骤

1. 熟悉 X62W 型铣床的电气原理

**2. 检查铣床实训考核装置**

检查电源接线是否牢靠、接地线是否接牢、绝缘是否符合要求、导线连接是否有松动等。

**3. 通电试车**

在老师允许情况下通电试车,仔细观察并记录故障现象。能够对照图纸分析,指出故障可能产生的原因和部位,通过检查,能够找出故障的正确部位。

**4. 能够正确地排除故障**

附:常见故障

(1)主轴电动机不能启动;

(2)主轴冲动失效;

(3)工作台不能快速进给。

**5. 注意事项**

(1)在进行通电检查时必须熟悉电气原理图,并弄清有关电器元件的部位及其相互连接导线的走向;

(2)检察时要仔细核对导线标号,排除故障时防止接线或测量错误;

(3)要注意安全防护和监护,以免发生事故。

### 四、评分标准

评分标准见表 8 – 10。

表 8 – 10　X62W 型铣床电气故障排除评分标准

| 考核项目 | 考核内容及要求 | 评 分 标 准 | 配分 | 扣分 | 得分 |
|---|---|---|---|---|---|
| 故障原因分析 | 能根据具体的故障现象,按照原理图对故障原因进行分析,口述故障可能的范围 | 1. 不能对故障原因进行分析,扣10分<br>2. 不能口述故障可能范围,扣10分 | 20 | | |
| 检查、判断故障 | 1. 检查故障方法得当,测试方法正确<br>2. 正确找出故障点 | 1. 测试方法不正确,扣10分<br>2. 检查步骤不正确(杂乱、无条例),扣10分 | 30 | | |
| 故障排除 | 正确运用工具和仪表,找出故障点并正确排除故障 | 1. 修理方法不正确,扣10分<br>2. 每少排除一个故障点,扣20分<br>3. 测试仪表、工具使用不正确,扣10分 | 50 | | |
| 其他 | 超时或操作有错误,从总分中扣除 | 1. 排除故障中产生新的故障不能自行排除,每个扣10分;自行修复,每个扣5分<br>2. 损坏设备,扣10~30分<br>3. 考试时间为30 min。每超5 min,扣10分 | | | |
| 备注 | | 合计 | | | |
| | | 考评员<br>签字 | | | |
| | | | 年　月　日 | | |

# 技能训练四　镗床电气维修

## 一、实训目的

1. 进一步熟悉 T68 型镗床的电气原理
2. 能根据故障现象,依据电气原理图,分析故障可能产生的原因和部位
3. 掌握镗床电气故障排除的一般方法

## 二、实训器材

1. 万用表　　　　　　　　　　1 只
2. 摇表　　　　　　　　　　　1 只
3. 电工工具　　　　　　　　　1 套
4. 钳形电流表　　　　　　　　1 只
5. T68 型镗床实训装置　　　　1 套

### 三、实训内容与步骤

1. 熟悉 T68 型镗床的电气原理

认真阅读 T68 型镗床的电气原理图,了解镗床的结构和运动方式。

认真观察镗床电气线路的配线方式和布线方式,观察控制箱元件排列与布线情况。

2. 检查镗床实训考核装置

检查电源接线是否牢靠、接地线是否接牢、绝缘是否符合要求、导线连接是否有松动等。

3. 通电试车

在老师允许情况下通电试车,仔细观察并记录故障现象。

4. 能够正确地排除故障

对照图纸,指出故障可能产生的原因和部位,通过检查,能够找出故障的正确部位。

附:常见故障

(1)主轴电动机 M1 高低速均不能启动;

(2)主轴电动机 M1 只有低速没有高速;

(3)快速移动电机 M2 正向或反向不能启动。

# 技能训练五　钻床电气维修

## 一、实训目的

1. 进一步熟悉 Z3040 型钻床的电气原理,熟悉钻床的工作过程
2. 学会钻床的电气维修技术

## 二、实训器材

1. 万用表　　　　　　　　　　　1 只
2. 摇表　　　　　　　　　　　　1 只
3. 电工工具　　　　　　　　　　1 套
4. 钳形电流表　　　　　　　　　1 只
5. Z3040 型钻床实训装置　　　　1 套

## 三、实训内容与步骤

1. 熟悉 Z3040 型镗床的电气原理

认真阅读 Z3040 型镗床的电气原理图,了解钻床的结构和运动方式。

认真观察钻床电气线路的配线方式和布线方式,观察控制箱元件排列与布线情况。

2. 检查 Z3040 型钻床实训考核装置

检查电源接线是否牢靠、接地线是否接牢、绝缘是否符合要求、导线连接是否有松动等。

3. 通电试车

在老师允许情况下通电试车,仔细观察并记录故障现象。

4. 能够正确地排除故障

对照图纸,指出故障可能产生的原因和部位,通过检查,能够找出故障的正确部位。

附:常见故障

(1)整个钻床不能动作;

(2)摇臂能上不能下;

(3)主轴电机不能启动,其他正常。

## 四、评分标准

评分标准见表 8 – 11。

表 8 – 11　Z3040 型钻床电气故障排除评分标准

| 考核项目 | 考核内容及要求 | 评 分 标 准 | 配分 | 扣分 | 得分 |
|---|---|---|---|---|---|
| 故障原因分析 | 能根据具体的故障现象,按照原理图对故障原因进行分析,口述故障可能的范围 | 1. 不能对故障原因进行分析,扣 10 分<br>2. 不能口述故障可能范围,扣 10 分 | 20 | | |
| 检查、判断故障 | 1. 检查故障方法得当,测试方法正确<br>2. 正确找出故障点 | 1. 测试方法不正确,扣 10 分<br>2. 检查步骤不正确(杂乱、无条例),扣 10 分 | 30 | | |
| 故障排除 | 正确运用工具和仪表,找出故障点并正确排除故障 | 1. 修理方法不正确,扣 10 分<br>2. 每少排除一个故障点,扣 20 分<br>3. 测试仪表、工具使用不正确,扣 10 分 | 50 | | |

**表 8 - 11**(续)

| 考核项目 | 考核内容及要求 | 评 分 标 准 | 配分 | 扣分 | 得分 |
|---|---|---|---|---|---|
| 其他 | 超时或操作有错误,从总分中扣除 | 1. 排除故障中产生新的故障不能自行排除,每个扣 10 分;自行修复,每个扣 5 分<br>2. 损坏设备,扣 10~30 分<br>3. 考试时间为 30 min。每超 5 min,扣 10 分 | | | |
| 备注 | | 合计 | | | |
| | | 考评员<br>签字<br>　　　　　　　　　年　月　日 | | | |

# 技能训练六　15/3 t 桥式起重机电气维修

## 一、实训目的

1. 理解 15/3 t 桥式起重机电气原理
2. 熟悉 15/3 t 桥式起重机运动方式
3. 学会 15/3 t 桥式起重机电气故障排除方法

## 二、实训器材

1. 万用表　　　　　　　　　1 只
2. 摇表　　　　　　　　　　1 只
3. 电工工具　　　　　　　　1 套
4. 钳形电流表　　　　　　　1 只
5. 15/3 t 桥式起重机实训装置　1 套

## 三、实训内容与步骤

1. 熟悉 15/3 t 桥式起重机电气原理

认真阅读 15/3 t 桥式起重机的电气原理图,了解桥式起重机运动方式。

认真观察桥式起重机电气线路的配线方式和布线方式,观察控制箱元件排列与布线情况。

2. 检查桥式起重机钻床实训考核装置

电源接线是否牢靠、接地线是否接牢、绝缘是否符合要求、导线连接是否有松动等。

3. 通电试车

在老师允许情况下通电试车,仔细观察并记录故障现象。

4. 能够正确地排除故障

对照图纸,指出故障可能产生的原因和部位,通过检查,能够找出故障的正确部位。

附:常见故障

(1)主接触器 KM 不能吸合;

(2)主钩控制部分失效;

(3)各个控制部分失效。

## 四、评分标准

评分标准见表 8 - 12。

**表 8 - 12　15/3 t 桥式起重机电气故障排除评分标准**

| 考核项目 | 考核内容及要求 | 评分标准 | 配分 | 扣分 | 得分 |
|---|---|---|---|---|---|
| 故障原因分析 | 能根据具体的故障现象,按照原理图对故障原因进行分析,口述故障可能的范围 | 1. 不能对故障原因进行分析,扣 10 分<br>2. 不能口述故障可能范围,扣 10 分 | 20 | | |
| 检查、判断故障 | 1. 检查故障方法得当,测试方法正确<br>2. 正确找出故障点 | 1. 测试方法不正确,扣 10 分<br>2. 检查步骤不正确(杂乱、无条例),扣 10 分 | 30 | | |
| 故障排除 | 正确运用工具和仪表,找出故障点并正确排除故障 | 1. 修理方法不正确,扣 10 分<br>2. 每少排除一个故障点,扣 20 分<br>3. 测试仪表、工具使用不正确,扣 10 分 | 50 | | |
| 其他 | 超时或操作有错误,从总分中扣除 | 1. 排除故障中产生新的故障不能自行排除,每个扣 10 分;自行修复,每个扣 5 分<br>2. 损坏设备,扣 10 ~ 30 分<br>3. 考试时间为 30 min。每超 5 min,扣 10 分 | | | |
| 备注 | | 合计 | | | |
| | | 考评员<br>签字 | | | |
| | | | 年　　月　　日 | | |

# 技能训练七　电动葫芦电气维修

## 一、实训目的

1. 熟悉电动葫芦的电气原理,熟悉电动葫芦的工作过程

2. 学会电动葫芦的电气维修技术

### 二、实训器材

| | |
|---|---|
| 1. 万用表 | 1 只 |
| 2. 摇表 | 1 只 |
| 3. 电工工具 | 1 套 |
| 4. 钳形电流表 | 1 只 |
| 5. 亚龙 YL-124 型电动葫芦实训装置 | 1 套 |

### 三、电动葫芦电气原理介绍

电动葫芦电源由电网经开关 QS、熔断器 FU 供给主电路和控制电路。

提升机构由电动机 M1 带动滚筒旋转,滚筒上卷的钢丝绳一端带有吊钩,用以吊住重物上升或下降。提升时按下 SB1,接触器 KM1 线圈得电,主触头闭合,M1 正转实现提升重物。同时 SB1 的常闭触头分断,KM2 不得电。为了在提升过程中保证安全,同时使提升的重物可靠而又准确地停止在空中,提升电动机上装有断电型电磁制动器 YB。

当按下 SB2 时,由于 SB1 的复位,KM1 线圈失电,主触头恢复原断状态,同时 KM2 线圈得电,常闭触头与 KM1 实现连锁;其主触头闭合,M1 反转,使重物下降。

同理,分别按下 SB3 和 SB4,通过 M2 的正反转,实现电动葫芦的前后移动。

由于在地面上操作,观察不到上端的情况,所以在提升机构上端和电动葫芦的前后移动两端都装有限位开关分别为 SQ1,SQ2,SQ3,当重物上升到最上端时,SQ1 被撞开,接触器 KM1 断电,自动切断电源。当电动葫芦向前或向后移到最下端时 SQ2 或 SQ3 被撞开,接触器 KM3 或 KM4 断电,自动切断电源从而现实限位保护。电动葫芦的提升、下降及前后运动均采用点动控制,保证操作者松开按钮时,电动葫芦能自动断电。为了防止电动机正反向同时通电,采用了接触器的电气与按钮复位式连锁。

附加有电动葫芦的左右移动。

### 四、实训内容与步骤

1. 熟悉电动葫芦电气原理

认真阅读亚龙 YL-124 型电动葫芦电气原理图,如图 8-14 所示,了解电动葫芦的运动方式。

认真观察亚龙 YL-124 型电动葫芦电气线路的配线方式和布线方式,观察控制箱元件排列与布线情况。

2. 检查对电动葫芦实训考核装置

电源接线是否牢靠、接地线是否接牢、绝缘是否符合要求、导线连接是否有松动等。

3. 通电试车

在老师允许情况下通电试车,仔细观察并记录故障现象。

4. 能够正确地排除故障

对照图纸,指出故障可能产生的原因和部位,通过检查,能够找出故障的正确部位。

附:常见故障

(1)吊钩下降及移动控制失效;

(2)制动电磁铁失效。

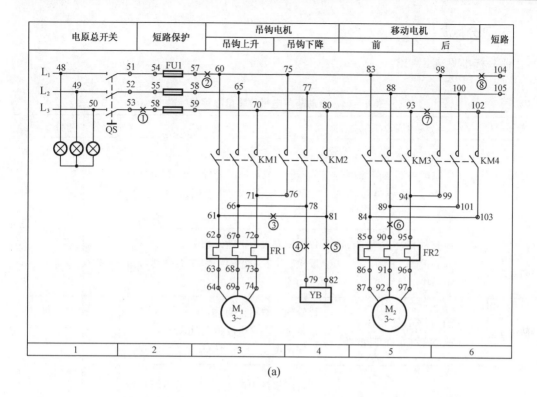

(a)

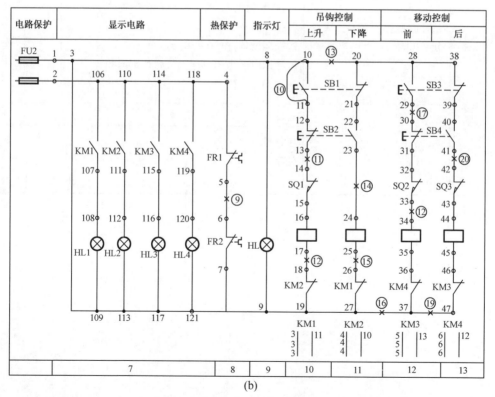

(b)

**图 8－14  电动葫芦电气原理图**

### 五、评分标准

评分标准见表 8 – 13。

**表 8 – 13　电动葫芦电气故障排除评分标准**

| 考核项目 | 考核内容及要求 | 评分标准 | 配分 | 扣分 | 得分 |
|---|---|---|---|---|---|
| 故障原因分析 | 能根据具体的故障现象,按照原理图对故障原因进行分析,口述故障可能的范围 | 1. 不能对故障原因进行分析,扣 10 分<br>2. 不能口述故障可能范围,扣 10 分 | 20 | | |
| 检查、判断故障 | 1. 检查故障方法得当,测试方法正确<br>2. 正确找出故障点 | 1. 测试方法不正确,扣 10 分<br>2. 检查步骤不正确(杂乱、无条例),扣 10 分 | 30 | | |
| 故障排除 | 正确运用工具和仪表,找出故障点并正确排除故障 | 1. 修理方法不正确,扣 10 分<br>2. 每少排除一个故障点,扣 20 分<br>3. 测试仪表、工具使用不正确,扣 10 分 | 50 | | |
| 其他 | 超时或操作有错误,从总分中扣除 | 1. 排除故障中产生新的故障不能自行排除,每个扣 10 分;自行修复,每个扣 5 分<br>2. 损坏设备,扣 10 ~ 30 分<br>3. 考试时间为 30 min。每超 5 min,扣 10 分 | | | |
| 备注 | | 合计 | | | |
| | | 考评员<br>签字<br>　　　　　　　　年　　月　　日 | | | |

# 项目九　晶体管电路知识

**教学目的**

1. 掌握常用电子元器件基本特性、检测方法。
2. 掌握典型模拟电子线路的工作原理。
3. 掌握数字电路的基本知识。
4. 掌握电子线路的安装调试方法。

**任务分析**

当今世界科学技术飞速发展,而科学技术的发展离不开电子技术的发展。因此掌握电子技术的基本知识,是跟上时代步伐的基础。

**晶体管电路的基本知识**

## 一、晶体二极管、三极管、硅稳压二极管的基本知识

1. 晶体二极管的基本知识

(1)基本结构、工作原理、伏安特性

①把一个 PN 结加上两根引线,再加上外壳密封,便构成了二极管。从 P 型半导体区引出的引线为二极管的"＋"极;从 N 型半导体区引出的引线为二极管的"－"极。按 PN 结的结构分为点接触型、面接触型二极管;按制造材料不同分为硅管及锗管。几种常见二极管的外形如图 9-1 所示。

②工作特点:具有单向导电性。

③伏安特性。由图 9-2 伏安特性曲线可以看出:

a. 在正向特性曲线部分,有一个二极管承受正向电压而未导通的部分,称为死区(硅管约为 0.5 V,锗管约为 0.2 V)。

b. 导通后二极管的压降(硅管约为 0.7 V,锗管约为 0.3 V)。

c. 二极管导通后,硅管的电流上升速率比锗管大。但两者的最大管压降一般不会超过1.5 V。

d. 反向电流很微小,硅管比锗管更小。

e. 反向电压大于一定值以后会产生击穿现象。

(2)二极管的主要参数

①最大正向电流。在规定的散热条件下,长期允许通过的最大正向电流。

②反向击穿电压。指二极管所能承受的最高反向电压。超过此值二极管将被击穿。

③最高反向工作电压。二极管允许承受的最高反向工作电压,它一般为反向击穿电压的1/2。

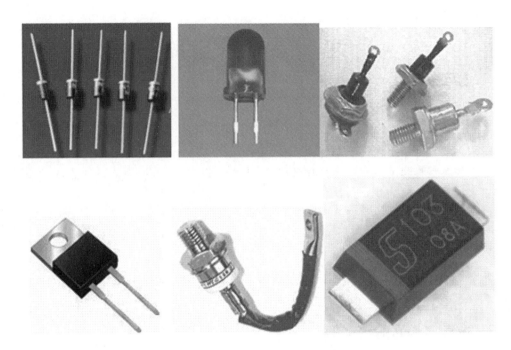

**图 9 - 1　几种常见二极管的外形**

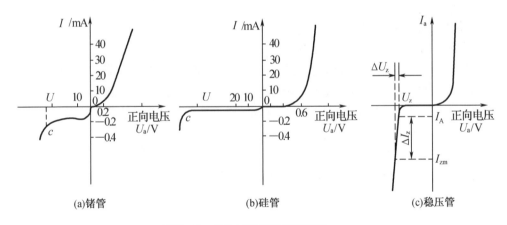

(a)锗管　　　　　　　　　(b)硅管　　　　　　　　　(c)稳压管

**图 9 - 2　晶体二极管的伏安特性**

(3)稳压二极管

稳压二极管也由一个 PN 结构成,外形与普通二极管相似,通常由硅材料制造。稳压二极管的伏安特性如图 9 - 2 所示。可见稳压二极管的正向伏安特性与硅二极管的特性相同。但稳压二极管的反向特性很特殊,在未击穿时,反向电流很小,反向击穿电压一般较低,但只要反向击穿电流未达到某一极限值,在反向电压消除后,稳压管仍然能恢复 PN 结的单向导电性,不会因反向击穿而损坏;另一方面,稳压管击穿区的特性曲线很陡峭,即电流变化量很大时,其两端电压的变化量却很小,基本维持在某一恒定值(称为稳定电压)。实现稳压作用就是利用此特性,也就是说,稳压管起稳压作用时,工作在反向击穿区。

稳压管的主要参数：

①稳定电压。在正常工作时,管子两端的反向电压 $U_z$。同一型号管子的 $U_z$ 有一定的差异,在手册中只给出该型号稳压管的稳压范围。

②最大稳定电流 $I_{zm}$。允许的最大工作电流。大于此电流时,稳压管将过热损坏。

③最大耗散功率。是指稳压管不致过热而损坏时所允许的最大耗散功率。其值等于稳定电压与最大稳定电流的乘积。

④动态电阻。在反向击穿工作区的电阻 $\Delta U_z / I_z$。动态电阻越小管子的稳压效果越好。

（4）二极管的简易判别

①好坏的判别。用万用表 $R \times 100$ 或 $R \times 1$ K 挡测量二极管的正反向电阻,如果正向电阻为几十到几百欧,反向电阻在 $200\ \mathrm{k\Omega}$ 以上,可以认为二极管是好的。

②极性的判断。用万用表测量出二极管的正向电阻较小时,黑表棒所接的为二极管的正极。

③半导体材料的判断。当测量二极管的正向电阻时,指针指示在刻度尺 3/4 左右,为锗管;指示在 2/3 左右,为硅管。如要准确判断,则测量它两端的正向压降:压降为 0.7 左右的为硅管;压降为 0.3 左右的为锗管。

2. 晶体三极管的基本知识

（1）三极管的基本结构

三极管的基本结构见图 9-3。它由三个区、两个 PN 结、三个极及外壳构成。从三极管具有电流放大作用看:基区很薄、发射区多数载流子的浓度比基区的多数载流子的浓度大得多、发射结面积比集电结面积小得多。图 9-4 是几种常见的三极管的外形。

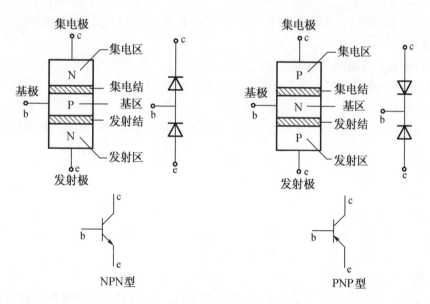

**图 9-3 三极管的结构示意图及其符号**

（2）三极管的工作状态

三极管有三个工作状态,即放大状态、饱和状态、截止状态,这三个工作状态在输出特性曲线中分别对应三个工作区域:放大区、饱和区、截止区。其工作条件是:

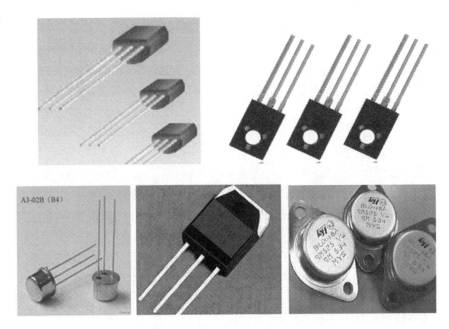

**图9-4 几种常见的三极管的外形**

①放大状态。发射结正向偏置,集电结反向偏置。此时基极电流的微小变化能引起集电极电流的很大变化。

②饱和状态。发射结正向偏置,集电结正向偏置。发射结正偏可形成发射极电流 $I_E$,而集电结正偏或零偏则失去了收集电子的能力,无论 $I_B$ 增大多少, $I_C$ 值都不再增大,这种状态称作饱和状态。

③截止状态。发射结反向偏置,集电结反向偏置。当发射结反偏或零偏时,发射区不再发射电子,三极管内部只有由电子形成的电流 $I_{CBO}$,通常认为 $I_B \approx 0$, $I_C \approx 0$。三极管的这种状态叫截止状态。

注意:在脉冲数字电路中,三极管工作于饱和区、截止区,并且应选择开关速度快的三极管。

(3)三极管的主要参数

①直流参数。

a. 共发射极直流放大倍数 $\beta$。 $\beta = I_c/I_b$。 $\beta$ 一般在 20～250 之间。即使同一型号的三极管,相互间 $\beta$ 的离散性很大,通常在管顶标有色标,以分成若干挡次,在产品手册中标明。 $\beta$ 较大的,三极管的稳定性较差。温度升高, $\beta$ 值将会增大。

b. 穿透电流 $I_{CEO}$。指当基极开路、 $U_{CE}$ 一定时,集电极－发射极之间的反向漏电流。温度升高时, $I_{CEO}$ 增大较多。越小的管子,温度稳定性越好,工作性能也越稳定。硅管的 $I_{CEO}$ 比锗管小数十倍,所以硅管的温度稳定性相对较好。

②交流参数。

a. 共发射极交流放大倍数 $\beta = \Delta I_c/\Delta I_b$。

b. 共基极交流放大倍数 $\alpha = \Delta I_c/\Delta I_e \approx 1$。

③极限参数。

a.集电极最大允许电流 $I_{cm}$。集电极电流达到 $I_{cm}$ 时，$\beta$ 约下降到正常状态的 2/3。

b.集电极－发射极击穿电压 $U_{CEO}$。基极开路时，加在集电极－发射极之间的最大允许电压。当 $U_{CE}$ 超过 $U_{CEO}$ 时，电压会突然上升，使三极管击穿而损坏。

c.集电极最大允许耗散功率 $P_{cm}$。集电极电流会使三极管温度上升，三极管因受热而引起的参数变化不超过允许值的功耗就是 $P_{cm}$。

温度升高，三极管的 $P_{cm}$ 将减小，所以选用三极管时，应留有足够的余量，散热片必须按规定安装，并应留有足够的散热空间。

(4)晶体三极管的简易测试

用万用表的 $R \times 100$ 或 $R \times 1$ k 挡对三极管进行简单测试。

①基极的判定。

以 NPN 型管子为例，假定某个引脚为基极。

a.用黑表棒接假定的基极，用红表棒接其余两个管脚，如果两次测量得到的电阻均比较小(视为正向电阻)。

b.再用红表棒接假定的基极，用黑表棒接其余两个管脚，如果两次测量得到的电阻均比较大(视为反向电阻)。

则上述假定正确，且电阻小的那一次，黑表棒接的这一脚是 NPN 型的基极 B。如果测量得到的结果不是上述情况，再假定另外一个脚为基极，重复上述过程，直至找到基极。

对于 PNP 型的管子，方法同样，只不过用红表棒接假定的基极，用黑表棒接其余两个管脚，如果两次测量得到的电阻均比较小(视为正向电阻)；再用黑表棒接假定的基极，用红表棒接其余两个管脚，如果两次测量得到的电阻均比较大(视为反向电阻)。电阻小的那一次，红表棒接的这一脚为 PNP 型的基极 B。

②集电极与发射极的判断

以 NPN 型管子为例：

a.在剩下的两个管脚中，假定一个脚为集电极 C，另外一个脚为发射极 E。用黑表棒接假定的集电极 C，红表棒接假定的发射极 E，观察指针偏转角度的大小(此时电阻应很大，因为三极管尚未导通)。

b.在大拇指、食指上沾一点水，捏住 B，C(黑表棒触碰的极)，但是不能使两管脚短路，视指针偏转角度的大小。

c.对调两表棒，再用两手指捏住 B、黑表棒(同样不能使两管脚短路)，视指针偏转角度的大小。

比较上述两次测量结果：则指针偏转角度大(即电阻小)的那一次，假定正确(即黑表棒接的是 NPN 型的集电极 C，红表棒接的是发射极 E)。

# 二、单管晶体管放大电路

低频放大电路是指对 $f = 200$ Hz ~ 200 kHz 的交流小信号放大电路，对电压放大电路要求是：

①有一定的电压放大倍数。

②频率响应好。

③失真小。

④工作可靠,噪声小。

根据输出信号与输入信号公共端的不同,单管晶体放大电路有三种接线方式:共发射极放大电路、共基极放大电路、共集电极放大电路,如图9-5所示。这三种放大电路的性能及用途见表9-1。本节主要讨论共发射极低频电压放大电路,如图9-6(a)所示。

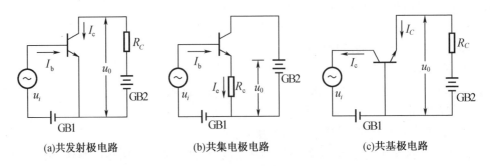

(a)共发射极电路　　　　　(b)共集电极电路　　　　　(c)共基极电路

**图9-5　单管晶体管放大电路的三种接线方式**

**表9-1　三种放大电路的性能比较**

| 名称 | 共发射极电路 | 共集电极电路 | 共基极电路 |
| --- | --- | --- | --- |
| 输入电阻 | 较小<br>(几百~几千欧) | 大<br>(几百千欧) | 最小<br>(几十欧) |
| 输出电阻 | 较大<br>(几十千欧~几百千欧) | 最小<br>(几十欧) | 最大<br>(几百千欧) |
| 电压放大倍数 | 大<br>(几十~几百倍) | 小<br>(小于1并接近于1) | 较大<br>(几百倍) |
| 电流放大倍数 | 大<br>(几十~一、二百) | 大<br>(几十~一、二百) | 小<br>(小于1并接近于1) |
| 频率特性 | 差 | 好 | 好 |
| 应用 | 多级放大器的中间级、<br>低频放大 | 输入级、输出级作<br>阻抗匹配用 | 高频或宽带放大、<br>振荡电路及恒流源电路 |

### 1.放大器的偏置电路

三极管是工作在放大状态还是工作在开关状态,其偏置情况起了决定性的作用。放大器偏置电路的主要目的是放大器在规定的输入信号作用下,确保三极管始终工作在放大区,使输出信号不至于产生截止和饱和失真。要达到上述目的,就必须正确地设置静态工作点。

所谓静态工作点即放大器在无信号输入时,晶体管各极的直流电压及电流值。如果没有特殊要求,通常将静态工作点设置在晶体管输出特性曲线的放大线性区的中间。如果输入信号很小,设置在中间偏低些。

(1)直流通路

就是放大电路的直流等效电路,即在静态时,放大器输入回路和输出回路的直流电流流过的路径,如图9-6(b)所示。在直流通路中,所有的电容器作断路处理,其余不变。常用来计算放大电路的静态工作点。

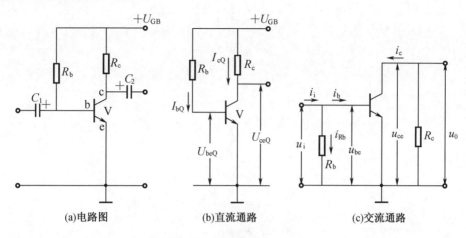

(a)电路图        (b)直流通路        (c)交流通路

**图9-6  共发射极放大电路**

（2）交流通路

就是放大器的交流等效电路,即动态时放大器的输入回路与输出回路的交流电流流过的路径。在交流通路中,把电容器和直流电源都简化成一直线,如图9-6(c)所示。通常用来计算放大器的放大倍数、输入电阻、输出电阻、交流电量(如 $i_b$，$i_c$，$u_0$ 等)。

（3）近似估算静态工作点

对图9-6(b)所示电路,可采用下式进行计算

$$I_{bQ} = \frac{U_{GB} - U_{beQ}}{R_b}$$

式中 $U_{beQ}$ 很小,(硅管0.7 V、锗管0.3 V),如果忽略不计,则上式可写成

$$I_{bQ} \approx \frac{U_{GB}}{R_b}$$

$$I_{cQ} \approx \beta I_{bQ}$$

由图中还可以知道

$$U_{ceQ} = U_{GB} - I_{cQ}R_C$$

对于图9-7所示的电路(称为分压式偏置电路)的近似估算应为

$$U_{bQ} \approx \frac{R_{b2}}{R_{b1} + R_{b2}} U_{GB}$$

$$U_{be} = U_{bQ} - U_{CQ}$$

$$I_{eQ} = \frac{U_{eQ}}{R_e} \approx \frac{U_{bQ}}{R_e} = \frac{R_{b2} U_{GB}}{(R_{b1} + R_{b2}) R_e}$$

$$I_{cQ} \approx I_{eQ} \qquad I_{bQ} \approx \frac{I_{CQ}}{\beta}$$

$$U_{ceQ} = U_{GB} - I_{cQ}R_C - I_{eQ}R_e$$

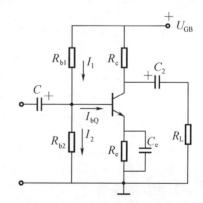

**图9-7  分压式偏置电路**

（4）放大器的输入电阻 $R_i$、输出电阻 $R_o$、放大倍数 $A_u$

从放大器的输入端输入交流时的交流等效电阻即为输入电阻。

①对于图 9 − 6(c)电路有

$$R_{\mathrm{i}} \approx r_{\mathrm{be}} = 300 + ( 1 + \beta ) \frac{26 \text{ mV}}{I_{\mathrm{e}} \text{ mA}}$$

$$R_{\mathrm{o}} \approx R_{\mathrm{C}}$$

$$A_{\mathrm{u}} = -\beta \frac{R'_{\mathrm{L}}}{r_{\mathrm{be}}}$$

式中

$$R'_{\mathrm{L}} = \frac{R_{\mathrm{C}} R_{\mathrm{L}}}{R_{\mathrm{C}} + R_{\mathrm{L}}}$$

②对于图 9 − 7 电路有

$$R_{\mathrm{i}} = \frac{R_{\mathrm{b}} r_{\mathrm{be}}}{R_{\mathrm{b}} + r_{\mathrm{be}}}$$

式中

$$R_{\mathrm{b}} = \frac{R_{\mathrm{b1}} R_{\mathrm{b2}}}{R_{\mathrm{b1}} + R_{\mathrm{b2}}}$$

$$R_{\mathrm{o}} \approx R_{\mathrm{C}}$$

$$A_{\mathrm{u}} = -\beta \frac{R'_{\mathrm{L}}}{r_{\mathrm{be}}}$$

式中

$$R'_{\mathrm{L}} = \frac{R_{\mathrm{C}} R_{\mathrm{L}}}{R_{\mathrm{C}} + R_{\mathrm{L}}}$$

**2. 阻容耦合放大电路**

(1)电路的组成

如图 9 − 8 所示,级间用电容器 $C_2$ 和基极电阻 $R_{\mathrm{b12}}$ , $R_{\mathrm{b22}}$ 连接。$C_2$ 叫作耦合电容。利用电容器的"隔直流、通交流"的特性,使前后级之间的交流信号可以进行传递,但静态工作点相互独立,互不影响,所以整个放大器的输入电阻等于第一级输入电阻。

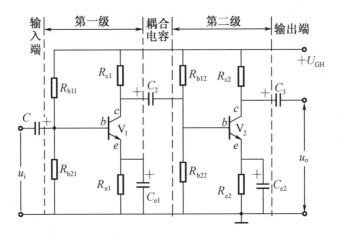

**图 9 − 8　阻容耦合放大电路**

(2)电路的特点

结构简单、体积小、成本低、设置和调整静态工作点较为方便。在放大交流信号的电路中应用较为广泛。耦合电容的容量对交流信号的传输有一定的影响。

(3)电路总放大倍数

整个电路的总电压放大倍数等于单级的电压放大倍数的乘积,即

$$A_u = A_{u1} \cdot A_{u2} \cdot A_{u3} \cdot A_{u4} \cdots A_{un}$$

3. 负反馈在放大电路中的应用

（1）反馈的概念

将放大器输出信号的一部分或者全部，经过一定的电路送回到放大器的输入端，与输入信号合成的过程称为反馈，被送回到输入端的信号称为反馈信号。

（2）反馈的分类

①正反馈。反馈信号起增强输入信号的作用，使放大器的放大能力上升的叫正反馈；

②负反馈。反馈信号起削弱输入信号的作用，使放大器的放大能力下降的叫负反馈；

③直流反馈。对直流量起反馈作用的叫直流反馈；

④交流反馈。对交流量起反馈作用的叫交流反馈；

⑤电压反馈。反馈信号与输出电压成正比的叫电压反馈；

⑥电流反馈。反馈信号与输出电流成正比的叫电流反馈；

⑦串联反馈。放大电路净输入信号由原输入信号和反馈信号串联而成的叫串联反馈；

⑧并联反馈。放大电路的净输入信号由原输入信号和反馈信号并联而成的叫并联反馈。

正反馈虽然可使放大倍数增加，但也将使失真和不稳定性增大，甚至使得放大电路无法工作，所以，一般在放大电路中，均极力避免正反馈的形成。而采用负反馈，具有下列优点：

a. 能使放大倍数的稳定性大为提高；

b. 能降低噪声，抑制输出波形的非线性失真程度；

c. 能使放大器的净输入、输出电阻增大或减小；

d. 能改善频率响应等。

所以，在放大电路中广泛采用负反馈放大电路。

（3）反馈类型的判断

①电压反馈与电流反馈的判断　　把放大器的输出端短路，如果反馈信号为零，则是电压反馈；如果反馈信号不为零，则为电流反馈。

②并联反馈与串联反馈的判断　　把放大器的输入端短路，如果反馈信号也被短路，使放大器输入信号为零，则为并联反馈；如果反馈信号仍然存在，则为串联反馈。

③正反馈与负反馈的判断　　通常采用"瞬时极性法"来进行判断。其原则如下：

a. 三极管基极与集电极瞬时极性相反、基极与发射极瞬时极性相同；

b. 电容、电阻等元件不改变瞬时极性关系。

这样，如果反馈到输入端基极的极性和原假设输入信号的极性一致，则为正反馈；相反，则为负反馈。图 9 - 9 所示是四种不同反馈形式的简单负反馈放大电路。

（4）负反馈对放大电路性能的影响

①会使电路的放大倍数降低。

②使电路的放大倍数的稳定性得到提高。

③使放大信号的非线性失真减小。

④串联负反馈使放大电路的输入电阻增大；并联负反馈使放大电路的输入电阻减小；电压负反馈使放大电路的输出电阻减小；电流负反馈使放大电路的输出电阻增大。具体的见表 9 - 2。

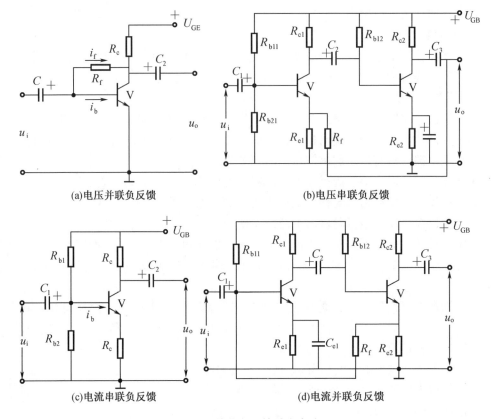

(a)电压并联负反馈　　　　　　　　(b)电压串联负反馈

(c)电流串联负反馈　　　　　　　　(d)电流并联负反馈

**图9-9　简单负反馈放大电路**

**表9-2　负反馈对输入、输出电阻的影响**

| 反 馈 类 型 | 输 入 电 阻 | 输 出 电 阻 |
|---|---|---|
| 电压并联负反馈 | 减 小 | 减 小 |
| 电压串联负反馈 | 增 大 | 减 小 |
| 电流并联负反馈 | 减 小 | 增 大 |
| 电流串联负反馈 | 增 大 | 增 大 |

4. 射极输出放大电路(射极输出器)

图9-10所示为射极输出放大电路。因为输出信号是从发射极和地之间取出来的,故称之为射极输出放大电路。

(1)射极输出器的主要特点

①电压放大倍数小于1,但接近于1。

②具有电流放大作用。

③输入电阻大,可达几十至几百千欧。

④输出电阻小,一般只有几十欧。

（2）射极输出器的主要应用

射极输出放大电路虽然不起电压放大作用，但仍然具有电流放大和功率放大作用，而且，它的输入电阻很大，可减小放大器向信号源取用的信号电流；它的输出电阻很小，在负载变化时能维持输出电压的稳定。因此，射极输出器的应用很广。

①作为多级放大电路的输入级。

②作为多级放大电路的输出级。

③作为多级放大电路的缓冲级（阻抗变换器）。

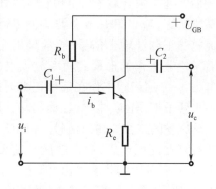

**图 9 - 10　射极输出放大电路**

在多级放大器中，若前级输出电阻较大，而后级输入电阻却较小，后级向前级取用电流过大，将导致前级的输出电压下降很多。若在这两级之间加入一级射极输出器，就协调了它们之间的阻抗不匹配状况，隔离了后级对前级的影响，起到了缓冲作用。

# 三、功率放大电路

功率放大电路是多级放大器的末级放大电路，其任务是向执行机构提供足够大的不失真信号功率。在功率放大电路中，晶体管的动态工作范围大，在不产生非线性失真、提高转换效率及确保晶体管安全运行的要求下，管子工作在接近极限参数状态，因此对管子的散热有较严格的要求。

下面简要介绍几种常用的功率放大电路。

1. 单管甲类功率放大电路

图 9 - 11 所示单管甲类功率放大电路。图中 $T_1$ 是输入变压器（起传输信号和阻抗变换作用），$T_2$ 是输出变压器（起传输功率和阻抗变换作用），通过 $T_1$ 和 $T_2$ 的阻抗变换作用，使输入回路与前级输出回路及输出回路与负载 $R_L$ 相匹配，以获得比较大的输出功率。为了获得尽可能大的动态不失真工作范围，静态工作点应设置在交流负载线的中心。在输入正弦波信号时，能同样输出具有正、负半波的正弦波信号。图中采用的是分压式直流电流负反馈偏置电路。

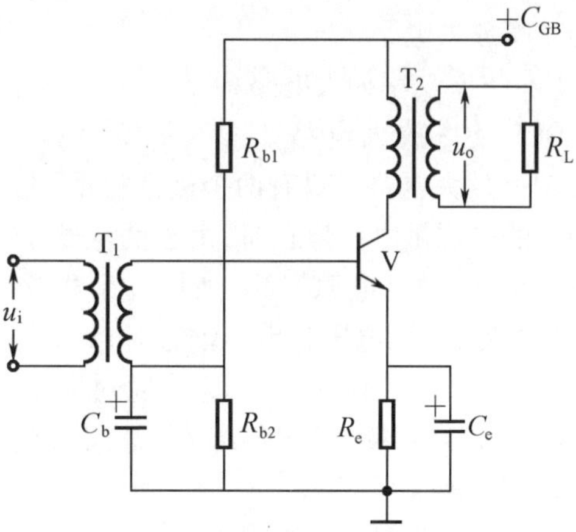

**图 9 - 11　单管甲类功率放大电路**

单管甲类功率放大电路只用一只三极管，线路简单，但效率比较低（实际效率只有 30% ～40%），静态管子损耗大。故只用在小功率放大电路或者作为大功率输出电路的推动放大级。

2. 乙类推挽功率放大电路

图 9 - 12 所示乙类推挽功率放大电路。$V_1$，$V_2$ 是两只同型号、性能相同的三极管，电路在形式上是完全对称的。把三极管的静态工作点设置在截止区处的功率放大器称为乙类功率放大器。显而易见，该电路的静态功耗可降至最小。在输入正弦波信号时，三极管在半个

周期内处于放大状态,另半个周期处于截止状态,输出只有半个波。为了得到完整的正弦波输出信号,通常采用两个管子轮流工作的推挽式功率放大电路,其中,一个三极管工作在信号正半周;另一个管子工作在负半周,在输出端合成,得到完整的正弦波输出信号。但由于三极管存在死区电压,输入电压必须大于死区电压,放大器才有输出,因此半个波在底部仍然存在失真(称为交越失真)。

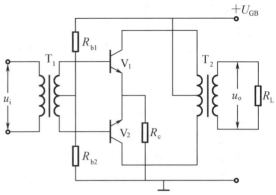

图 9-12　乙类推挽功率放大电路

乙类推挽功率放大电路效率比较高(实际可达60%左右),整体对称性好,偏置电路简单,工作点稳定且容易调整,与负载易于匹配、输出功率较大等,在较多的场合都采用推挽放大电路。但也存在 $T_1$,$T_2$ 制作要求高、电路易出现交越失真、体积大等缺点。

3. 无变压器功率放大电路

应用较多的有无输出电容的互补对称式功率放大电路(简称 OCL 电路)、无输出变压器的互补对称式功率放大电路(简称 OTL 电路),这两类放大电路是目前应用最广的功率放大电路。

(1) OCL 功率放大电路

OCL 功率放大电路如图 9-13 所示。OCL 功率放大电路需要有两个极性相反、大小相等的电源供电。静态时,由于两个管子的特性相同,供电电源对称,所以发射极接点电位为零,输出电压为零。动态时,$V_4$,$V_5$ 轮流导通,产生的两个半波电流通过负载 $R_L$ 的方向正好相反,因此负载 $R_L$ 得到的是完整的正弦波信号。

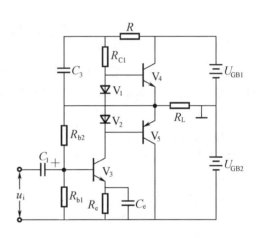

图 9-13　OCL 功率放大电路

该电路的低频特性好,频率响应快,负反馈深,失真小、工作稳定,便于集成化,在要求低频特性较高的场合经常采用。

(2) OTL 功率放大电路

OTL 功率放大电路如图 9-14 所示。图中 $V_4$,$V_5$ 是一对导电类型不同但特性配对的功放管,在工作时互为补偿,故又称之为互补对称 OTL 功率放大电路。$V_3$ 为推动

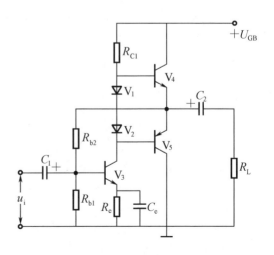

图 9-14　OTL 功率放大电路

级,调整 $V_3$ 的基极电流,可调整 $V_4$,$V_5$ 的工作电压,使之都处于乙类放大状态。$C_2$ 是输出电容,同时又充当一个电源来保证晶体管指出工作,其容量要足够大。

# 四、正弦波振荡电路

晶体管正弦波振荡电路是一种能量变换装置,把直流电变换为具有一定频率和振幅的正弦交流电,并且无须外加输入信号控制。常用的有 $LC$ 振荡器和 $RC$ 振荡器。

1. 正弦波振荡器的组成和自激振荡条件

（1）振荡器的组成

①放大部分　利用晶体管的放大作用,使电路有较大的输出电压。

②反馈部分　把输出信号反馈到输入端,让电路产生自激振荡。

③选频部分　使电路只对某种频率的信号满足自激振荡条件。

（2）自激振荡的条件

放大器的输入端不接入外加信号时,它的输出端可以出现一定频率和幅度的交流信号的现象叫自激振荡。电路能形成自激振荡的主要原因是在电路中引入了正反馈。但要使电路产生稳定的自激振荡,必须满足以下条件。

①相位条件　反馈电压必须与输入电压同相位（即电路必须有正反馈性质）。

②振幅条件　反馈电压的幅值必须等于或大于输入电压的幅值。

2. $RC$ 正弦波振荡器

图 9 - 15（a）所示是 $RC$ 移相式振荡器。在需要较低频率（几赫兹至几千赫兹）的振荡信号时,常采用 $RC$ 振荡器,其选频回路由 $R$,$C$ 元件组成。图中采用三级 $RC$ 移相作选频正反馈电路。对于该电路,如果取 $R_C = R$,则振荡频率为

$$f_0 = \frac{1}{2\pi RC \sqrt{6 + \dfrac{4r_{in}}{R}}}$$

式中,$r_{in}$ 为放大器输入电阻。通常,$r_{in} \ll R$,则可得 $f_0 \approx \dfrac{1}{2\pi\sqrt{6}RC}$。

3. $LC$ 正弦波振荡器

其选频回路由 $L$ 和 $C$ 元件组成,有变压器反馈式振荡器、电感三点式振荡器、电容三点式振荡器。

（1）变压器反馈式振荡器

图 9 - 15（b）是变压器反馈式振荡器。$LC$ 并联回路作选频电路,正反馈信号从 $L_f$ 取出。对于振荡频率信号,$LC$ 处于并联谐振状态,其振荡频率为

$$f_0 \approx \frac{1}{2\pi\sqrt{LC}}$$

注意:变压器的同名端不可接反。

（2）电感三点式振荡器

图 9 - 15（c）所示是电感三点式振荡器。$LC$ 选频回路中的 $L$ 有三个端点,正反馈信号从 $L_b$ 取出。其振荡频率为

$$f_0 = \frac{1}{2\pi C\sqrt{L_a + L_b + 2M}}$$

式中,$M$ 为 $L_a$,$L_b$ 之间的互感。

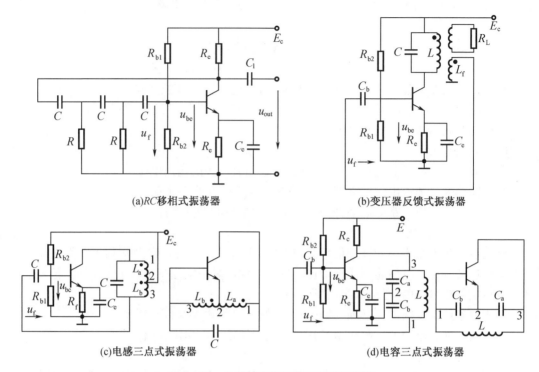

(a)$RC$移相式振荡器　　　　　　　　(b)变压器反馈式振荡器

(c)电感三点式振荡器　　　　　　　　(d)电容三点式振荡器

**图 9 – 15　几种基本类型的正弦波振荡器**

(3)电容三点式振荡器

图 9 – 15(d)所示是电容三点式振荡器。选频网络中的 $C$ 由 $C_a$,$C_b$ 组成,有三个端点,故得名电容三点式振荡器。正反馈信号从 $C_b$ 取出。

其振荡频率为

$$f_0 = \frac{1}{2\pi\sqrt{L\dfrac{C_a C_b}{C_a + C_b}}}$$

变压器反馈式振荡器是通过互感实现耦合和反馈,很容易实现阻抗匹配和达到起振要求,效率高,普遍采用。但频率稳定度不是很高,输出波形不够理想。电感三点式振荡器上采用 $L_a$,$L_b$ 紧耦合方式,容易起振,频率调整范围较宽。而电容三点式振荡器中 $C_a$,$C_b$ 的容量可以取得较小,使电路的振荡频率较高。

## 五、直接耦合放大电路

把前一级的输出端直接接到后一级的输入端,这种形式的放大电路称为直接耦合放大电路,如图 9 – 16 所示。该电路可以放大缓慢变化的信号或某个直流量的变化(简称直流信号)。应用时,必须要对电路存在的"前后级工作点影响"和"零点飘移"加以解决。

### 1. 前后级工作点影响的解决

提高后一级的发射极电位:用提高后一级的发射极电位的方法,以使前后级均具有合适的工作点,扩大了其动态范围。

如图 9 – 17(a)(b)所示,因图(b)采用稳压管,它利用其动态电阻很低的特点,使放大倍数不会明显下降,所以得以广泛应用。图(c),(d)电路是利用分压原理的电平配置方法。但图(d)增设了负压( – E)后可使 $R_2 \gg R_1$,既使电平配置合适,又减小了信号在 $R_1$ 上的损耗。

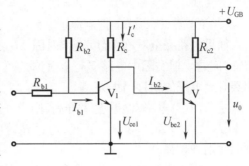

**图 9 – 16   直接耦合放大电路**

图(e)是利用 NPN 和 PNP 管子各极所加电压极性相反的特点使电平分配合适。

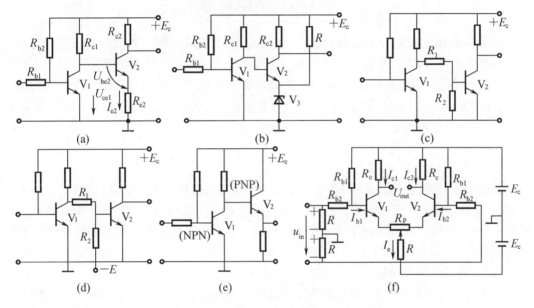

**图 9 – 17   常用电平配置方法及差动放大电路**

### 2. 零点飘移的解决

直接耦合放大电路存在的另一个重要问题是容易出现"零点飘移"。即输入信号为零时,输出信号偏离所对应的零位电压而出现无规则的缓慢变化,这个缓慢变化的电位经过直接耦合的放大器的逐级放大,在输出端就会有一个信号输出,这个现象称为零点飘移。产生"零点飘移"最主要的原因是温度对三极管参数的影响。克服零点飘移现象最有效的方法是采用差动放大电路,如图 9 – 17(f)所示。$V_1$,$V_2$ 组成两个电路参数完全对称的共发射极放大电路。

(1)对信号的放大原理

加入输入电压 $u_{in}$ 后,因 $R$ 的分流作用,$V_1$,$V_2$ 的输入信号分别为 $u_{in}/2$,— $u_{in}/2$(这种输入状态叫差动输入)→$I_{b1}\uparrow$,$I_{b2}\downarrow$→$I_{c1}\uparrow$,$I_{c2}\downarrow$。因为电路是对称的,所以 $I_e = I_{e1} + I_{e2}$ 不变,此时 $R_e$ 不起电流负反馈作用。由于 $I_{c1} = \beta I_{b1} = I_{c2} = \beta I_{b2}$;$U_{c1} = E_c + E_e - I_{c1}R_c$;$U_{c2} = E_c + E_e - I_{c2}R_c$,所以输出电压 $U_{out} = U_{c1} - U_{c2} = -(I_{c1}R_c - I_{c2}R_c)$,电压放大倍数为

$$A = U_{out}/u_{in} = -\beta R_c/(R_{b2} + r_{be})$$

(2)对"零点飘移"的抑制原理

如果电路完全对称,温度变化时因 $\Delta U_{c1} = \Delta U_{c2}$,故图(f)中不要 $R_e$, $R_P$ 也能解决"零点飘移"问题。但实际中电路要完全对称,特别是 $V_1$, $V_2$ 完全对称是不可能的,另外,管子输出端对地电压的飘移仍很大。

对于图(f)电路,设温度 $T$ 升高,则:T↑→ $I_{c1}$ ↑, $I_{c2}$ ↑→ $I_e$ ↑→ $U_{Re}$ ↑→ $U_{be1}$ ↓, $U_{be2}$ ↓→ $I_{b1}$ ↓, $I_{b2}$ ↓→ $I_{c1}$ ↓, $I_{c2}$ ↓……可见,通过 $R_e$ 的电流负反馈使 $V_1$, $V_2$ 的飘移得到抑制, $R_e$ 越大抑制作用则越强。

$E_e$ 用来弥补因 $R_e$ 使放大电路动态工作范围减小的部分。$R_P$ 可对 $u_{in} = 0$ 时输出电压 $U_{out}$ 的零位进行调节。

# 六、数字电路基础

信号若是随时间连续变化的称为模拟信号,工作于模拟信号下的电路叫模拟电路,如前所述的放大电路、振荡电路等。信号若是不连续变化的脉冲信号称为数字信号,工作于数字信号下的电路叫数字电路。在模拟电路中,晶体管工作在放大状态,主要研究信号的放大、变换、反馈等;在数字电路中,晶体管工作于开关状态,重点研究各基本单元的逻辑状态("0""1")及其逻辑关系。

1. 二极管、三极管的开关特性

(1)晶体二极管的开关特性

二极管加上正向电压(大于"死区"电压)后导通,呈现出低电阻状态,相当于开关的接通;加上反向电压(小于反向击穿电压)后截止,呈现出高电阻状态,相当于开关的断开。二极管由截止到导通所需要的时间极短,可以忽略。但由导通转为截止所需要的时间相对较长(纳秒级),不可忽略。

(2)三极管的开关特性

三极管作为开关应用时,常采用共发射极接法。当基极输入一定的正脉冲时,三极管进入饱和导通状态,相当于开关的接通;当基极输入为负脉冲时,三极管进入截止状态,相当于开关的断开。

当三极管在截止与饱和导通状态之间转换时,由于三极管内部电荷的建立与消散都需要一定的时间,使得集电极电流的变化滞后于基极电流的变化;同时输出电压的变化也比输入电压的变化有相应的滞后。在分析中频、高频开关电路时通常要考虑管子的恢复时间、开通时间、关断时间的影响。

2. 基本逻辑门电路

任何一个数字电路都可以由三种基本逻辑门电路按照所需要的逻辑关系组合而成。把输入量与输出量之间符合一定逻辑关系的电路叫门电路。在门电路中,若以"1"表示高电平,"0"表示低电平,称为正逻辑。

(1)基本逻辑门电路

"与"门、"或"门、"非"门电路是三种基本的门电路。它们的示例电路、逻辑符号、表达式及逻辑关系见图9-18。

①"与"逻辑。

逻辑关系是:当所有的输入端($A$,$B$,$C$)均为"1"时,输出端 $P$ 才为"1"。逻辑"与"的函数表达式为 $P = A \cdot B \cdot C$。

②"或"逻辑(图 9 - 19)。

逻辑关系是:只要有一个输入端为"1",输出端 $P$ 便为"1"。逻辑"或"的函数表达式为 $P = A + B + C$。

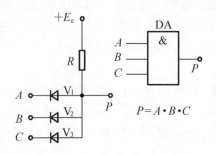

图 9 - 18　"与"逻辑及逻辑符号、逻辑关系

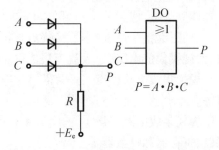

图 9 - 19　"或"逻辑及逻辑符号、逻辑关系

③"非"逻辑(图 9 - 20)。

逻辑关系是:输入端为"1",输出端为"0";反之,输入端为"0",输出端为"1"。这种门电路又叫反相器。$C_{ACC}$ 叫加速电容,目的是提高开关速度。逻辑"非"的函数表达式为 $P = \overline{A}$。

(2)复合逻辑门电路

在二极管"与"门、"或"门后再加上一级三极管"非"门,便构成了"与非"门和"或非"门电路,见图 9 - 21。

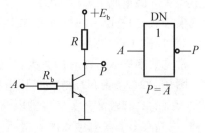

图 9 - 20　"非"逻辑及逻辑符号、
　　　　　　逻辑关系

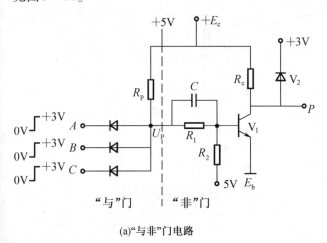

(a)"与非"门电路

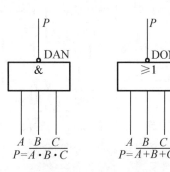

(b)"与非"门逻辑
符号及表达式

(c)"或非"门逻辑
符号及表达式

图 9 - 21　复合门电路

"与非"门电路的逻辑关系是:当所有的输入端均为"1"时,输出端才为"0"(有"0"出"1"、全"1"出"0")。图中 $V_2$ 及 +3 V 电源为的是保证将输出电平固定在 +3 V 左右,以免电平产生位移。逻辑函数表达式为 $P = AB$。

"或非"门的逻辑功能是:有"1"出"0"、全"0"出"1"。逻辑函数表达式为

$$P = \overline{A + B}$$

(3)集成逻辑门电路

集成门电路就是利用某种特殊工艺将门电路的晶体管、电阻、电容等及连接线集成在一块半导体基片上,成为一个不可分割的电路元件。它具有体积小、重量轻、技术指标先进、可靠性高、便于大批生产、成本低等优点。按照其集成度可分为:小规模集成电路、中规模集成电路、大规模集成电路、超大规模集成电路。

小规模集成电路(SSI):一片芯片上有 1~12 个门,或有 10~100 个元件。如门电路、触发器等。

中规模集成电路(MSI):一片芯片上有 13~99 个门,或有 $10^2$~$10^3$ 个元件。如编码器、译码器、寄存器和计数器等。

大规模集成电路(LSI):一片芯片上有 $10^2$~$10^4$ 个门,或有 $10^3$~$10^5$ 个元件。如存储器、大规模移位寄存器等。

超大规模集成电路(VLSI):一片芯片上有大于 $10^4$ 个门,或有大于 $10^5$ 个元件。当前超大规模集成电路,已可在一片芯片上集成 $10^8$ 数量级个元件,而且这种趋势还在迅速地发展着,如单片机、CPU 芯片等。

常见数字集成电路有两大类:TTL(晶体管 – 晶体管)集成电路和 MOS 集成电路。

图 9 – 22(a)是 TTL 与"非门"电路图。它是在二极管 – 三极管逻辑电路(DTL)基础上发展起来的具有较高开关速度的电路。$V_1$ 是多发射极晶体管,它的机构形式与一般三极管一样,只是有多个各自独立的发射极。在图中,它相当于"与"门的三个二极管。其工作原理是:

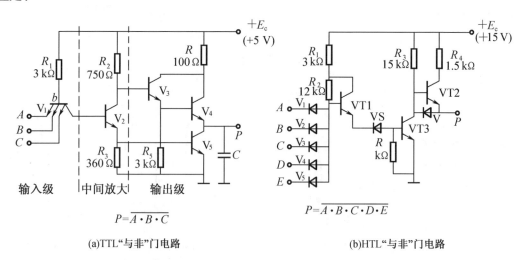

(a)TTL"与非"门电路　　　　　　　　(b)HTL"与非"门电路

**图 9 – 22　集成门电路**

①输入端($A,B,C$)不全为"1"(即至少有一个为低电平 0.3 V)时:$V_1$ 的基极与发射极

间处于正偏,这时 $V_1$ 基极电位为 $0.35\ V+0.7\ V\approx1\ V$,使 $V_2$、$V_5$ 截止,$V_3$、$V_4$ 导通,输出为高电平"1"(约为 $3.5\ V$)。此时,电路处于射极输出状态,输出电阻很低。接上负载后,电流经 $R_4$、$V_4$ 流向负载,称之为拉电流。$R_4$ 为 $V_4$ 的限流保护电阻,防止输出短路或过载时烧毁 $V_4$ 管。

②当输入端全为高电平( $3.5\ V$ 左右)时:$V_1$ 截止,$V_2$、$V_5$ 饱和导通,$V_4$ 截止,输出端 $P$ 为"0"。接上负载后,$V_5$ 的集电极电流全部由外接负载灌入,称之为灌电流。

在工业自动控制系统中,因现场干扰信号又多又强,要求电路有高的抗干扰能力,但对电路的转换速度要求不高。这时采用 HTL 逻辑门电路能获得比较满意的效果。图 9 - 22 (b)是 HTL"与非"门电路。它与 DTL 电路的主要区别在于用稳压管 VS 代替 DTL 电路中的"转移电平二极管";电源电压从 5 V 提高到 15 V,使高电平输出时为 11.5 V;低电平输出时为 1.5 V。图中 VT2 用以提高高电平输出时"拉电流"能力。$V_6$ 为"灌电流"提供通路。

TTL 集成电路的优点是:工作速度快、参数稳定、工作可靠。适宜制作中、小规模高速和超高速逻辑集成电路,其电源电压一般为 5 V。

MOS 集成电路的优点是:功耗低、抗干扰能力强、集成度高、成本低,特别适宜制作中大和超大规模集成电路,其中以 CMOS 集成电路应用最广,其电源电压一般为 3 ~ 18 V。

# 七、晶闸管及其基础知识

1. 晶闸管的结构、工作原理、主要参数、型号

晶闸管是在晶体管基础上发展起来的一种大功率半导体器件。它的出现使半导体器件由弱电领域扩展到强电领域。晶闸管也像半导体二极管那样具有单向导电性,但它的导通时间是可控的。晶闸管的特点是可以用弱信号控制强信号。从控制的观点看,它的功率放大倍数很大,用几十到一二百毫安电流、两到三伏的电压可以控制几十安、千余伏的工作电流电压,换句话说,它的功率放大倍数可以达到数十万倍以上。由于元件的功率增益可以做得很大,所以在许多晶体管放大器功率达不到的场合,它可以发挥作用。

应用领域:

◆整流(交流→直流)

◆逆变(直流→交流)

◆变频(交流→交流)

◆斩波(直流→直流)

(1)晶闸管的结构与符号

晶闸管的结构及外形见图 9 - 23。它是一种具有三个 PN 结、三个电极(阳极 A、阴极 K、门极 G)的四层半导体元件。从外形上分,晶闸管主要有螺栓型和平板型两种封装结构,均引出阳极 A、阴极 K 和门极(控制端)G 三个连接端。对于螺栓型封装,通常螺栓是其阳极,做成螺栓状是为了能与散热器紧密连接且安装方便。另一侧较粗的引线为阴极,细的引线为门极。功率大的晶闸管多采用平板型封装,平板型晶闸管可由两个散热器将其夹在中间,更利于散热,其两个平面分别是阳极和阴极,由中间金属环引出的细长端子为门极,靠门极引线金属环较近的平面是阴极。

(2)晶闸管的导通、关断条件

晶闸管的工作原理示意图见图 9 - 24,晶闸管的导通条件是:阳极 - 阴极之间加上正向

电压、门极－阴极之间加上适当的触发电压。

晶闸管的关断条件是：流过晶闸管的阳极电流小于维持电流或突加反向电压。

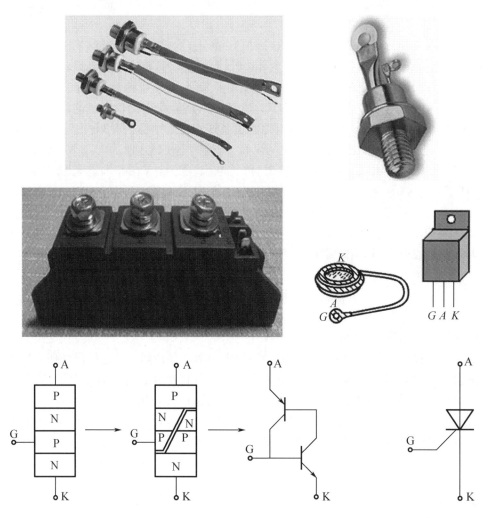

图9－23　晶闸管的外形、结构和电气图形符号

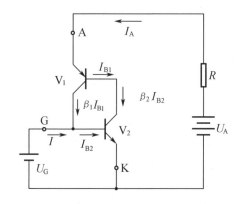

图9－24　晶闸管工作原理示意图

归纳如表9-3所示。

表9-3 晶闸管导通和关断条件

| 状 态 | 条 件 | 说 明 |
|---|---|---|
| 从关断到导通 | 1. 阳极电位高于阴极电位<br>2. 控制极有足够的正向电压和电流 | 两者缺一不可 |
| 维持导通 | 1. 阳极电位高于阴极电位<br>2. 阳极电流大于维持电流 | 两者缺一不可 |
| 从导通到关断 | 1. 阳极电位低于阴极电位<br>2. 阳极电流小于维持电流 | 任一条件即可 |

2. 晶闸管的特点

(1)晶闸管具有反向阻断能力。其正向导通受门极控制。

(2)晶闸管一旦导通,门极即失去作用。要重新关断晶闸管,必须让阳极电流减小到低于其维持电流。

3. 晶闸管的主要参数

(1)额定正向平均电流 $I_F(A)$。在规定的环境温度($\leqslant 40$ ℃)、散热和晶闸管全导通条件下,阴极—阳极之间允许连续通过的工频正弦半波电流的平均值。

(2)正向阻断峰值电压 $U_{DRM}(V)$。在门极断开和正向阻断条件下,可重复加入晶闸管的正向峰值电压。规定为正向转折电压 $U_{BO}$ 减 100 V。

(3)反向峰值电压 $U_{RRM}(V)$。在门极断开条件下,可重复加在晶闸管上的反向峰值电压。规定为反向转折电压 $U_{RO}$ 减 100 V。

(4)门极触发电流 $I_G$。在阳极、阴极加上一定正向电压(6 V)的条件下,使之从截止转为导通所需要的最小门极直流电流。

(5)门极触发电压 $U_G$。在阳极、阴极加上一定正向电压(6 V)的条件下,使之从截止转为导通所需要的最小门极直流电压。

(6)维持电流 $I_H(mA)$。在规定的环境温度($\leqslant 40$ ℃)下,门极断开和管子导通的情况下要维持管子处于导通状态所必需的最小正向阳极电流。

4. 晶闸管的型号

晶闸管型号的含义见表9-4。

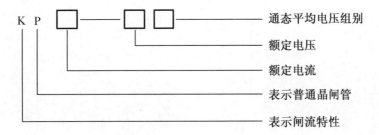

表9-4　晶闸管型号的含义

| 第一部分 主称 | | 第二部分 类别 | | 第三部分 额定通态电流 | | 第四部分 重复峰值电压级数 | |
|---|---|---|---|---|---|---|---|
| 字母 | 含义 | 字母 | 含义 | 数字 | 含义 | 数字 | 含义 |
| K | 晶闸管（可控硅） | P | 普通反向阻断型 | 1 | 1 A | 1 | 100 V |
| | | | | 5 | 5 A | 2 | 200 V |
| | | | | 10 | 10 A | 3 | 300 V |
| | | | | 20 | 20 A | 4 | 400 V |
| | | K | 快速反向阻断型 | 30 | 30 A | 5 | 500 V |
| | | | | 50 | 50 A | 6 | 600 V |
| | | | | 100 | 100 A | 7 | 700 V |
| | | | | 200 | 200 A | 8 | 800 V |
| | | S | 双向型 | 300 | 300 A | 9 | 900 V |
| | | | | 400 | 400 A | 10 | 1 000 V |
| | | | | 500 | 500 A | 12 | 1 200 V |

5. 晶闸管可控整流电路

(1)单相半波可控整流电路

图9-25为接电阻负载的单相半波可控整流电路及波形图。图中 $u_1$，$u_2$ 是整流变压器一次、二次电压，$R_L$ 是负载，$U_L$ 为整流输出电压平均值。门极加入触发电压 $U_G$ 使晶闸管开始导通的电角度称为控制角 $\alpha$，与晶闸管导通时间对应的电角度称为导通角 $\theta(\alpha + \theta = \pi)$。$\alpha$ 变化的范围称为移相范围。该电路的输出电压为

$$U_L = 0.45U_2(1 + \cos \alpha)/2 \quad (V)$$

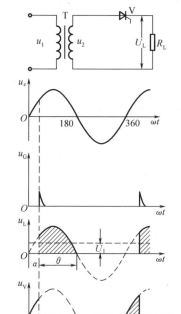

图9-25　单相半波可控整流电路及波形

（2）单相全波可控整流电路

图 9 – 26 单相全波可控整流电路。整流输出电压的平均值为

$$U_L = 0.9U_2(1 + \cos\alpha)/2 \quad (V)$$

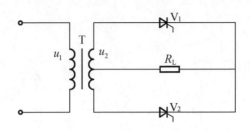

**图 9 – 26　单相全波可控整流电路**

（3）单相半控桥式整流电路

图 9 – 27 所示为单相半控桥式整流电路及波形图（$u_{AC}$ 为输入交流电压，$u_G$ 为晶闸管触发电压，$u_L$ 与之对应的直流输出电压）。从图中可以看见，触发电压必须与晶闸管阳极、阴极之间的电压同步，即第一个触发脉冲的时间零点与其管子的阳极、阴极电压的时间零点在同一瞬时，否则 $u_L$ 的波形无法对称，也就无法实现 $U_L$ 的可控调节。

对于图 9 – 27（a）电路，如果负载为实际中常可遇到的大电感负载，则此时如果不采取措施将容易产生"失控现象"，即在突然把导通角减小到零或切断触发电路时，有可能出现一个晶闸管直通（始终全流通），另一个晶闸管始终截止，而两个二极管轮流导通半周的无法控制现象。产生的原因是电流突然减小时 $e_L$ 过大。解决的措施是在负载两端反向并联一个续流二极管，为磁场能量释放所形成的电流提供通路，以使管子无法产生直通现象。加续流二极管的电路图及其对应的各电流的波形如图 9 – 27（b）所示。因为 $L$ 很大、$R$ 很小，所以负载电流 $i_L$ 几乎是条直线。

图 9 – 27（c）是可不接续流二极管的整流电路。利用 $V_1$，$V_4$ 兼作加续流二极管，但脉冲变压器必须有两个独立的二次绕组。图 9 – 27（d）是用一个晶闸管的整流电路。它适合于电阻负载，对大电感负载应加续流二极管。

单相半控桥式整流电路的整流输出电压为

$$U_L = 0.9U_2(1 + \cos\alpha)/2 \quad (V)$$

每只晶闸管承受的最大峰值电压为 $\sqrt{2}\,U_2$。

（4）三相半波可控整流电路

三相半波可控整流电路图及波形分析如图 9 – 28 中的（a），（b）所示，在分析三相整流电路时，把 $a$，$b$，$c$ 点叫自然换相点，它们分别为各相触发脉冲控制角 $\alpha$ 的 $0°$ 点。要使触发脉冲与三相可控整流主电路同步，必须分别以 $a$，$b$，$c$ 点为各相第一个触发脉冲角度计量的起始点，同时各相的 $\alpha$ 角相等。很明显，各相脉冲是按照相序排列，重复出现互有 $120°$ 的相位差。

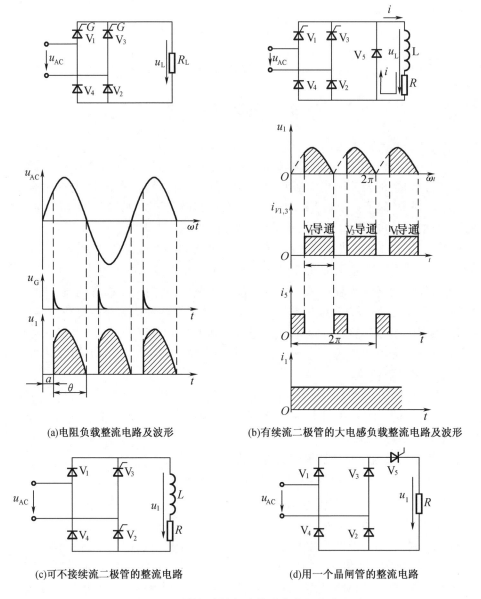

(a)电阻负载整流电路及波形　　　　　(b)有续流二极管的大电感负载整流电路及波形

(c)可不接续流二极管的整流电路　　　　(d)用一个晶闸管的整流电路

**图 9 - 27　单相半控桥式整流电路及波形图**

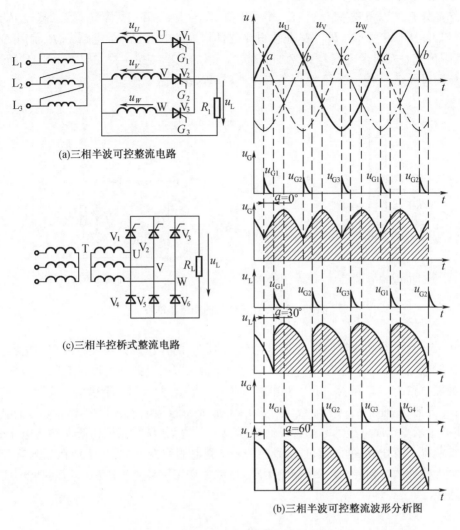

(a)三相半波可控整流电路

(c)三相半控桥式整流电路

(b)三相半波可控整流波形分析图

**图 9 - 28    三相可控整流电路及波形**

每只晶闸管承受的最大峰值电压为 $\sqrt{2}\times\sqrt{3}\,U_2$，每只晶闸管流过的平均电流是负载电流 $1/3$。

6. 晶闸管触发电路

晶闸管阳极加正向电压、门极加适当的正向触发电压时就会导通。提供触发电压的电路称为触发电路。

（1）对触发电路的要求

①触发电压必须与晶闸管阳极电压同步；

②触发电压应满足主电路移相范围的要求；

③触发脉冲电压的前沿要陡，宽度要满足一定的要求；

④具有一定的抗干扰能力；

⑤触发信号应有足够大的电压和功率。

（2）触发脉冲的输出电路

一般有两种，即直接输出和由脉冲变压器输出。

（3）单结晶体管触发电路

单结晶体管又称为双基极管，有三个引出脚：发射极 $E$、第一基极 $B_1$、第二基极 $B_2$，其结构和符号如图 9-29 所示。$R_{B1}$，$R_{B2}$ 是由硅半导体形成的电阻。等效电路中，$R_{B1}$ 用可变电阻表示，其阻值随着发射极电流 $I_E$ 的增加而减少。当加在单结晶体管发射极上电压 $UE$ 高于峰点电压时，PN 结导通。当 $U_E$ 低于谷点电压时，PN 结截止。

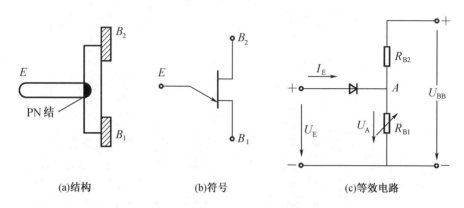

(a)结构　　　　　　　(b)符号　　　　　　　(c)等效电路

**图 9-29　单结晶体管的构造和符号**

图 9-30 为单结晶体管触发电路，同步变压器 $T_s$ 的作用是让触发脉冲与主电路同步，并且向触发电路提供一个低电压 $u_2$，此电压经整流、稳压后得到一个稳定电压 $U_2$ 加在单结晶体管触发电路上。$u_2$ 经 $R_1$ 和 $R_P$ 对电容 $C$ 充电，当 $U_C$ 上升到大于单结晶体管 $V_6$ 的峰点电压时，$e_{b1}$ 导通，$C$ 通过 $E_{B1}$ 对 $R_{B1}$ 放电，在 $R_{B1}$ 上形成一脉冲电压加到主电路中两个晶闸管门极，使处于承受正向电压的晶闸管导通。电容 $C$ 放电后，$U_C$ 下降，到低于谷点电压时，单结晶体管截止。改变 $R_P$ 的阻值可以改变电容 $C$ 充电的快慢，即改变了加在晶闸管门极上第一个触发脉冲的时刻(改变了控制角大小)也就改变了可控整流输出电压的高低，实现了可控整流。

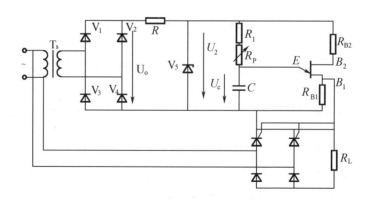

**图 9-30　单结晶体管触发电路**

（4）晶体管触发电路

对要求触发功率大，输出电压与控制电压线性好的晶闸管整流设备中，常采用晶体管触发电路，如图 9-31 所示。同步电源电压 $u_2$ 对 $C_1$ 充电，$C_1$ 对 $R_1$，$L$ 放电的结果是在 $C_1$ 两端

获得近似的锯齿波 $u_{c1}$。$U_k$ 为加在 $V_3$ 管输入回路中的直流控制电压。$u_{c1}$ 和 $U_k$ 叠加后加在 $V_3$ 基极和发射极之间,控制 $V_3$ 的截止和导通。

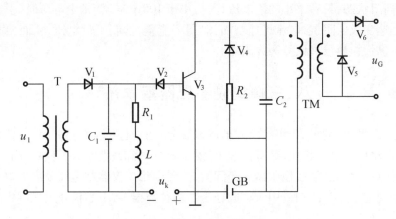

**图 9 – 31　同步电压为锯齿波的晶体管触发电路**

当 $V_3$ 由截止变为导通时,变压器 TM 二次侧便产生输出脉冲 $u_G$ 去触发晶闸管。改变控制电压 $U_k$ 的大小,就可以改变 $V_3$ 的截止与导通时刻,即进行了移相调整。

**7. 晶闸管的保护**

晶闸管的主要弱点是承受过电流和过电压的能力很差,即使短时间的过电流和过电压,也可能导致晶闸管的损坏,所以必须采取一定的保护措施。

(1)过电流保护

晶闸管出现过电流的主要原因是过载、短路和误触发。过电流保护有以下几种:

①快速熔断器。快速熔断器中的熔丝是银质的,只要选用适当,在同样的过电流倍数下,它可以在晶闸管损坏前先熔断,从而保护晶闸管。

②过电流继电器。当电流超过过电流继电器的整定值时,过电流继电器就动作,切断电路,从而保护了晶闸管。但由于过电流继电器动作需要一定的时间,所以此方法只适用于晶闸管的过载保护。

③过载截止保护。利用过电流的信号,将晶闸管的触发信号后移,或使晶闸管的导通角减小,或干脆停止触发,保护晶闸管。

(2)过电压保护

过电压可能导致晶闸管击穿,其主要原因是电路中电感元件的通断、熔断器熔断或者晶闸管在导通与截止之间的转换,对于过电压保护可采取两种措施。

①阻容保护。阻容保护是电阻与电容串联后接于晶闸管电路中的一种保护方式,其实质是利用电容器两端电压不能突变和电容器的电场储能以及电阻是耗能元件的特性,把过电压的能量变成电场能量储存于电场中,并利用电阻把这部分能量消耗掉。

②硒堆或压敏电阻等非线性元件组成吸收回路。上述阻容吸收回路的时间常数 $RC$ 是固定的,有时对时间短、峰值高、能量大的过电压来不及放电,抑制过电压的效果较差。因此,一般在变流装置的进出线端还并有硒堆或压敏电阻等非线性元件。硒堆的特点是其动作电压与温度有关,温度越低耐压越高;另外是硒堆具有自恢复特性,能多次使用,当过电压动作后硒基片上的灼伤孔被熔化的硒重新覆盖,又重新恢复其工作特性。压敏电阻是以氧

化锌为基体的金属氧化物非线性电阻,其结构为两个电极,电极之间填充的粒径为 10 ~ 50 μm 的不规则的 ZNO 微结晶,结晶粒间是厚约 1 μm 的氧化铋粒界层。这个粒界层在正常电压下呈高阻状态,只有很小的漏电流,其值小于 100 μA。当加上电压时,引起了电子雪崩,粒界层迅速变成低阻抗,电流迅速增加,泄漏了能量,抑制了过电压,从而使晶闸管得到保护。浪涌过后,粒界层又恢复为高阻态。

# 八、三端集成稳压器基本知识

集成稳压器是 20 世纪 70 年代以来迅速发展起来的模拟集成电路。它与传统的由分立元件组成的直流稳压电源相比,具有体积小、质量轻、价格低、性能好、可靠性高、安装使用方便等一系列优点。因此,集成稳压器一经问世,便受到相关仪器制造商及广大电子爱好者的欢迎,并且得到越来越广泛的应用。集成稳压器的种类很多,下面仅介绍三端集成稳压器及其应用。

1. 三端集成稳压器的分类

顾名思义,三端集成稳压器是指这种稳压用的集成电路只有三条引脚输出,分别是输入端、接地端和输出端。可分为三端固定正稳压器、三端固定负稳压器、三端可调正稳压器、三端可调负稳压器。

我国成功研制了国际通用的 7800、7900、LM317、LM337 等系列的三端集成稳压器。这些产品与国际通用的集成稳压器完全一样,可以直接互换。

(1)三端固定正稳压器

这是一种能输出正电压的稳压器,它内部具有过热保护、输出端电流短路保护、输出晶体管保护等。它的优点是结构简单、使用方便、价格低廉,当需要输出标准值以外的电压时,只需要外接几个电阻便能实现,只不过稳压精度会受到点影响。7805 集成稳压器内部电路图如图 9-32 所示,三端固定正稳压器常见型号与参数见表 9-5。

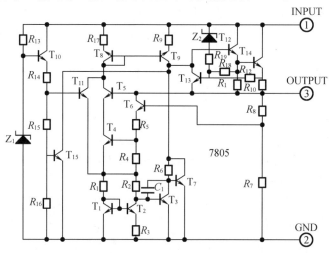

**图 9-32　7805 集成稳压器内部电路图**

表 9 – 5　三端固定正稳压器常见型号与参数

| 序号 | 系列 | 输出电流 | 输出电压/V |
|------|------|----------|------------|
| 1 | 78L00 | 100 mA | 5,6,8,9,12,15,18,24 |
| 2 | 78M00 | 500 mA | 5,6,8,9,12,15,18,24 |
| 3 | 7800 | 1.5 A | 5,6,8,9,12,15,18,24 |
| 4 | LM323 | 3 A | 5 |

通常前缀为生产厂家的代号,如 TA7805 是东芝的产品,AN7909 是松下的产品。

注意三端集成稳压电路的输入、输出和接地端绝不能接错,不然容易烧坏。一般地,三端集成稳压电路的最小输入、输出电压差约为 2 V,否则不能输出稳定的电压,通常使电压差保持在 4~5 V,即经变压器变压、二极管整流、电容器滤波后的电压应比稳压值高一些。

在实际应用中,应在三端集成稳压电路上安装足够大的散热器(当然小功率的条件下不用)。当稳压管温度过高时,稳压性能将变差,甚至损坏。

当制作中需要一个能输出 1.5 A 以上电流的稳压电源,通常采用几块三端稳压电路并联起来,使其最大输出电流为 N 个 1.5 A,但应用时须注意:并联使用的集成稳压电路应采用同一厂家、同一批号的产品,以保证参数的一致。另外在输出电流上留有一定的余量,以避免个别集成稳压电路失效时导致其他电路的连锁烧毁。

(2)三端固定负稳压器

这是一种能输出负电压的稳压器,其结构与 7800 系列相似,它内部也具有过热保护、输出端电流短路保护、输出晶体管保护等,称为 7900 系列三端固定负稳压器,常见型号与参数见表 9 – 6。

表 9 – 6　三端固定负稳压器常见型号与参数

| 序号 | 系列 | 输出电流 | 输出电压/V |
|------|------|----------|------------|
| 1 | 79L00 | 100 mA | – 5、– 6、– 8、– 9、– 12、– 15、– 18、– 24 |
| 2 | 79M00 | 500 mA | – 5、– 6、– 8、– 9、– 12、– 15、– 18、– 24 |
| 3 | 7900 | 1.5 A | – 5、– 6、– 8、– 9、– 12、– 15、– 18、– 24 |

(3)三端可调正稳压器

这一系列产品代表了第二代集成稳压器。它的特点是稳定度高,通常电压调整率达到 0.005% ,电流调整率达到 0.1% 。它的适应性非常强,一个集成稳压器只需要外接两个不同的电阻,就能得到不同的输出电压。因此,这类稳压器最适合做可调稳压电源。三端可调正稳压器常见型号与参数见表 9 – 7。

表9-7  三端可调正稳压器常见型号与参数

| 序号 | 系列 | 输出电流/A | 输出电压/V |
| --- | --- | --- | --- |
| 1 | LM317 | 1.5 | 1.2~37 |
| 2 | LM317HV | 1.5 | 1.2~57 |
| 3 | LM250,LM350 | 3.0 | 1.2~32 |
| 4 | LM328,LM338 | 5.0 | 1.2~32 |
| 5 | LM196 | 10.0 | 1.25~15 |

(4)三端可调负稳压器

这类产品的特点同三端可调正稳压器,但输出负电压。常与三端可调正稳压器一起,组成对称电源。三端可调负稳压器常见型号与参数见表9-8。

表9-8  三端可调负稳压器常见型号与参数

| 序号 | 系列 | 输出电流/A | 输出电压/V |
| --- | --- | --- | --- |
| 1 | LM337,LM137 | 1.5 | -1.2~-37 |
| 2 | LM337HV,LM137HV | 1.5 | -1.2~-47 |

2. 三端固定正稳压器的典型应用

(1)输出固定标称电压稳压器

三端固定正稳压器最简单、最典型的接法见图9-33。其中 $C_1$ 的作用一是改善纹波,二是抑制输入瞬态过电压,其容量一般为 $0.1~0.47~\mu F$。$C_2$ 的作用是改善负载的瞬态响应,其容量一般为 $0.1~0.3~\mu F$。安装时,$C_1$、$C_2$ 应该尽量靠近稳压器。一般地,输出端不需要再接大的电解电容器。

负向输出电压的,可用7900系列,需要注意的是,引脚不能接错。见图9-34。

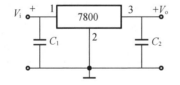

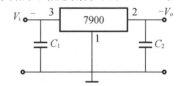

图9-33  三端固定正稳压器最简单、最典型的接法

图9-34  三端固定负稳压器最简单、最典型的接法

(2)提高输出电压

如果现有的三端固定稳压器的输出电压低于所需要的电压值,那么利用升压电路来提高其输出电压。

①用二极管来提升输出电压。图9-35(a)是利用二极管将稳压器的"地"电位升高,从而使得稳压器的输出电压升高。此方法适用于输出电压提升比较小的场合,可根据提升电压的大小来确定串联二极管的个数。当然,二极管的额定电流也要符合电路工作需要。

②用稳压二极管来提升输出电压。图9-35(b)是利用稳压二极管来提升输出电压的线路。此方法适用于输出电压提升比较大的场合,可根据提升电压的大小来确定稳压二极

管的稳压值。

③用电阻来提升输出电压。图9-35(c)是利用电阻来提升输出电压的线路。$R_1$ 两端的电压为稳压器的标称电压 $V_{xx}$，则稳压器的输出电压 $V_o = V_{xx}(1 + R_2/R_1)$。此方法的缺点是输出电压的稳定度要比上述两种差，特别是当 $R_2$ 的值比较大时。所以这种电路通常用于提升幅度比较小的场合。

对于7900系列稳压器，也可采用类似的方法来提升输出电压。

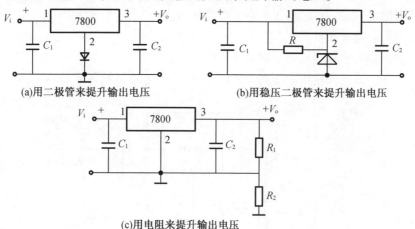

(a)用二极管来提升输出电压    (b)用稳压二极管来提升输出电压

(c)用电阻来提升输出电压

图9-35 提升输出电压

（3）扩展输出电流

7800系列集成稳压器，每块输出最大电流为1.5 A。当需要输出的电流大于1.5 A时，可以采用外接大功率三极管等方法来扩展输出电流，如图9-36所示。

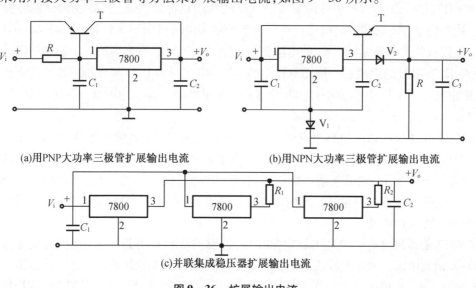

(a)用PNP大功率三极管扩展输出电流    (b)用NPN大功率三极管扩展输出电流

(c)并联集成稳压器扩展输出电流

图9-36 扩展输出电流

①使用PNP大功率三极管来扩展输出电流。

②使用NPN大功率三极管来扩展输出电流。

主要元器件的作用是：T为扩展输出电流，$V_1$ 为T提供偏置电压，$V_2$ 补偿三极管T的发射结的电压降,$R$ 为 $V_1$ 提供电流。

③并联型扩展输出电流。

上述两种加装大功率三极管的方法,虽然可以扩展输出电流,但其缺点是输出电压不够稳定。而如果采用将集成稳压器并联的方法,不但可以扩展输出电流,而且输出电压又比较稳定,是理想的扩展输出电流的方法。

(4)三端固定集成稳压器的使用注意事项

①严禁将输入、输出端接反,否则会损坏稳压器。

②稳压器的接地必须可靠。

③防止稳压器的输入端短路。如图 9 – 37 所示。

④输入电压应该比较输出电压高 2 V 以上,但输入电压不能高于 35 V。

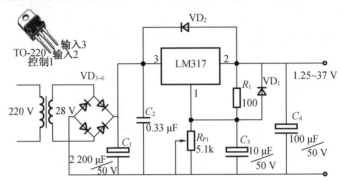

**图 9 – 37　三端可调集成稳压电路**

3. 三端可调集成稳压器的典型应用

LW317、LW337 系列三端可调集成稳压器的使用也非常方便,只要在输出端外接两个电阻,就能获得所需求的输出电压。稳压电源的输出电压可用下式计算,$V_o = 1.25(1 + R_{P1}/R_1)$。仅仅从公式本身看,$R_1$、$R_{P1}$ 的电阻值可以随意设定。然而作为稳压电源的输出电压计算公式,$R_1$ 和 $RP_1$ 的阻值是不能随意设定的。1,2 脚之间为 1.25 V 电压基准。为保证稳压器的输出性能,$R_1$ 应小于 240 Ω。改变 $R_{P1}$ 阻值即可调整稳压电压值。$VD_1$、$VD_2$ 用于保护 LM317。

LM317 稳压块的输出电压变化范围是 $V_o = 1.25 \sim 37$ V(高输出电压的 317 稳压块如 LM317HVA、LM317HVK 等,其输出电压变化范围是 $V_o = 1.25 \sim 45$ V),所以 $R_{P1}/R_1$ 的比值范围只能是 0~28.6。它的使用非常简单,仅需两个外接电阻来设置输出电压。此外它的线性调整率和负载调整率也比标准的固定稳压器好。LM117/LM317 内置有过载保护、安全区保护等多种保护电路。

LM317 稳压块都有一个最小稳定工作电流,有的资料称为最小输出电流,也有的资料称为最小泄放电流。最小稳定工作电流的值一般为 1.5 mA。由于 317 稳压块的生产厂家不同、型号不同,其最小稳定工作电流也不相同,但一般不大于 5 mA。当 317 稳压块的输出电流小于其最小稳定工作电流时,317 稳压块就不能正常工作。当 317 稳压块的输出电流大于其最小稳定工作电流时,317 稳压块就可以输出稳定的直流电压。如果用 317 稳压块制作稳压电源时(如图 9 – 37 所示),没有注意 317 稳压块的最小稳定工作电流,那么制作的稳压电源可能会出现下述不正常现象:稳压电源输出的有载电压和空载电压差别较大。

要解决 317 稳压块最小稳定工作电流的问题,可以通过设定 $R_1$ 和 $R_{P1}$ 阻值的大小,而使 317 稳压块空载时输出的电流大于或等于其最小稳定工作电流,从而保证 317 稳压块在空载时能够稳定地工作。此时,只要保证 $V_o/(R_1 + R_{P1}) \geqslant 1.5$ mA,就可以保证 317 稳压块在空载时能够稳定地工作。上式中的 1.5 mA 为 317 稳压块的最小稳定工作电流。当然,只要能保证 317 稳压块在空载时能够稳定地工作,$V_o/(R_1 + R_{P1})$ 的值也可以设定为大于 1.5 mA 的任意值。

输入至少要比输出高 2 V,否则不能调压。输入电压最高不能超过 40 V。输出电流不超过 1 A。输入 12 V 的话,输出最高就是 10 V 左右。由于它内部还是线性稳压,因此功耗比较大。当输入电压差比较大且输出电流也比较大时,注意 317 的功耗不要过大。一般加散热片后功耗也不超过 20 W。因此压差大时建议分挡调压。

$VD_1$ 的作用:当输出端短路时,$C_3$ 上的电压被 $D_1$ 释放了,从而达到反偏保护的目的(否则,$C_3$ 上的电压通过 LM317 与短路点形成回路,损坏 LM317)。

$VD_2$ 的作用:当输入端短路时,$C_2$ 上的电压被 $D_2$ 释放了,用于防止内部调整管反偏(否则,$C_2$ 上的电压通过 LM317 中的调整管反向放电,损坏 LM317)。

### 技能训练

# 技能训练一　常用电子元器件的测试

### 一、实训目的

1. 掌握二极管的检测方法
2. 掌握三极管的检测方法
3. 掌握晶闸管的检测方法
4. 掌握单结晶体管的检测方法

### 二、实训器材

| | |
|---|---|
| 1. 普通二极管 | 数只 |
| 2. 稳压二极管 | 数只 |
| 3. 发光二极管 | 数只 |
| 4. 红外发光二极管 | 数只 |
| 5. 光敏二极管 | 数只 |
| 6. 三极管 | 数只 |
| 7. 晶闸管 | 2 只 |
| 8. 单结晶体管 | 2 只 |
| 9. 万用表 | 1 只 |

### 三、实训内容与步骤

1. 普通二极管的检测

用万用表测试低压小型二极管时,用 $R \times 100$ 或 $R \times 1$ k 挡。一般不用 $R \times 1$ 或 $R \times 10$

挡,否则会因为电流过大或电压过高损坏管子。

(1)二极管极性的判断

用万用表的红黑两表笔分别接两个极。电阻小的那一次,黑表笔接的是二极管的阳极,红表笔接的是二极管的阴极。

(2)单向导电性能的判断

当管子正常时,正向电阻:对于硅管,指针指在中间或偏右;对于锗管,指针指在右端靠近满刻度的地方。反向电阻均很大。

若测得的正向电阻小,反向电阻很大,表明二极管的单向导电性能比较好;

若测得的正反向电阻相差不大,表明二极管的单向导电性能不好;

若测得的正反向电阻均很大($\infty$),表明该二极管已经开路;

若测得的正反向电阻均很小(0),表明该二极管已经短路。

2. 稳压二极管的检测

(1)稳压二极管极性的判断

用万用表的红黑两表笔分别接两个极。电阻小的那一次,黑表笔接的是稳压二极管的阳极,红表笔接的是稳压二极管的阴极。

(2)稳压值的测量

用0~30 V连续可调直流稳压电源,串接一限流电阻后,电源正极与被测稳压二极管的负极相连接,电源负极与稳压二极管的正极相接,再用万用表测量稳压二极管两端的电压值,缓慢调整稳压电源的输出电压,当万用表指示的电压值稳定不变时,所测的读数即为稳压二极管的稳压值。

也可用兆欧表和万用表来测量二极管的反向击穿电压。测量时被测二极管的负极与兆欧表的正极相接,将二极管的正极与兆欧表的负极相连,用万用表测量二极管两端的电压。摇动兆欧表手柄(应由慢逐渐加快),待二极管两端电压稳定而不再上升时,此电压值即二极管的反向击穿电压。

3. 发光二极管的检测

因为发光二极管的正向压降大于1.6 V,所以不能用$R\times1$ k挡以下的挡位来测量(但可以外串1.5 V电池后测量),应该用$R\times10$ k挡测量发光二极管的正、反向电阻值。

①正常时,正向电阻值(黑表笔接正极时)为10~20 kΩ,反向电阻值为250 kΩ~$\infty$。较高灵敏度的发光二极管,在测量正向电阻值时,管内会发微光。

②也可用3 V直流电源,在电源的正极串接1只33 Ω电阻后接发光二极管的正极,将电源的负极接发光二极管的负极,正常的发光二极管应发光。

4. 红外发光二极管的检测

(1)正、负极性的判别

红外发光二极管多采用透明树脂封装,所以管壳内的电极清晰可见,内部电极较宽较大的一个为负极,较窄且小的一个为正极。红外发光二极管有两个引脚,通常长引脚为正极,短引脚为负极。

(2)性能好坏的判断

将万用表置于$R\times1$ k挡,测量红外发光二极管的正、反向电阻,通常,正向电阻应在30 kΩ左右,反向电阻要在500 kΩ以上,这样的管子才可正常使用。要求反向电阻越大越好。

5. 光敏二极管的检测

（1）电阻测量法

①用黑纸或黑布遮住光敏二极管的光信号接收窗口，然后用万用表 $R \times 1$ k 挡测量光敏二极管的正、反向电阻值。正常时，正向电阻值在 $10 \sim 20$ k$\Omega$ 之间，反向电阻值为 $\infty$。若测得正、反向电阻值均很小或均为无穷大，则是该光敏二极管漏电或开路损坏。

②去掉黑纸或黑布，使光敏二极管的光信号接收窗口对准光源，然后观察其正、反向电阻值的变化。正常时，正、反向电阻值均应变小，阻值变化越大，说明该光敏二极管的灵敏度越高。

（2）电压测量法

将万用表置于 1 V 直流电压挡，黑表笔接光敏二极管的负极，红表笔接光敏二极管的正极、将光敏二极管的光信号接收窗口对准光源。正常时应有 $0.2 \sim 0.4$ V 电压（其电压与光照强度成正比）。

（3）电流测量法

将万用表置于 50 $\mu$A 或 500 $\mu$A 电流挡，红表笔接正极，黑表笔接负极，正常的光敏二极管在白炽灯光下，随着光照强度的增加，其电流从几微安增大至几百微安。

6. 三极管的检测

同样，用万用表测试低压小型三极管时，也要用 $R \times 100$ 或 $R \times 1$ k 挡。

（1）基极和管子类型的判断（以 NPN 型为例子）

①假定某个脚为基极。用黑表笔接假定的基极，红表笔分别接其余两个管脚，如果两次测量到的电阻均比较小，视为正向电阻。

②用红表笔接假定的基极，黑表笔分别接其余两个管脚，如果两次测量到的电阻均比较大，视为反向电阻。

则电阻小的那一次，黑表笔接的是基极，管子的类型为 NPN 型。如果测量到的数据不是上述的情况，则再假定另外一个极为基极，重复上述过程，直到找出基极为止。

（2）集电极 C 与发射极 E 的判断

①在剩余的 2 个极中，假定一个极为集电极 C，另一个极为发射极 E。用黑表棒接假定的集电极 C，红表棒分别接假定的发射极 E，视万用表指针偏转角度的大小。

②在两手指上沾上一点水，两手指捏住 B、C（假定）。注意不能让 B、C 直接接触。视万用表指针偏转角度的大小。

③对调两表棒，再用两手指捏住 B、黑表棒。注意不能让 B、黑表棒直接接触。视万用表指针偏转角度的大小。则指针偏转角度大（即电阻小）的那一次，假定正确（即黑表棒接的是 C，红表棒接的是 E）。

7. 晶闸管的检测

（1）单向晶闸管的检测

①电极的判断。用万用表测量任意两个电极之间的电阻值。若测得某两个管脚之间的正反向电阻均比较小，则该两脚分别为控制极 G 和阴极 K，并且电阻小的那一次，黑表棒接的是控制极 G，红表棒接的是阴极 K。

②极间电阻的测量。用 $R \times 10$ 或 $R \times 100$ 挡，测量 K、G 之间的电阻，如果正向电阻为几欧至几百欧，反向电阻比正向电阻稍微大一点（由于制造工艺上的原因，反向电阻并非趋向于无穷大），就可以认为正常；如果测量到的正反向电阻均为零或无穷大，则说明该晶闸管

已经损坏。

用 $R \times 1$ k 或 $R \times 10$ k 挡,测量阳极 A 和阴极 K 之间的电阻,测量到的电阻均应该很大。否则,可断定该晶闸管已经损坏。

(2)双向晶闸管的检测

①确定主电极 $T_2$。将万用表的量程开关拨至 $R \times 10$ 挡,用黑表笔接任一电极,再用红表笔去接另外任一根电极,如果万用表指示为几十欧姆电阻,则说明两表笔所接电极为门极和主电极 $T_1$,那么剩下的电极便是主电极 $T_2$;若是万用表指针不动,仍停在"∞"处,应及时调整表笔所接电极,直到测出电阻值为几十欧姆的两电极为止,从而确定 $T_2$。

②区分门极 G 和主电极 $T_1$。先假定两电极中任意一个极为主电极 $T_1$,则另一个就为门极 G,将万用表的量程开关拨至 $R \times 10$ 挡,用黑表笔接主电极 $T_2$(已确定),再用红表笔去接假定的主电极 $T_1$,并用红表笔尖碰一下 G 后再离开,如果万用表指针发生偏转,指示在几或几十欧姆上,就说明假定的主电极 $T_1$ 为真正的主电极 $T_1$;而另一电极也为真正的门极 G。

8. 单结晶体管的判断

(1)发射极 E 的判断

把万用表置于 $R \times 100$ 挡或 $R \times 1$ k 挡,黑表笔接假设的发射极,红表笔接另外两极,当出现两次低电阻时,黑表笔接的就是单结晶体管的发射极。

(2)第一基极 $B_1$ 和第二基极 $B_2$ 的判断方法

把万用表置于 $R \times 100$ 挡或 $R \times 1$ k 挡,用黑表笔接发射极,红表笔分别接另外两极,两次测量中,电阻小的一次,红表笔接的就是 $B_2$ 极(通常发射极 E 更接近于 $B_2$)。

应当说明的是,上述判别 $B_1$、$B_2$ 的方法,不一定对所有的单结晶体管都适用,有个别管子的 $E - B_1$ 间的正向电阻值较小。不过准确地判断哪极是 $B_1$,哪极是 $B_2$ 在实际使用中并不特别重要。即使 $B_1$、$B_2$ 用颠倒了,也不会使管子损坏,只影响输出脉冲的幅度(单结晶体管多作脉冲发生器使用),当发现输出的脉冲幅度偏小时,只要将原来假定的 $B_1$、$B_2$ 对调过来就可以了。

## 四、评分标准

常用电子元器件的测试评分标准见表9-9。

**表9-9　常用电子元器件的测试评分标准**

| 考核项目 | 考核内容及要求 | 评分标准 | 配分 | 扣分 | 得分 |
|---|---|---|---|---|---|
| 二极管的检测 | 会利用万用表检测各种二极管 | 1. 不会用万用表检测二极管,每错一种二极管,扣10分 | 45 | | |
| 三极管的检测 | 会利用万用表检测三极管 | 1. 基极判断错误,扣5分<br>2. C、E 判断错误,扣15分 | 20 | | |
| 晶闸管的检测 | 会利用万用表检测单向、双向晶闸管 | 1. 不会检测单向晶闸管,扣7分<br>2. 不会检测双向晶闸管,扣8分 | 15 | | |
| 单结晶体管的检测 | 会利用万用表检测单结晶体管 | 1. 发射极判断错误,扣5分<br>2. $B_1$、$B_2$ 判断错误,扣5分 | 10 | | |

表 9 –9(续)

| 考核项目 | 考核内容及要求 | 评 分 标 准 | 配分 | 扣分 | 得分 |
|---|---|---|---|---|---|
| 安全文明生产 | 1. 劳动保护用品穿戴整齐<br>2. 电工工具佩带齐全<br>3. 遵守操作规程<br>4. 尊重考评员,讲文明、懂礼貌<br>5. 考试结束要清理现场 | 1. 各项考试中,违反安全文明生产考核要求的任何一项扣 2 分,扣完为止<br>2. 当考评员发现考生有重大事故隐患时,要立即予以制止,并每次扣考生安全文明生产总分 5 分 | 10 | | |
| 备注 | | 合计 | | | |
| | | 考评员<br>签字<br><br>　　　 年　 月　 日 | | | |

# 技能训练二　串联型晶体管稳压电源的制作与调试

## 一、实训目的

1. 进一步熟悉用万用表检测电子元器件
2. 学习和掌握焊接工艺
3. 掌握电子线路的焊接和调试方法

## 二、实训器材

| | |
|---|---|
| 1. 电子元器件 | 1 套 |
| 2. 电烙铁 | 1 把 |
| 3. 焊锡丝 | 若干 |
| 4. 线路板( 自制的铆钉板 ) | 1 块 |
| 5. 单相变压器 | 1 只 |
| 6. 万用表 | 1 只 |
| 7. 连接导线 | 足量 |

## 三、焊接基本知识

1. 电烙铁知识及使用方法

常用电烙铁分内热式和外热式两种。内热式电烙铁的烙铁头在电热丝的外面,这种电烙铁加热快且质量轻。外热式电烙铁的烙铁头是插在电热丝里面的,它加热虽然较慢,但相对讲比较牢固。

电烙铁直接用 220 V 交流电源加热。电源线和外壳之间应是绝缘的,电源线和外壳之间的电阻应是大于 200 MΩ。

电子爱好者通常使用 30 W,35 W,40 W,45 W,50 W 的烙铁。

另,焊接常用的几种工具如图 9–38 所示。

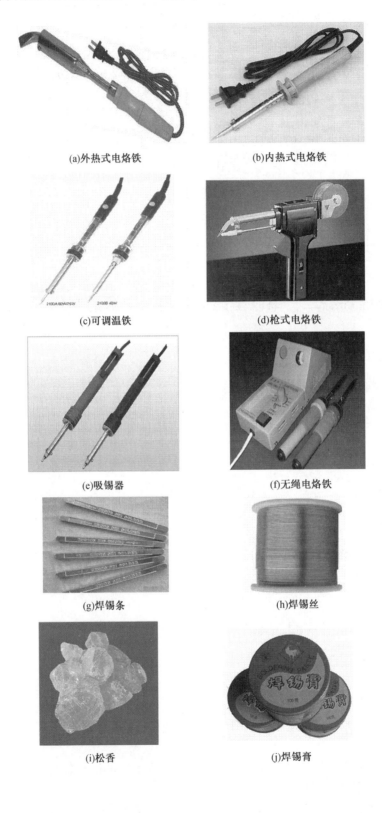

(a)外热式电烙铁

(b)内热式电烙铁

(c)可调温铁

(d)枪式电烙铁

(e)吸锡器

(f)无绳电烙铁

(g)焊锡条

(h)焊锡丝

(i)松香

(j)焊锡膏

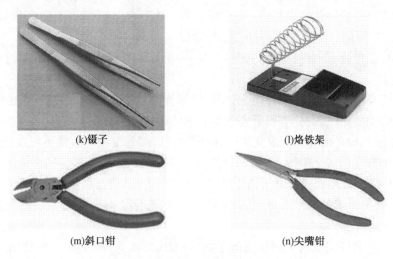

(k)镊子      (l)烙铁架

(m)斜口钳      (n)尖嘴钳

**图9-38 焊接常用工具外形图**

2. 焊接方法与步骤

焊接技术是电子装配首先要掌握的一项基本功,它是保证电路工作可靠的重要环节。

在焊接时,必须要做到焊接牢固,焊点表面光滑、清洁、无毛刺、美观整齐、大小均匀,避免虚焊、冷焊(由于烙铁温度不够,焊点表面看起来像豆渣一样)、漏焊、错焊。

(1)选用合适的焊锡,应选用焊接电子元件用的低熔点焊锡丝。

(2)检测元器件。

(3)去除元器件引脚氧化层并上锡。

(4)焊接具体步骤如图9-39所示。

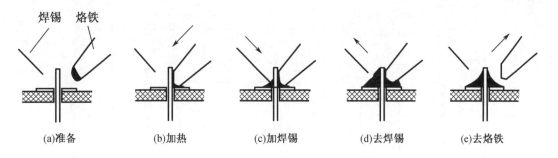

(a)准备      (b)加热      (c)加焊锡      (d)去焊锡      (e)去烙铁

**图9-39 焊接的步骤**

3. 烙铁使用的注意事项

(1)使用前,应认真检查电源插头、电源线有无损坏,并检查烙铁头是否松动。

(2)新烙铁在首次使用前(或者因使用久了而吸不住焊锡的电烙铁),先用锉刀把烙铁头按需要锉成一定的形状,然后接上电源,当烙铁头的温度升至能熔锡时,将松香涂在烙铁头上,等松香冒白烟后再涂上一层焊锡。

(3)电烙铁通电后温度高达250 ℃以上,不用时应放在烙铁架上,但较长时间不用时应切断电源,防止高温"烧死"烙铁头(被氧化)。要防止电烙铁烫坏其他元器件,尤其是电源线,若其绝缘层被烙铁烧坏而不注意便容易引发安全事故。

(4)不要对电烙铁猛力敲打,以免震断电烙铁内部电热丝或引线而产生故障。烙铁头上焊锡过多时,可用布擦掉;不可乱甩,以防烫伤他人。

(5)焊接二极管、三极管等怕热元件时应用镊子夹住元件脚,使热量通过镊子散热,不至于损坏元件。

(6)焊接集成电路时,时间要短,必要的时候要断开烙铁电源,用余热焊接。

(7)电烙铁使用一段时间后,可能在烙铁头部留有锡垢,在烙铁加热的条件下,我们可以用湿布轻擦。如有出现凹坑或氧化块,应用细纹锉刀修复或者直接更换烙铁头。

(8)焊剂挥发出的化学物质对人体有害,如果操作时鼻子距离烙铁头太近,则很容易将有害气体吸入,一般烙铁离开鼻子的距离应不小于30 cm,通常以40 cm时为宜。另外,焊丝中含有铅。众所周知铅是对人体有害的重金属,因此操作时应戴手套或操作后洗手,避免食入。

(9)所有元器件引线均不得从根部弯曲,一般应留1.5 mm以上。可使用尖嘴钳和镊子弯曲引线。

**四、实训内容与步骤**

1. 认真阅读原理图,掌握其工作原理

电路的结构组成:由电源部分、整流部分、滤波部分、稳压部分四部分组成,如图9 – 40所示,串联型晶体管稳压电源元件清单见表9 – 10。

电源部分:由一个降压变压器 T 组成。

整流部分:由四个二极管 $V_1$、$V_2$、$V_3$、$V_4$ 组成。

滤波部分:由一个电容 $C_1$ 组成。

稳压部分:由复合调整管 $V_7$、$V_8$,比较放大管 $V_9$ 及起稳压作用的硅二极管 $V_5$、$V_6$ 和可调电位器 $R_P$ 组成。

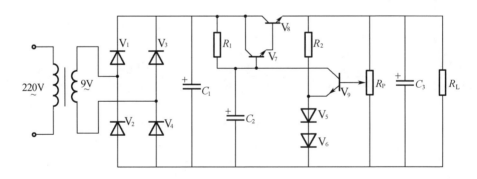

图9 – 40 串联型晶体管稳压电源

表9 – 10 串联型晶体管稳压电源元件清单

| 序号 | 名 称 | 型号与规格 | 单 位 | 数 量 | 备 注 |
|---|---|---|---|---|---|
| 1 | 二极管 $V_1 \sim V_4$ | 1N4007 | 只 | 4 | |
| 2 | 二极管 $V_5$、$V_6$ | 1N4148 | 只 | 2 | |
| 3 | 三极管 $V_7$、$V_8$ | 9013 | 只 | 2 | |

表 9－10（续）

| 序号 | 名 称 | 型号与规格 | 单 位 | 数 量 | 备 注 |
|---|---|---|---|---|---|
| 4 | 三极管 $V_9$ | 9011 | 只 | 1 | |
| 5 | 电阻 $R_1$ | 2 kΩ | 只 | 1 | |
| 6 | 电阻 $R_2$ | 180 kΩ | 只 | 1 | |
| 7 | 可调电位器 $R_P$ | 1 kΩ | 只 | 1 | |
| 8 | 电解电容器 $C_1$ | 470 μF/50 V | 只 | 1 | |
| 9 | 电解电容器 $C_2$ | 47 μF/50 V | 只 | 1 | |
| 10 | 电解电容器 $C_3$ | 100 μF/50 V | 只 | 1 | |
| 11 | 负载电阻 $R_L$ | 30 Ω | 只 | 1 | |
| 12 | 电源变压器 | 220/9 V | 只 | 1 | |

2. 核对元器件数量和规格

3. 检测各元器件

4. 对所有元器件引脚进行除氧化层、上锡处理

5. 根据电路图, 按照焊接工艺要求正确地焊接线路

6. 电路的调试

注意事项:

a. 按照电路图合理摆放元器件。

b. 焊接元器件时间不要过长。

c. 焊点质量。

d. 注意焊点间不能短路。

e. 检查导线连接的正确性。

f. 经老师检查后方可通电试验。

## 五、评分标准

串联型晶体管稳压电源评分标准见表 9－11。

表 9－11 串联型晶体管稳压电源评分标准

| 考核项目 | 考核内容及要求 | 评 分 标 准 | 配分 | 扣分 | 得分 |
|---|---|---|---|---|---|
| 准备工作 | 1. 核对元器件规格、数量<br>2. 检测元器件的好坏 | 1. 未核对元器件规格、数量, 扣 5 分<br>2. 未检测或不会检测元器件, 扣 5 分 | 10 | | |
| 电路焊接 | 1. 布局合理<br>2. 接线正确<br>3. 焊点光亮、无虚焊<br>4. 无损坏元器件现象 | 1. 布局不合理, 扣 15～20 分<br>2. 接线不正确, 每处扣 15 分<br>3. 焊点不光亮, 每处扣 5 分<br>4. 虚焊、漏焊, 每处扣 10 分<br>5. 损坏元器件, 扣 15 分 | 60 | | |

表 9 – 11(续)

| 考核项目 | 考核内容及要求 | 评 分 标 准 | 配分 | 扣分 | 得分 |
|---|---|---|---|---|---|
| 调试 | 正确地进行调试所焊接的线路 | 1. 出现一次故障并能排除,扣10分<br>2. 出现二次故障并能排除,扣15分<br>3. 调试不成功,扣20分 | 20 | | |
| 安全文明生产 | 1. 遵守操作规程<br>2. 尊重考评员,讲文明、懂礼貌<br>3. 考试结束要清理现场<br>4. 不超时(考试时间为150 min) | 1. 各项考试中,违反安全文明生产考核要求的任何一项扣2分,扣完为止<br>2. 当考评员发现考生有重大事故隐患时,要立即予以制止,并每次扣考生安全文明生产总分5分<br>3. 考试时间为150 min,每超时10 min,扣10分 | 10 | | |
| 备注 | | 合计 | | | |
| | | 考评员<br>签字 | | | |
| | | | 年　月　日 | | |

# 技能训练三　7805 集成稳压电路的安装与调试

## 一、实训目的

1. 进一步熟悉用万用表检测电子元器件
2. 进一步熟悉和掌握焊接工艺
3. 掌握电子线路的焊接和调试方法

## 二、实训器材

1. 电子元器件　　　　　　1 套
2. 电烙铁　　　　　　　　1 把
3. 焊锡丝　　　　　　　　若干
4. 线路板(自制的铆钉板)　1 块
5. 单相变压器　　　　　　1 只
6. 万用表　　　　　　　　1 只
7. 单股细铜线　　　　　　0.5 m

## 三、实训内容与步骤

1. 核对元器件数量和规格
2. 检查元器件的好坏

3. 对所有元器件引脚进行除氧化层、上锡处理

4. 根据电路图(图9-41),按照工艺要求正确、熟练地焊接线路

5. 电路的调试

安装后的电路,经检查确认无误后,通电调试。

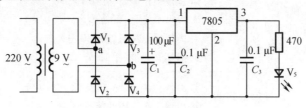

**图9-41　集成稳压电路**

集成稳压电路元件清单见表9-12。

**表9-12　集成稳压电路元件清单**

| 序号 | 名称 | 型号与规格 | 单位 | 数量 | 备注 |
|---|---|---|---|---|---|
| 1 | 二极管 $V_1 \sim V_4$ | 1N4001 | 只 | 4 | |
| 2 | 电解电容 $C_1$ | 100 μF/25 V | 只 | 1 | |
| 3 | 电容 $C_2$ | 0.1 μF/16 V | 只 | 1 | |
| 4 | 电容 $C_3$ | 220 μF/16 V | 只 | 1 | |
| 5 | 集成稳压器 | 7805 | 只 | 1 | |
| 6 | 电源变压器 T | 220/12 V | 只 | 1 | |
| 7 | 单股镀锌铜线<br>(连接元器件用) | $AV - 0.1 \text{ mm}^2$ | 米 | 1 | |
| 8 | 万能印刷线路板 | 2 mm×70 mm×100 mm<br>(或2 mm×150 mm×200 mm) | 块 | 1 | |
| 9 | 万用表 | | 只 | 1 | |

## 四、评分标准

集成稳压电路评分标准见表9-13。

**表9-13　集成稳压电路评分标准**

| 考核项目 | 考核内容及要求 | 评分标准 | 配分 | 扣分 | 得分 |
|---|---|---|---|---|---|
| 准备工作 | 1. 核对元器件规格、数量<br>2. 检测元器件的好坏 | 1. 未核对元器件规格、数量,扣5分<br>2. 未检测或不会检测元器件,扣5分 | 10 | | |

表 9 – 13(续)

| 考核项目 | 考核内容及要求 | 评 分 标 准 | 配分 | 扣分 | 得分 |
|---|---|---|---|---|---|
| 电路焊接 | 1.布局合理<br>2.接线正确<br>3.焊点光亮、无虚焊<br>4.无损坏元器件现象 | 1.布局不合理,扣 15～20 分<br>2.接线不正确,每处扣 15 分<br>3.焊点不光亮,每处扣 5 分<br>4.虚焊、漏焊,每处扣 10 分<br>5.损坏元器件,扣 15 分 | 60 | | |
| 调试 | 正确地进行调试所焊接的线路 | 1.出现一次故障并能排除,扣 10 分<br>2.出现二次故障并能排除,扣 15 分<br>3.调试不成功,扣 20 分 | 20 | | |
| 安全文明生产 | 1.遵守操作规程<br>2.尊重考评员,讲文明、懂礼貌<br>3.考试结束要清理现场<br>4. 不超时 ( 考试时间为 150 min) | 1.各项考试中,违犯安全文明生产考核要求的任何一项扣 2 分,扣完为止<br>2.当考评员发现考生有重大事故隐患时,要立即予以制止,并每次扣考生安全文明生产总分 5 分<br>3.每超时 10 min,扣 10 分 | 10 | | |
| 备注 | | 合计 | | | |
| | | 考评员<br>签字<br><div align="right">年　月　日</div> | | | |

# 技能训练四　单相可控调压电路的安装与调试

## 一、实训目的

1.进一步熟悉用万用表检测电子元器件

2.进一步熟悉和掌握焊接工艺

3.掌握电子线路的焊接和调试方法

## 二、实训器材

1.电子元器件　　　　　　　1 套

2.电烙铁　　　　　　　　　1 把

3.焊锡丝　　　　　　　　　若干

4.线路板(自制的铆钉板)　1 块

5.单相变压器　　　　　　　1 只

6.灯泡(220V/60W)　　　　1 只

7.示波器　　　　　　　　　1 台

8.单股细铜线　　　　　　　1.5 m

9. 多股细铜线　　　　　　　　　1.5 m

10. 直流稳压电源　　　　　　　　1 台

### 三、实训内容与步骤

1. 核对元器件数量和规格

2. 检查元器件的好坏

3. 对所有元器件引脚进行除氧化层、上锡处理

4. 根据电路图(图 9 - 42),按照工艺要求正确、熟练地焊接线路

5. 经检查确认无误后,通电调试

(1)控制电路的调试

①在控制电路接通电源后,用示波器观察稳压管 $V_7$ 两端的电压波形,应该为梯形波。

②示波器观察电容器 $C$ 两端的电压波形,应该为锯齿波。

③调节电位器 $R_P$,锯齿波的频率会均匀地变化。

如果检测结果不符合上述波形,必须查明原因,排除故障。

(2)主电路的调试

①主电路加上 40~50 V 的交流电压,观察晶闸管阳极、阴极之间的电压波形,波形中应有一条直线(晶闸管的导通部分),调节电位器 $R_P$ 时,该直线长度应随着改变(表明晶闸管导通角可以调节,电路能正常工作)。

②检查无误后,给主电路加上工作电压,照明灯应亮。调节电位器 $R_P$,灯泡亮度应该改变。

(3)电路的故障检查

①当接通电源后,立即烧断熔丝。可能原因有:

◆变压器一次侧或二次侧短路。

◆晶闸管 $V_8$、$V_9$ 及二极管 $V_5$、$V_6$ 短路。

②直流输出电压为零。可能原因有:

◆二极管 $V_5$、$V_6$ 开路。

◆晶闸管 $V_8$、$V_9$ 损坏。

注意用电安全。

单相可控调压电路元器件清单见表 9 - 14。

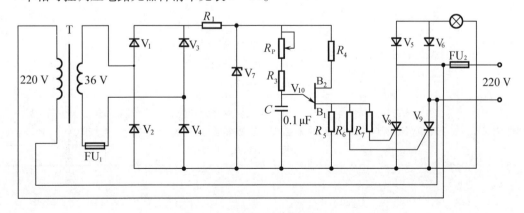

**图 9 - 42　单相可控调压电路**

表9-14　单相可控调压电路元器件清单

| 序号 | 名　称 | 型号与规格 | 单　位 | 数　量 | 备　注 |
|------|--------|-----------|--------|--------|--------|
| 1 | 二极管 $V_1 \sim V_4$ | 2CP12 | 只 | 4 | |
| 2 | 二极管 $V_5$、$V_6$ | 2CZ11D | 只 | 2 | |
| 3 | 稳压二极管 $V_7$ | 2CW64,18~21 V | 只 | 1 | |
| 4 | 晶闸管 $V_8$、$V_9$ | KP1-4 | 只 | 2 | |
| 5 | 单结晶体管 $V_{10}$ | BT33 | 只 | 1 | |
| 6 | 电阻 $R_1$ | 1.2 kΩ,1 W | 只 | 1 | |
| 7 | 电位器 $R_P$ | 100 kΩ,1 W | 只 | 1 | |
| 8 | 电阻 $R_3$ | 5.1 kΩ,0.25 W | 只 | 1 | |
| 9 | 电阻 $R_4$ | 330 Ω,0.25 W | 只 | 1 | |
| 10 | 电阻 $R_5$ | 100 Ω,1 W | 只 | 1 | |
| 11 | 电阻 $R_6$ | 4.7 kΩ,0.25 W | 只 | 1 | |
| 12 | 电阻 $R_7$ | 4.7 kΩ,0.25 W | 只 | 1 | |
| 13 | 涤纶电容 $C_1$ | 0.1 μF/160 V | 只 | 1 | |
| 14 | 变压器 T | 220 V/36 V | 只 | 1 | |
| 15 | 熔断器 $FU_1$,$FU_2$ | 0.2 A | 只 | 2 | |

## 四、评分标准

安装和调试单相可控调压电路评分标准见表9-15。

表9-15　安装和调试单相可控调压电路评分标准

| 考核项目 | 考核内容及要求 | 评 分 标 准 | 配分 | 扣分 | 得分 |
|----------|---------------|-------------|------|------|------|
| 准备工作 | 1. 核对元器件规格、数量<br>2. 检测元器件的好坏 | 1. 未核对元器件规格、数量,扣5分<br>2. 未检测或不会检测元器件,扣5分 | 10 | | |
| 电路焊接 | 1. 布局合理<br>2. 接线正确<br>3. 焊点光亮、无虚焊<br>4. 无损坏元器件现象 | 1. 布局不合理,扣15~20分<br>2. 接线不正确,每处扣15分<br>3. 焊点不光亮,每处扣5分<br>4. 虚焊、漏焊,每处扣10分<br>5. 损坏元器件,扣15分 | 60 | | |
| 调试 | 正确地调试所焊接的线路 | 1. 出现一次故障并能排除,扣10分<br>2. 出现二次故障并能排除,扣15分<br>3. 调试不成功,扣20分 | 20 | | |

表 9 – 15（续）

| 考核项目 | 考核内容及要求 | 评 分 标 准 | 配分 | 扣分 | 得分 |
|---|---|---|---|---|---|
| 安全文明生产 | 1. 遵守操作规程<br>2. 尊重考评员，讲文明、懂礼貌<br>3. 考试结束要清理现场<br>4. 不超时（考试时间为150 min） | 1. 各项考试中，违反安全文明生产考核要求的任何一项扣 2 分，扣完为止<br>2. 当考评员发现考生有重大事故隐患时，要立即予以制止，并每次扣考生安全文明生产总分 5 分<br>3. 考试时间为 150 min，每超时 10 min，扣 10 分 | 10 | | |
| 备注 | | 合计 | | | |
| | | 考评员<br>签字<br>　　　　　年　　月　　日 | | | |

# 技能训练五　晶闸管调光电路的安装与调试

## 一、实训目的

1. 进一步熟悉和掌握焊接工艺
2. 掌握电子线路的焊接和调试方法

## 二、实训器材

1. 电子元器件　　　　　　　1 套
2. 电烙铁　　　　　　　　　1 把
3. 焊锡丝　　　　　　　　　若干
4. 线路板（自制的铆钉板）　1 块
5. 单相变压器　　　　　　　1 只
6. 灯泡（220V/60W）　　　　1 只
7. 示波器　　　　　　　　　1 台
8. 单股　　　　　　　　　　1 m
9. 多股细铜线　　　　　　　1 m
10. 直流稳压电源　　　　　　1 台

## 三、实训内容与步骤

1. 认真阅读原理图，掌握其工作原理
2. 核对元器件数量和规格
3. 用万用表检查元器件是否正常
4. 对所有元器件引脚进行除氧化层、上锡处理

5. 根据电路图(图9-43),按照工艺要求正确、熟练地焊接线路

6. 经检查确认无误后,通电调试

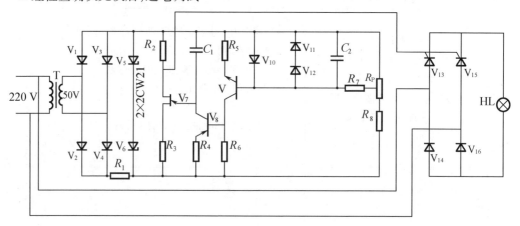

图9-43　晶闸管调光电路

晶闸管调光电路元器件清单见表9-16。

表9-16　晶闸管调光电路元器件清单

| 序号 | 名　称 | 型号与规格 | 单位 | 数量 | 备注 |
|---|---|---|---|---|---|
| 1 | 二极管 $V_1 \sim V_4$ | 2CP12 | 只 | 4 | |
| 2 | 二极管 $V_5$、$V_6$ | 2CW21V | 只 | 2 | |
| 3 | 二极管 $V_{10} \sim V_{12}$ | 2CP12 | 只 | 3 | |
| 4 | 二极管 $V_{14}$、$V_{16}$ | 2CZ11D | 只 | 2 | |
| 5 | 晶闸管 $V_{13}$、$V_{15}$ | KP1-4 | 只 | 2 | |
| 6 | 单结晶体管 $V_7$ | BT33 | 只 | 1 | |
| 7 | 三极管 $V_8$ | 3CG5C | 只 | 1 | |
| 8 | 三极管 $V_9$ | 3DG6 | 只 | 1 | |
| 9 | 电阻 $R_1$ | 1.2 kΩ,1 W | 只 | 1 | |
| 10 | 电阻 $R_2$ | 91 Ω,1 W | 只 | 1 | |
| 11 | 电阻 $R_3$ | 360 Ω,0.25 W | 只 | 1 | |
| 12 | 电阻 $R_4$ | 1 kΩ,0.25 W | 只 | 1 | |
| 13 | 电阻 $R_5$ | 1 kΩ,0.25 W | 只 | 1 | |
| 14 | 电阻 $R_6$ | 5.1 kΩ,0.25 W | 只 | 1 | |
| 15 | 电阻 $R_7$ | 5.1 kΩ,0.25 W | 只 | 1 | |
| 16 | 电阻 $R_8$ | 1 kΩ,0.25 W | 只 | 1 | |
| 17 | 微调电位器 $R_P$ | 6.8 kΩ,0.25 W | 只 | 1 | |
| 18 | 涤纶电容 $C_1$ | 0.22 μF/16 V | 只 | 1 | |
| 19 | 涤纶电容 $C_2$ | 200 μF/25 V | 只 | 1 | |
| 20 | 变压器 T | 220 V/50 V | 只 | 1 | |

## 四、评分标准

安装、调试晶闸管调光电路的评分标准见表 9 – 17。

**表 9 – 17　安装、调试晶闸管调光电路的评分标准**

| 考核项目 | 考核内容及要求 | 评 分 标 准 | 配分 | 扣分 | 得分 |
|---|---|---|---|---|---|
| 准备工作 | 1. 核对元器件规格、数量<br>2. 检测元器件的好坏 | 1. 未核对元器件规格、数量,扣 5 分<br>2. 未检测或不会检测元器件,扣 5 分 | 10 | | |
| 电路焊接 | 1. 布局合理<br>2. 接线正确<br>3. 焊点光亮、无虚焊<br>4. 无损坏元器件现象 | 1. 布局不合理,扣 15 ~ 20 分<br>2. 接线不正确,每处扣 15 分<br>3. 焊点不光亮,每处扣 5 分<br>4. 虚焊、漏焊,每处扣 10 分<br>5. 损坏元器件,扣 15 分 | 60 | | |
| 调试 | 正确地进行调试所焊接的线路 | 1. 出现一次故障并能排除,扣 10 分<br>2. 出现二次故障并能排除,扣 15 分<br>3. 调试不成功,扣 20 分 | 20 | | |
| 安全文明生产 | 1. 遵守操作规程<br>2. 尊重考评员,讲文明、懂礼貌<br>3. 考试结束要清理现场<br>4. 不超时(考试时间为 150 min) | 1. 各项考试中,违反安全文明生产考核要求的任何一项扣 2 分,扣完为止<br>2. 考生在不同的技能试题考核中,违反安全文明生产考核要求同一项内容的,要累计扣分<br>3. 当考评员发现考生有重大事故隐患时,要立即予以制止,并每次扣考生安全文明生产总分 5 分<br>4. 考试时间为 150 min,每超时 10 min,扣 10 分 | 10 | | |
| 备注 | | 合计 | | | |
| | | 考评员<br>签字<br><br>　　　　　　　　年　月　日 | | | |

# 项目十　PLC 控制电路的安装与调试

## 教学目的

1. 了解 PLC 的产生和发展趋势、掌握其基本组成及工作原理。
2. 掌握三菱 FX 系列 PLC 编程基本指令及编程方法。
3. 能对三菱 PLC 的输入/输出外围线路进行接线。
4. 能用基本指令编写和修改三相交流异步电动机正反转、星－三角启动控制电路等类似难度程序，并进行调试。

## 任务分析

生产过程中，PLC 控制系统由于其巨大的优越性，已经逐步取代传统的接触器－继电器控制系统。本项目中，通过对 PLC 编程基础知识的介绍，完成对控制任务的线路安装与调试，从而掌握 PLC 控制系统的基本工作原理。

## 可编程序控制器基本知识

## 一、PLC 基础知识

### 1. PLC 的定义与分类

可编程序控制器(Programmable Controller,PC)是基于微型计算机技术的通用工业自动控制设备。早期的可编程序控制器主要用于逻辑控制，人们也称之为可编程逻辑控制器(Programmable Logic Controller,PLC)。进入 20 世纪 80 年代后，随着微电子技术和计算机技术的迅猛发展和应用，可编程序控制器更多地采用了微处理器技术，不仅用程序取代了硬件接线逻辑电路，而且增加了数据运算、传送和处理功能，从而真正成为一种微型计算机工业控制装置。

国际电工委员会(IEC)1985 年对可编程序控制器作了如下定义：可编程序控制器是一种数字运算操作的电子系统，专为在工业环境下应用而设计。它采用可编程序的存储器，用来在其内部存储执行逻辑运算、顺序控制、定时、计数和算术运算等操作的命令，并通过数字式、模拟式的输入和输出，控制各种类型的机械或生产过程。可编程序控制器及其有关设备，都应按易于与工业控制系统联成一个整体，易于扩充功能的原则而设计。

可编程序控制器能直接在工业环境中应用，不需要专门的空调和恒温，这是它能广泛应用的根本原因，也是它有别于微型计算机的一个重要特征。所以可编程序控制器实际上是一种通用工业控制器。

可编程序控制器按其输入/输出的接线根数(也称之为 I/O 点数)将其分为小型、中型和大型。一般：

小型 PLC 的 I/O 点数在 120 点以下；

中型 PLC 的 I/O 点数在 120～512 点；

大型 PLC 的 I/O 点数在 512 点以上。

另外也将点数在 64 点以下的 PLC 称为超小型机或微型 PLC。

从外观上看,PLC 一般具有整体式单元结构和模块化结构两种结构形式:整体式单元结构多为小型和微型 PLC,支持 I/O 点数少,必要时可通过扩展 I/O 电缆连接一个或几个扩展单元以增加 I/O 点数。模块化结构多为中、大型 PLC 所采用,根据系统中各组成部分的不同功能,分别组成独立的功能模块,各模块具有统一的总线接口。用户在配置系统时,只要根据实现的功能选择满足要求的模块,并将所有模块组装在一起,就可组成完整的系统。

2. PLC 的特点及应用

20 世纪 70 年代初,美国汽车制造工业为了适应生产工艺不断更新的需要,首先采用可编程序控制器代替硬接线的逻辑控制电路,实现了生产的自动控制。可编程序控制器的灵活性和可扩展性,不仅大大地提高了生产效率,而且缩短了随生产工艺改变而调试控制系统的周期。

常规硬线逻辑电路的控制,要使用大量的硬件及接线,这在更改方案时,工作量相当大,有时甚至相当于重新设计一台新装置,这显然不符合现代产品更新换代快、周期短的发展趋势。可编程序控制器的特点是它具有在线修改功能,借助软件来实现重复的控制。软件本身具有可修改性,所以 PLC 灵活的可编程性就使它具有了广泛的工业控制通用性。在采用 PLC 控制的同时,控制系统的硬件电路也大大地简化,提高了 PLC 系统的可靠性。

由于 PLC 体积小、功能强、速度快、可靠性高,又具有较大的灵活性和可扩展性,很快被应用到机械制造、冶金、化工、交通、电子、纺织、印刷、食品、建筑等众多工业控制领域。据统计,可编程序控制器进入 20 世纪 80 年代以来,销售额每年递增 30% 以上。目前已被广泛用于各种工业控制场合。

可编程序控制器的特点主要表现在以下几个方面:

(1)模块化结构

PLC 的输入、输出和特殊功能模块等均按积木式组合,有利于用户自由组合,系统维护、功能扩展也很方便;具有体积小、质量小、结构紧凑和便于安装等优点。

(2)可靠性

多种抗干扰技术的采用和严格的生产制造工艺,使得可编程序控制器在工业现场环境中也能够可靠地工作,平均无故障时间一般可达 3 万～5 万 h。

(3)控制功能齐全、通用性强

PLC 可进行开关逻辑控制、位置控制、闭环过程控制、数据采集、监控及多 PLC 分布控制等。适用于机械、化工、汽车等行业的工程领域,通用性强。

(4)编程软件简单易学、便于推广

在编程方法上,PLC 编程语言有多种形式,可由不同的应用场合,不同的开发、应用人员选择使用。其中最常用的梯形图语言,是从广大电气工程技术人员非常熟悉的继电器控制原理图引申而来,十分便于工程技术人员掌握使用。语言编辑及编译处理由 PLC 专用编程器或通过微机由 PLC 编程系统完成。

3. PLC 的发展

目前在世界先进工业国家,可编程序控制器已成为工业控制的标准设备,它的应用几乎涉及了所有的行业,PLC 技术已成为当今世界潮流,作为工业自动化的三大支柱(PLC 技术、机器人、计算机辅助设计与制造)之一的 PLC 技术,将会占据越来越重要的位置。从 PLC 发展的动向来看,主要表现在以下几个方面:

(1)普及小型机的应用

PLC 按 I/O 的总点数分类,通常将小于 128 点的称为小型机,将总点数小于 64 点的又称微型机或超小型机。进入 20 世纪 80 年代,超小型和小型机相继问世,并得以迅速发展。据报道,美国的机床行业采用超小型机的几乎占了市场的四分之一。就数量而言,小型机和超小型机占了 PLC 市场大半份额,目前还远远没有饱和,今后还有更大的发展空间。

小型机和中、大型机相比,主要是扫描速度慢,一般一个扫描周期为 5～40 ms,这个扫描速度相对小型机承担的任务而言是合适的。为了满足一些特殊的要求,超小型机上也配备了一些特殊单元,如高速计数、定位、定时等单元,有的还配置了 PID 单元以及相应的模拟量输入和输出。

(2)加强 PLC 之间的联网能力

近来加强 PLC 之间的联网能力已成为 PLC 发展的趋势。PLC 的联网分为两类:一类是 PLC 之间的联网通信,各制造厂家都有自己的专用联络手段和方法,即数据通道。如 Gould 公司、立石公司、三菱公司及松下公司等,都能构成分散控制系统和远程 I/O 系统;另一类是 PLC 与计算机之间的联网通信,一般都由各制造厂家制造自己的通信接口组件。PLC 与计算机的联网能进一步实现整个工厂的自动化,实现计算机辅助制造(CAM)和计算机辅助设计(CAD),易于实现柔性加工和制造系统(FMS),可以预见,随着 PLC 的广泛应用,工业自动化的水平必将提高到一个新水平。

(3)更高的处理速度

可编程序控制器正向大容量、高速化发展,趋向采用计算能力更大、时钟频率更高的 CPU 芯片。目前大多采用位式芯片,如 AMD2 901,AMD2 903 等,也有用 8 085 八位芯片的,近来有采用 32 位芯片,时钟频率达 12～16 MHz ,如 68010,68020,NS16032,IAPX432 等。新的芯片使扫描速度大大提高,如 Gould 公司的 984 型 PLC 每千步的扫描时间为 0.5 ms。

(4)编程语言与编程工具向标准化和高级化发展

美国生产的 PLC 在基本控制方面编程语言已标准化,均采用梯形图编程,其他工业化国家也已进入标准化阶段,可以预见,梯形图语言将作为中小型 PLC 机的标准语言被使用。

国际电工委员会(IEC)在规定 PLC 的编程语言时,认为主要的程序组织语言是顺序执行功能表。功能表的每一个动作和转换条件可以运用梯形图编程,这种方法使用方便,容易掌握,很受电工和电气技术人员欢迎,也是可编程序控制器能够迅速推广应用的一个重要因素。然而它在处理较复杂的运算、通信和打印报表等功能时显得效率低、灵活性差,不能在编程时加注释说明,尤其在通信时显得笨拙,所以在原有梯形图编程语言的基础上有加入高级语言的动向。目前用于 PLC 的高级语言有 BASIC,PASCAL,C,FORTRAN 等。

(5)记忆容量不断增大

记忆容量过去最大 64 kB,现在已增加到 500 kB 以上,如 ASEA 公司的 Masterpiece200/1 型机记忆容量达到 4 MB。记忆容量的增大,使得原来大、中型 PLC 才有的功能能够移植到小型 PLC 上,如模拟量处理、数据通信等。大、中型机向更大容量、更高速度、更多功能方向发展,以适应不同控制系统的要求。

目前世界上生产可编程序控制器的重点厂家已达数十家。近年来,我国在研制、生产、应用 PLC 方面进展很快,在引进国外 PLC 的同时,也开始大量生产自己的 PLC 机。可以预见,PLC 在我国的应用将会越来越广泛,我国的工业自动化水平必将提高到一个新水平。

4.PLC 的基本结构

可编程序控制器采用典型的计算机结构,由中央处理单元、存储器、输入输出接口电路和其他一些电路组成。图 10 – 1 为 PLC 组成框图。

(1)中央处理器(CPU)

中央处理器是可编程序控制器的核心部件。CPU 一般由控制电路、运算器和寄存器组成,这些电路一般都集成在一块芯片上。由图 10 – 1 可以看出,它控制其他部件的操作。CPU 通过地址总线、数据总线和控制总线与存储单元、输入输出接口(I/O)电路相连接。

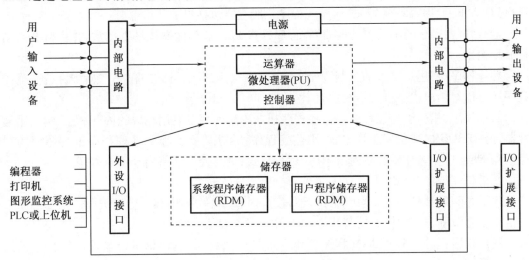

图 10 – 1　PLC 组成框图

不同型号的 PLC 可能使用不同的 CPU 部件,根据规模的大小,采用 8 位、16 位或 32 位微处理芯片,也有的 PLC 采用单片机作为中央处理器。制造厂家使用各自的 CPU 部件的指令系统编写系统程序,并固化到 ROM 中(用户不能修改),CPU 按系统程序所赋予的功能,接收编程器键入的用户程序,存入随机存储器 RAM 中,CPU 按周期扫描的方式工作,从0000 首地址存放的第一条用户程序开始,到用户程序的最后一条地址,不停地循环扫描,每扫描一次,用户程序就执行一次。

CPU 的主要功能是:

①从存储器中读取指令

CPU 从地址总线上给出存储地址,从控制总线上给出读命令,从数据总线上得到读出的指令,并放到 CPU 内部的指令寄存器中。

②执行指令

对存放在指令寄存器中的指令操作码进行译码,执行指令规定的操作。例如:读取输入信号、读取操作数、进行逻辑运算或算术运算、将结果输出或存储等。

③准备取下一条指令

CPU 执行完一条指令后,能根据条件产生下一条指令的地址,以便取出下一条指令并执行。在 CPU 的控制下,用户程序的指令既可以顺序执行,也可以分支或跳转。

④处理中断

CPU 除按顺序执行用户程序外,还能接收输入输出接口发来的中断请求,并进行中断处理,中断处理完毕后,再返回原地址,继续顺序执行用户程序。

(2)存储器

存储器是具有记忆功能的半导体电路,用来存放系统程序、用户程序、逻辑变量、数据和一些其他信息。在 PLC 中使用的存储器主要有 ROM 和 RAM 两种:

①只读存储器 ROM

只读存储器 ROM 中的内容是由生产厂家写入的系统程序,用户不能修改,并且永远驻留(PLC 去电后,内容不会丢失)。系统程序一般主要包括以下几个部分:

检查程序:PLC 通电后,首先由检查程序检查 PLC 各部件操作是否正常,并将检查的结果显示出来。

翻译程序:将用户键入的控制程序翻译成由微电脑指令组成的程序,然后再执行,翻译程序还可以对用户程序进行语法检查。

监控程序:相当于总控程序。监控程序根据用户的需要调用相应的内部程序,例如用编程器选择 PROGRAM 程序工作方式,则监控程序就调用"键盘输入处理程序",将用户的程序送到 RAM 中。若用编程器选择 RUN 运行方式,则总控程序将启动用户程序。

②随机存储器 RAM

随机存储器 RAM 是可读可写存储器,读出时,RAM 中的内容不会被破坏;写入时,原来的信息就会被刚写入的信息所替代。RAM 中一般存储以下内容:

用户程序:选择 PROGRAM 程序工作方式时,用编程器或计算机键盘输入的程序经过预处理后,存放在 RAM 的低地址区。

逻辑变量:在 RAM 中有若干个存储单元用来存储逻辑变量。这些逻辑变量用可编程序控制器的术语来说就是:输入继电器、输出继电器、内部辅助继电器、保持继电器、定时器、计数器、移位寄存器等。

供内部程序使用的工作单元:不同型号的可编程序控制器,其存储器的存储容量是不相同的。在技术使用说明书中,一般都给出了与用户编程和使用有关的指标,如输入、输出继电器的数量;保持继电器的数量;内部辅助继电器的数量;定时器和计数器的数量;允许用户程序的最大长度(一般给出允许用户使用的地址范围)等。这些指标都间接地反映了 RAM 的容量。至于 ROM 的容量则与可编程序控制器的复杂程度有关。

(3)现场输入接口电路

现场输入接口电路是 PLC 与控制现场的进口界面的输入通道。现场输入信号可以是按钮开关、选择开关、行程开关、限位开关,以及其他传感器输出的开关量或模拟量(需通过模/数变换送入 PLC 内部)。这些信号通过"现场接口电路"送到可编程序控制器机内,现场进口电路一般由光电耦合电路和微电脑的输入接口电路组成,以 FX$_{2N}$直流输入系列 PLC 为例,其原理图参见图 10 –2。

①光电耦合电路

采用光电耦合电路与现场输入信号相连接的目的是防止现场的强电干扰进入可编程序控制器。光电耦合电路的核心是光电耦合器。应用最广的是由发光二极管和光电三极管构成的光电耦合器。

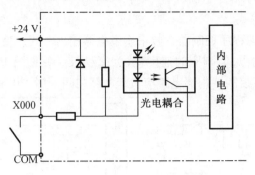

**图 10 - 2　PLC 输入接口电路**

a. 光电耦合器的工作原理。图 10 - 2 中当按钮接通时,电流流过发光二极管使其发光,光电三极管在光信号的照射下导通,其信号便输入 PLC 内部电路。

b. 光电耦合器的抗干扰性能。

· 由于工业现场的信号是靠光信号耦合输入到 PLC 内部的,所以在电性能上实现了输入电路和 PLC 内部电路的完全隔离,因此输出端的信号不会反馈到输入端,也不会产生地线干扰或其他干扰。

· 由于输入端是发光二极管,其正向阻抗小,而外界干扰源的内阻抗一般都比较大,按分压原理计算,干扰源能馈送到 PLC 输入端的干扰噪声很小。

· 由于干扰源的内阻大,虽能产生较高的干扰电压,但能量很小,因此只能产生很微弱的电流。发光二极管只有通过一定量的电流才发光,这就抑制了干扰信号。正是由于可编程序控制器在现场信号输入电路中采用了光电耦合器,因此大大增强了其抗干扰能力,可编程序控制器才得以广泛用于工业现场的自动控制。

图 10 - 2 的 PLC 输入接口电路中的光电耦合器电路采用了两个发光二极管反向并联的方式,这样 PLC 输入电路共用端 COM 的电源极性可正可负,具有更大的灵活性,大多数可编程序控制器具有此功能。也有些 PLC 采用交流电源作为输入电路的电源,使用时应注意区分。

②微电脑的输入接口电路

微电脑的输入接口电路一般由数据输入寄存器、选通电路和中断请求逻辑电路组成,这些电路做在一个集成电路的芯片上。现场的输入信号通过光电耦合送到数据寄存器,然后通过数据总线送给 CPU。

(4)现场输出接口电路

可编程序控制器通过现场接口电路向工业现场的执行部件输出相应的控制信号。现场的执行部件包括电磁阀、继电器、接触器、指示灯、电热器、电气变换器、电动机等被控设备的执行元件。现场接口电路一般由微电脑输出接口电路和功率放大电路组成。

①输出接口电路

输出接口电路一般由输出数据寄存器、选通电路和中断请求电路集合而成。CPU 通过数据总线将要输出的信号放到输出寄存器中,由功率放大电路放大后输出到工业现场。

②功率放大电路

为了适应工业控制的要求,要将微电脑输出的 CMOS 电信号进行功率放大。PLC 所带负载的电源必须外接。

③输出方式

a. 继电器输出。可编程序控制器一般采用继电器输出方式。特点是负载电源可以是交流电源,也可以是直流电源,但响应的速度慢,为毫秒级。参见图 10-3(a)继电器输出方式。由图可见,可编程序控制器内部电路与负载电路之间采用了电磁隔离方式。

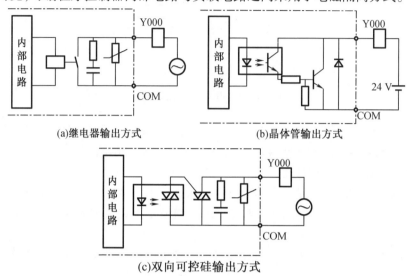

(a)继电器输出方式　　　　(b)晶体管输出方式

(c)双向可控硅输出方式

图 10-3　PLC 输出接口电路

b. 双向可控硅输出。当采用可控硅输出时,所接负载的电源一般只能是交流电源,否则可控硅无法关断,参见图 10-3(c)双向可控硅输出方式。采用可控硅输出的特点是可控硅的耐压高、负载电流大,响应的时间为微秒级。采用双向可控硅输出方式时,可编程序控制器内部电路与外接负载电路之间的隔离一般是由 PLC 内部电路采用光电耦合的方式隔离的。

c. 晶体三极管输出。如图 10-3(b)所示,当采用晶体三极管输出时,所接负载的电源应是直流电源。采用晶体三极管输出的特点是响应的速度快,可以达到纳秒级,由 PLC 内部电路采用光电耦合的方式实现隔离。

在各类可编程序控制器的输入输出电路中:如果采用直流输入方式,其电源一般可由 PLC 本机提供;如果采用交流输入方式,则一般由用户提供交流电源。在输出电路中,负载的电源需用户外接。需要特别指出的是:同一个公共端要接同等级的电压,如果要用不同电压的电源,各自的公共端必须分开使用。

(5)外存储器接口电路

外存储器接口电路是 PC 与 EPROM、盒式录音机等外存设备接口的电路。主要用于:

①用户程序备份

将已调好的用户程序写到外存储器,以便长期保存。一旦由于某种原因使 RAM 中的用户程序遭到破坏,操作人员可以方便地将外存储器中保存的备份程序送入 RAM 中使 PLC 继续运行。

②用于同类产品的成批生产

在用户将某 PLC 控制的样机的程序调试完毕并写到外存储器后,如果该产品需成批生产,就可以通过外存储器将调试好的程序输入给同类产品的 PLC 机,完成用户程序的输入作业,大大提高了效率。

(6)其他接口电路

有些可编程序控制器还配置了一些其他接口,如 A/D 转换、D/A 转换接口、远程通信接口、与计算机相连的接口,以及与 CRT、打印机的接口等,使可编程序控制器能够适应更复杂的控制要求。

(7)键盘与显示器

①键盘

键盘是给操作人员进行各种操作的,键盘上主要有各种命令键、数字键和指令键等。通过键盘,操作人员可以输入、编辑、调试用户程序等。

②显示器

显示器能将可编程序控制器的某些状态显示出来,以通知操作人员。如程控的故障、RAM 后援电池的失效、用户重新语法错误等。还能显示编程信息、操作执行结果,以及输入信号和输出信号的状态等。

(8)电源部件

电源部件将交流电转换成为供 PLC 的中央处理器、存储器等电子电路工作所需的直流电源,使 PLC 能正常工作。大部分可编程序控制器可以向输入电路提供 24 V 的直流电源,此电源的功率很小,一般不能向其他设备提供电源。用户在使用时必须注意这一点。

5. PLC 工作原理

可编程序控制器由于采用了与微机相似的结构形式,其执行指令的过程与一般的微机相同,但是其工作方式却与微机有很大的不同。微机一般采用等待命令的工作方式,如常见的键盘扫描方式或 I/O 扫描方式,当有键按下或 I/O 动作则转入相应的子程序,无键按下则继续扫描。PLC 则采用循环扫描的方式。其工作过程如图 10 - 4 所示。

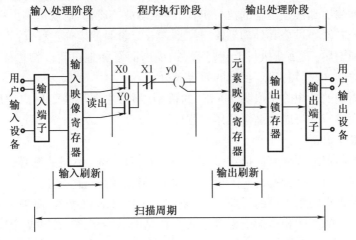

图 10 - 4　PLC 的工作过程

(1)初始化

可编程序控制器每次在电源接通时,将进行初始化工作。主要包括:清 I/O 寄存器和辅助继电器,所有定时器复位,I/O 单元接线等。初始化完成后则进入周期扫描工作方式。

（2）公共处理

公共处理部分主要包括：

①清监视钟。主机的"监视钟"实质上是一个定时器，PLC 在每次扫描结束后使其复位。当 PLC 在 RUN 或 MONITOR 方式下工作时，此定时器检查 CPU 的执行时间，当执行时间超出监视钟的整定时间时表示 CPU 有故障。

②输入/输出部分检查。

③存储器检查及用户程序检查等。

（3）通信

PLC 检查是否有与编程器和计算机通信的要求，若有则进行处理。如接受由编程器送来的程序、命令和各种数据，并把要显示的状态、数据、出错信息等发送给编程器进行显示。如果有与计算机通信的要求，也在这段时间完成数据的接收和发送任务。

（4）读入现场信息

可编程序控制器在这段时间对各个输入端进行扫描，将各个输入端的状态送入输入状态寄存器中，这就是输入采样阶段。以后 CPU 需查询输入端的状态就只访问输入寄存器，而不再扫描各个输入端。

（5）执行用户程序

中央处理器的 CPU 将用户程序的指令逐条调出并执行，以对最新的输入状态和原输出状态（这些状态也称为数据）进行"处理"，即按用户程序对数据进行算术和逻辑运算，将运算结果送到输出寄存器中（注意这时并不立即向 PLC 的外部输出），这就是用户程序执行阶段。

（6）输出结果

当可编程序控制器将所有的用户指令执行完毕时，会集中把输出状态寄存器的状态通过输出部件向外输出到被控设备的执行机构，以驱动被控设备，这就是输出刷新阶段。

可编程序控制器经过公共处理到输出结果这五个阶段的工作过程，称为一个扫描周期，完成一个扫描周期后，又重新执行上述过程，扫描周而复始地进行。扫描周期是 PLC 的重要指标之一，扫描时间越短，PLC 控制的效果越好。

显然扫描周期的长短除了取决于 PLC 的机型以外，主要取决于用户程序的长短，所以用户在编写程序时应尽可能地缩短其用户程序。

6. PLC 的编程语言

可编程序控制器编程语言的形式多样，不同的生产厂家，不同的型号的 PLC，采用的语言形式有所不同，大致分为两大类：图形表达和字符表达的语言。

为满足工业现场技术人员的习惯，PLC 通常不采用计算机语言，而采用直观、形象与电气控制线路或工艺流程图相像的语言表达式。常见的有梯形图、语句表、逻辑符号图、布尔逻辑方程式等，也有采用计算机高级语言表达式的。

（1）梯形图语言

梯形图语言是在继电器控制原理图基础上产生的一种直观、形象的逻辑编程语言。目前大多数 PLC 产品都采用梯形图编程。图 10 - 5 是采用接触器控制的电动机启停控制线路。图 10 - 6 是采用 PLC 控制时的梯形图。可以看出两者之间的对应关系。

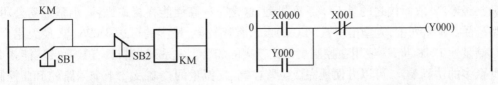

图 10 - 5　电动机启停控制线路　　　　　图 10 - 6　梯形图语言

需要特别指出的是,在图 10 - 5 电动机启停控制线路中,各个元件和触点都是真实存在的,每一个线圈一般只能带几对触点。而在图 10 - 6 中,所有的触点、线圈等都是软元件,没有实物与之对照,PLC 运行时只是执行相应的程序。因此理论上梯形图中的线圈可以带无数多个常开触点以及无数多个常闭触点。这一点初学者务必记住。

(2)语句表语言

语句表语言是一种助记符编程语言。它可在字符显示器下,用语句表描述可编程序控制器控制逻辑。不同的 PLC 的助记符形式不同。下面给出的是图 10 - 6 梯形图的 S7 - 200 PLC 的语句表程序。

| 助记符 | 数据 |
| --- | --- |
| LD | X000 |
| OR | Y000 |
| ANI | X001 |
| OUT | Y000 |

通常情况下,用户利用梯形图进行编程,然后再将所编程序通过编程软件或人工的方法转换成语句表输入到 PLC 中。

(3)逻辑符号图语言

逻辑符号图语言是用数字逻辑电路的器件和逻辑关系的描述形式表达控制逻辑关系。上述程序也可以用图 10 - 7 所示的逻辑符号图程序表示。

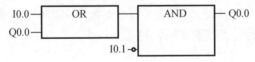

图 10 - 7　逻辑符号图程序

(4)功能图语言

功能图是一种描述顺序逻辑控制的程序设计语言。它由"步""转移""有向线段"等元素组成。

(5)其他编程语言

高级编程语言如:BASIC 语言、C 语言、FORTRAN 语言等

## 二、三菱 PLC 编程基础

1. $FX_{2N}$ 系列可编程控制器基本组成

三菱公司是日本生产 PLC 的主要厂家之一,生产的小型、超小型 PLC 型号有 F,F1,F2,$FX_0$,$FX_1$,$FX_2$ 等系列,中大型模块式 PLC 型号有 AnS,AnA 和 Q4AR 等。小型 PLC 产品中 F

系列已经停产,取而代之的是 FX$_2$ 系列机型,这是一种高性能叠装式机种,也是三菱公司的典型产品。A 系列中,大型模块式 PLC 的点数都比较多,最多的可达 4 096 点,最大用户程序存储量达 124K 步,一般用在控制规模比较大的场合。A 系列产品具有数百条功能指令,类型众多的功能单元,可以方便地完成位置控制、模拟量的控制及几十个回路的 PID 控制,可以方便地和上位机及各种外设进行通信工作,在许多自动化扩展场合应用广泛。

　　FX$_{2N}$ 系列 PLC 是三菱公司 20 世纪 90 年代在 FX 系列 PLC 的基础上推出的新型产品,该机型是一种小型化、高速度、高性能,各方面都相当于 FX 系列中最高档次的小型的 PLC,在运算速度、指令数量及通信能力方面有了较大的进步。

　　FX$_{2N}$ 系列 PLC 由基本单元、扩展单元、扩展模块及特殊功能单元构成。基本单元包括 CPU、存储器、输入/输出口及电源等,是 PLC 的主要部分,每个 PLC 控制系统中必须具有一个基本单元。扩展单元和扩展模块是用于增加 I/O 点数或改变 I/O 点数的比例的装置,扩展单元内有电源,而扩展模块内部无电源,它们内部都没有 CPU,只能和基本单元一起使用。特殊功能模块是具有专门用途的装置,常用的特殊模块有:位置扩展模块、模拟量控制模块、计算机通信模块等。

　　2. FX$_{2N}$ 系列可编程控制器的型号及种类

　　(1) FX$_{2N}$ 系列基本单元型号名称体系及其种类

　　FX$_{2N}$ 系列基本单元型号的表示含义如下:

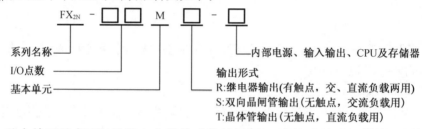

　　每个基本单元最多可以连接 1 个特殊功能扩展板,8 个特殊单元和模块,可扩展连接的最大输入输出点数各为 184 点,但合计输入输出点数应在 256 点以内。

　　FX$_{2N}$ 系列基本单元的种类共有 17 种,见表 10 - 1。

表 10 - 1　FX$_{2N}$ 系列基本单元的种类

| 型号（AC 电源 DC 电源） | | | 输入点数（DC24V） | 输出点数（R,T） | 扩展模块可用点数 |
| --- | --- | --- | --- | --- | --- |
| 继电器输出 | 晶闸管输出 | 晶体管输出 | | | |
| FX$_{2N}$ - 16MR - 001 | FX$_{2N}$ - 16MS - 001 | FX$_{2N}$ - 16MT - 001 | 8 | 8 | 24 ~ 32 点 |
| FX$_{2N}$ - 32MR - 001 | FX$_{2N}$ - 32MS - 001 | FX$_{2N}$ - 32MT - 001 | 16 | 16 | |
| FX$_{2N}$ - 48MR - 001 | FX$_{2N}$ - 48MS - 001 | FX$_{2N}$ - 48MT - 001 | 24 | 24 | 48 ~ 64 点 |
| FX$_{2N}$ - 64MR - 001 | FX$_{2N}$ - 64MS - 001 | FX$_{2N}$ - 64MT - 001 | 32 | 32 | |
| FX$_{2N}$ - 80MR - 001 | FX$_{2N}$ - 80MS - 001 | FX$_{2N}$ - 80MT - 001 | 40 | 40 | |
| FX$_{2N}$ - 128MR - 001 | — | FX$_{2N}$ - 128MT - 001 | 64 | 64 | |

　　(2) FX$_{2N}$ 系列扩展单元型号名称体系及其种类

　　FX$_{2N}$ 系列扩展单元型号的表示含义如下:

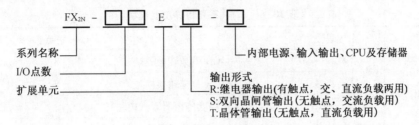

FX$_{2N}$系列扩展单元的种类共有5种,见表10-2。

表10-2 FX$_{2N}$系列扩展单元的种类

| 型号（AC 电源 DC 电源） | | | 输入点数 | 输出点数 | 扩展模块 |
| --- | --- | --- | --- | --- | --- |
| 继电器输出 | 晶闸管输出 | 晶体管输出 | （DC24V） | （R，T） | 可用点数 |
| FX$_{2N}$-32ER-001 | FX$_{2N}$-32ES-001 | FX$_{2N}$-32ET-001 | 16 | 16 | 24~32 点 |
| FX$_{2N}$-48ER-001 | — | FX$_{2N}$-48ET-001 | 24 | 24 | 48~64 点 |

（3）FX$_{2N}$系列扩展模块型号名称体系及其种类

FX$_{2N}$系列扩展模块型号的表示含义如下:

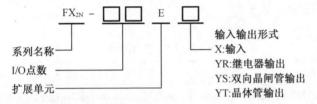

FX$_{2N}$系列扩展模块的种类共有7种,见表10-3。

表10-3 FX$_{2N}$系列扩展模块的种类

| 型号 | | | | 输入点数 | 输出点数 |
| --- | --- | --- | --- | --- | --- |
| 输入 | 继电器输出 | 晶闸管输出 | 晶体管输出 | （DC24V） | |
| FX$_{2N}$-16EX | — | — | — | 16 | — |
| FX$_{2N}$-16EX-C | — | — | — | 16 | — |
| FX$_{2N}$-16EXL-C | — | — | — | 16 | — |
| — | FX$_{2N}$-16ERY | FX$_{2N}$-16EYS | FX$_{2N}$-16EYT | — | 16 |
| — | — | — | FX$_{2N}$-16EYT-C | — | 16 |

（4）FX$_{2N}$系列特殊功能模块型号的种类

FX$_{2N}$系列特殊功能模块的种类共有17种,见表10-4。

表 10 - 4　FX$_{2N}$系列特殊功能模块

| 分类 | 型号 | 名称 | 占用点数 | 耗电量 |
|---|---|---|---|---|
| 模拟量控制模块 | FX$_{2N}$ - 4AD | 4CH 模数转换模块 | 8 | 30 mA |
| | FX$_{2N}$ - 4DA | 4CH 数模转换模块 | 8 | 30 mA |
| | FX$_{2N}$ - 4AD - PT | 4CH 温度传感器输入模块 | 8 | 30 mA |
| | FX$_{2N}$ - 4AD - TC | 4CH 热电偶传感器输入模块 | 8 | 30 mA |
| 位置定位模块 | FX$_{2N}$ - 1HC | 50kHz 2 相调整计数器 | 8 | 90 mA |
| | FX$_{2N}$ - 1PG | 100k/s 脉冲输出模块 | 8 | 55 mA |
| 计算机通信模块 | FX$_{2N}$ - 232IF | RS232C 通信接口 | 8 | 40 mA |
| 特殊功能扩展板 | FX$_{2N}$ - 232 - BD | RS232 通信板 | — | 20 mA |
| | FX$_{2N}$ - 422 - BD | RS422 通信板 | — | 60 mA |
| | FX$_{2N}$ - 485 - BD | RS485 通信板 | — | 60 mA |

**3. FX$_{2N}$系列可编程控制器的性能指标**

在选择和使用可编程控制器时应注意可编程控制器的性能指标,这样才能保证其工作正常。FX$_{2N}$性能指标见表 10 - 5。

表 10 - 5　FX$_{2N}$系列性能指标

| | | | |
|---|---|---|---|
| 运动控制方式 | | 存储程序反复运算方式(专用 LSI),中断命令 | |
| 输入输出控制方式 | | 批处理方式(执行 END 指令时),但是有 I/O 刷新指令 | |
| 程序语言 | | 继电器符号 + 步进梯形图方式(可用 SFC 表示) | |
| 程序存储器 | 最大存储容量 | 16 K 步,(含注释文件寄存器最大 16 K) | |
| | 内置存储器容量 | 8 K 步,RAM(内置锂电池后备) | |
| | 可选存储卡盒 | RAM8 K,EEPROM4 K,8 K/16 K/EPROM8 K 步 | |
| 指令种类 | 顺控指令 | 顺控指令 27 条,步进梯形图指令 2 条 | |
| | 应用指令 | 128 种,298 个 | |
| 运算处理速度 | 基本指令 | 0.08 μs/指令 | |
| | 应用指令 | 1.52 - 数 100 μs/指令 | |
| 输入输出点数 | 扩展并用时输入点数 | X000 - X267　　184 点(8 进制编号) | |
| | 扩展并用时输出点数 | Y000 - Y267　　184 点(8 进制编号) | |
| | 扩展并用时总点数 | 256 点 | |
| 辅助继电器 | 一般用① | M0 ~ M499　　500 点 | |
| | 保持用② | M500 ~ M1023　　524 点 | |
| | 保持用③ | M1024 ~ M3071　　2 048 点 | |
| | 特殊用 | M8000 ~ M8255　　156 点 | |

**表 10 - 5**(续)

| | | | |
|---|---|---|---|
| 状态寄存器 | 初始化 | S0 ~ S9 | 10 点 |
| | 一般用① | S10 ~ S499 | 490 点 |
| | 保持用② | S500 ~ S899 | 400 点 |
| | 信号用③ | S900 ~ S999 | 100 点 |
| 定时器 | 100 ms | T0 ~ T199 | 200 点(0.1 ~ 3 276.7 s) |
| | 10 ms | T200 ~ T245 | 46 点(0.01 ~ 327.67 s) |
| | 1 ms 积算型③ | T246 ~ T249 | 4 点(0.001 ~ 32.767 s) |
| | 100 ms 积算型③ | T250 ~ T255 | 6 点(0.1 ~ 3 276.7 s) |
| 计数器 | 16 位向上① | C0 ~ C99 | 100 点(0 ~ 32 767) |
| | 16 位向上② | C100 ~ C199 | 100 点(0 ~ 32 767) |
| | 32 位双向① | C200 ~ C219 | 20 点( -2 147 483 648 ~ +2 147 483 647) |
| | 32 位双向② | C220 ~ C234 | 15 点( -2 147 483 648 ~ +2 147 483 647) |
| | 32 位高速双向② | C235 ~ C255 | 6 点 |
| 数据寄存器 | 16 位通用① | D0 ~ D199 | 200 点 |
| | 16 位保持用② | D200 ~ D511 | 312 点 |
| | 16 位保持用③ | D512 ~ D7999 | 7 488 点 |
| | 16 位保持用 | D8000 ~ D8195 | 106 点 |
| | 16 位保持用 | V ~ V7,Z0 ~ Z7 | 16 点 |
| 指针 | JAMP,CALL 分支用 | P0 ~ P127 | 128 点 |
| | 输入中断,计时中断 | I0 ~ I8 | 9 点 |
| | 计数中断 | I010 ~ I060 | 6 点 |
| 嵌套 | 主控 | N0 ~ N7 | 8 点 |
| 常数 | 10 进制(K) | 16 位 -32 768 ~ +32 767<br>32 位 -2 147 483 648 ~ +2 147 483 647 | |
| | 16 进制(H) | 16 位 0 ~ FFFF | 32 位 0 ~ FFFFFFFF |

注:①②分别为非电池后备区和电池后备区,通过参数设置可相互转换。③电池后备固定区,不可改。

## 三、三菱 FX 系列 PLC 基本指令

1. 逻辑取与输出线圈驱动指令 LD,LDI,OUT

(1)指令功能

LD,LDI,OUT 指令功能、梯形图表示、操作软元件、所占程序步数如表10-6所示。

表10-6　指令助记符和功能

| 助记符名称 | 功能说明 | 梯形图表示及可用元件 | 程序步 |
|---|---|---|---|
| 〔LD〕取 | 逻辑运算开始,与主母线连接一常开触点 | XYMSTC ⊣├┤ ──( )─┤ | 1 |
| 〔LDI〕取反 | 逻辑运算开始,与主母线连接一常闭触点 | XYMSTC ⊣╱├ ──( )─┤ | 1 |
| 〔OUT〕输出 | 线圈驱动指令 | YMSTC ⊣├ ──( )─┤ | Y,M:1;T:3; S,特 M:2;C:3~5 |

注:当使用 M1536~M3071 时程序步加1。C 为32位计数器时为5步,为16位计数器时为3步。

(2)指令使用说明

LD,LDI 用于将触点与左母线连接,还可以和 ANB,ORB 指令配合使用,用于分支回路的起点。

OUT 指令用于对输出继电器 Y、辅助继电器 M、状态 S、定时器 T、计数器 C 的线圈驱动。不能用于输入继电器,可并联输出但不能串联输出。

应用举例如图10-8所示:

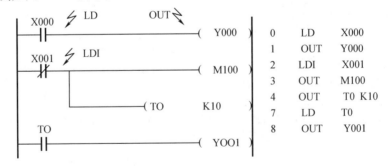

图10-8　LD,LDI,OUT 指令应用

2. 触点串联指令 AND,ANI

(1)指令功能

AND,ANI 指令功能、梯形图表示、操作软元件、所占程序步数如表10-7所示。

**表 10 – 7    指令助记符和功能**

| 助记符名称 | 功能说明 | 梯形图表示及可用元件 | 程序步 |
|---|---|---|---|
| 〔AND〕<br>与 | 串联连接常开触点 | XYMSTC | 1 |
| 〔ANI〕<br>与非 | 串联连接常闭触点 | XYMSTC | 1 |

注:当使用 M1536 ~ M3071 时程序步加 1。

（2）指令使用说明

AND,ANI 指令用于单个触点的串联连接,串联的数目没有限制,AND 常用于串联常开触点,ANI 常用于串联常闭触点。

在 OUT 指令之后,可以通过串联触点对其他线圈进行驱动。如图 10 – 9 所示。在 OUT M100 之后串联 T1 触点对 Y001 线圈输出。

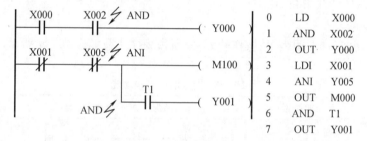

**图 10 – 9    AND,ANI 指令应用**

3. 触点并联指令 OR,ORI

（1）指令功能

OR,ORI 指令功能、梯形图表示、操作软元件、所占程序步数如表 10 – 8 所示。

**表 10 – 8    指令助记符和功能**

| 助记符名称 | 功能说明 | 梯形图表示及可用元件 | 程序步 |
|---|---|---|---|
| 〔OR〕<br>或 | 并联连接常开触点 | XYMSTC | 1 |
| 〔ORI〕<br>或非 | 并联连接常闭触点 | XYMSTC | 1 |

注:当使用 M1536 ~ M3071 时程序步加 1。

（2）指令使用说明

OR,ORI 指令用于单个触点的并联连接, OR 常用于并联常开触点,ORI 常用于并联常闭触点。

与 LD,LDI 指令触点并联的触点要用 OR,ORI 指令,并联的触点个数没有限制。如图 10 – 10 所示。

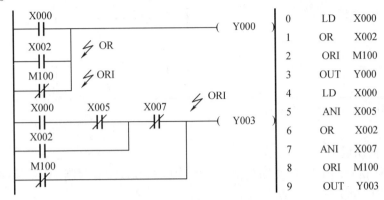

图 10 – 10　OR,ORI 指令应用

4.串联电路块并联指令 ORB

(1)指令功能

ORB 指令功能、梯形图表示、操作软元件、所占程序步数如表 10 – 9 所示。

表 10 – 9　指令助记符和功能

| 助记符名称 | 功能说明 | 梯形图表示及可用元件 | 程序步 |
|---|---|---|---|
| 〔ORB〕<br>电路块或 | 串联电路块的并联连接 | | 1 |

(2)指令使用说明

ORB 指令是不带操作软元件的指令。两个以上的触点串联连接的支路为串联电路块,将串联电路块再并联连接时,分支开始用 LD,LDI 指令表示,分支结束用 ORB 指令表示。

有多条串联电路块并联时,每并联一个电路块用一个 ORB 指令,并联的电路块数没有限制。如图 10 – 11 所示。

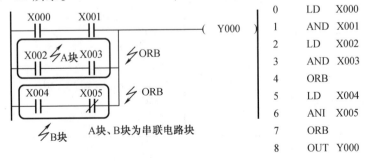

图 10 – 11　ORB 指令应用

5. 并联电路块串联指令 ANB

（1）指令功能

ANB指令功能、梯形图表示、操作软元件、所占程序步数如表10-10所示。

表 10 – 10　指令助记符和功能

| 助记符名称 | 功能说明 | 梯形图表示及可用元件 | 程序步 |
|---|---|---|---|
| 〔ANB〕<br>电路块与 | 并联电路块的串联连接 | | 1 |

（2）指令使用说明

ANB指令是不带操作软元件的指令。两个或两个以上触点并联连接的电路称为并联电路块。当分支并联电路块与前面的电路块串联连接时,使用ANB指令。分支起点用LD,LDI指令,并联电路块结束后使用ANB指令表示。

多个并联电路块按顺序和前面的电路串联连接时,则ANB指令的使用次数不受限制。如图10-12所示。

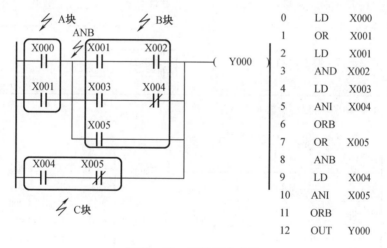

| 0 | LD | X000 |
|---|---|---|
| 1 | OR | X001 |
| 2 | LD | X001 |
| 3 | AND | X002 |
| 4 | LD | X003 |
| 5 | ANI | X004 |
| 6 | ORB | |
| 7 | OR | X005 |
| 8 | ANB | |
| 9 | LD | X004 |
| 10 | ANI | X005 |
| 11 | ORB | |
| 12 | OUT | Y000 |

图 10 – 12　ANB指令应用

6. 脉冲指令 LDP,LDF,ANDP,ANDF,ORP,ORF

（1）指令功能

脉冲指令 LDP,LDF,ANDP,ANDF,ORP,ORF 的指令功能、梯形图表示、操作软元件、所占程序步数如表10-11所示。

（2）指令使用说明

①LDP,ANDP,ORP 指令是进行上升沿检测触点指令,是当操作软元件由 OFF→ON 时,使驱动线圈接通1个扫描周期。

②LDF,ANDF,ORF 指令是进行下降沿检测触点指令,是当操作软元件由 ON→OFF 时,使驱动线圈接通1个扫描周期。

③应用举例如图10-13所示,工作时序如图10-14所示。

表 10-11　指令助记符和功能

| 助记符名称 | 功能说明 | 梯形图表示及可用元件 | 程序步 |
|---|---|---|---|
| 〔LDP〕<br>取脉冲 | 逻辑运算开始与主母线连接的<br>上升沿检测 | XYMSTC | 1 |
| 〔LDF〕<br>取脉冲 | 逻辑运算开始与主母线连接的<br>下降沿检测 | XYMSTC | 1 |
| 〔ANDP〕<br>与脉冲 | 串联连接上升沿检测 | XYMSTC | 1 |
| 〔ANDF〕<br>与脉冲 | 串联连接下降沿检测 | XYMSTC | 1 |
| 〔ORP〕<br>或脉冲 | 并联连接上升沿检测 | XYMSTC | 1 |
| 〔ORF〕<br>或脉冲 | 并联连接下降沿检测 | XYMSTC | 1 |

注:当使用 M1536~M3071 时程序步加 1。

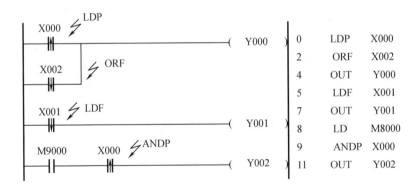

图 10-13　脉冲指令应用

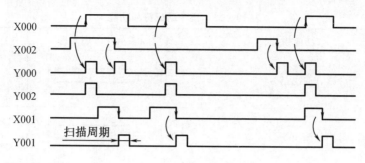

**图 10 - 14　脉冲指令应用时序图**

7. 置位与复位指令 SET,RST

（1）指令功能

置位与复位指令 SET,RST 的指令功能、梯形图表示、操作软元件、所占程序步数如表 10 - 12 所示。

**表 10 - 12　指令助记符和功能**

| 助记符名称 | 功能说明 | 梯形图表示及可用元件 | 程序步 |
|---|---|---|---|
| 〔SET〕<br>置位 | 线圈接通保持指令 | ─┤├─── SET│YMS ─── | Y,M:1;C,T:2;S,<br>特 M:2;D,V,Z,特<br>D:3 |
| 〔RST〕<br>复位 | 线圈接通清除指令 | ─┤├─── RST│YMSTCD ─── | |

（2）指令使用说明

①SET 为置位指令,使线圈接通保持(置1)。RST 为复位指令,使线圈断开复位(置0)。

②对同一操作软元件,SET,RST 可多次使用,不限次数,但最后执行者有效。

③对数据寄存器 D、变址寄存器 V 和 Z 的内容清零,既可以用 RST 指令,也可以用常数 K0 经传送指令清零,效果相同。RST 指令也可以用于积算定时器 T246 - T255 和计数器 C 的当前值的复位和触点复位。

④应用举例如图 10 - 15、10 - 16 所示。

X000<br>─┤├─[SET　Y000 ]<br>X001<br>─┤├─[RST　Y000 ]

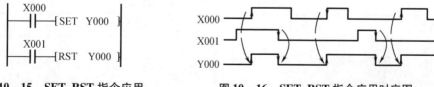

**图 10 - 15　SET,RST 指令应用**　　　　**图 10 - 16　SET,RST 指令应用时序图**

8. 脉冲输出指令 PLS,PLF

（1）指令功能

PLS,PLF 指令功能、梯形图表示、操作软元件、所占程序步数如表 10 - 13 所示。

表 10－13　指令助记符和功能

| 助记符名称 | 功能说明 | 梯形图表示及可用元件 | 程序步 |
|---|---|---|---|
| 〔PLS〕<br>上沿脉冲 | 上升沿微分输出指令 | ⊣├── PLS YM | 2 |
| 〔PLF〕<br>下沿脉冲 | 下降沿微分输出指令 | ⊣├── PLF YM | 2 |

注：当使用 M1536～M3071 时程序步加1。特殊继电器不能作为 PLS 或 PLF 的操作软元件。

（2）指令使用说明

①PLS,PLF 为微分脉冲输出指令。PLS 指令使操作软元件在输入信号上升沿时产生一个扫描周期的脉冲输出。PLF 指令则使操作软元件在输入信号下降沿产生一个扫描周期的脉冲输出。

②在图 10－17 程序时序图中可以看出,PLS,PLF 指令可以将输入元件的脉宽较宽的输入信号变成脉宽等于可编程控制器的扫描周期的触发脉冲信号,相当于对输入信号进行了微分。

③应用举例如图 10－18 所示。

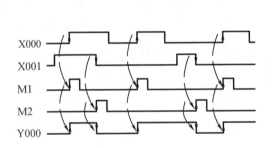

图 10－17　SET,RST 指令应用时序图

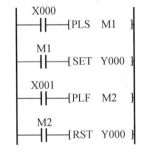

图 10－18　SET,RST 指令应用

9. 栈操作指令 MPS,MRD,MPP

（1）指令功能

MPS,MRD,MPP 指令功能、梯形图表示、操作软元件、所占程序步数如表 10－14 所示。

表 10－14　指令助记符和功能

| 助记符名称 | 功能说明 | 梯形图表示及可用元件 | 程序步 |
|---|---|---|---|
| 〔MPS〕<br>进栈 | 连接点数据入栈 | | 1 |
| 〔MRD〕<br>读栈 | 从堆栈读出连接点数据 | | 1 |
| 〔MPP〕<br>出栈 | 从堆栈读出连接点数据并复位 | | 1 |

（2）指令使用说明

①这组指令分别是进栈、读栈、出栈指令，用于多重分支输出的电路中将连接点数据先存储，便于连接后面的电路时读出或取出该数据。

②在 $FX_{2N}$ 系列可编程控制器中有 11 个用来存储运算中间结果的存储区域，称为栈存储器。在使用栈指令时，使用一次 MPS 指令，便将此刻的中间运算结果送入堆栈的第一层，而将原来存在堆栈的第一层数据移往堆栈的下一层。MRD 指令是读出栈存储器最上层的最新数据，此时堆栈内的数据不移动。可供多重分支输出电路使用。MPP 指令是读出栈存储器最上层的数据，其余数据顺次向上移动一层，出栈的数据从栈存储器中消失。

③应用举例如图 10 - 19 所示。

a. MPS（进栈指令）：将运算结果（数据）压入栈存储器的第一层（栈顶），同时将先前送入的数据依次移到栈的下一层。

b. MRD（读栈指令）：将栈存储器的第一层内容读出且该数据继续保存在栈存储器的第一层，栈内的数据不发生移动。

c. MPP（出栈指令）：将栈存储器中的第一层内容弹出且该数据从栈中消失，同时将栈中其他数据依次上移。

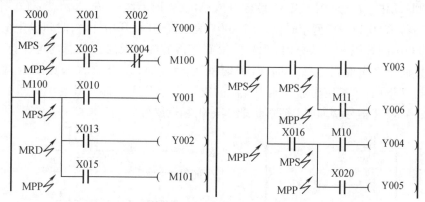

图 10 - 19 二层堆栈指令应用

10.定时器的应用

定时器相当于继电器电路中的时间继电器，可在程序中用于延时控制。$FX_{2N}$ 系列可编程控制器中的定时器〔T〕有四种类型，其地址编号按十进制分配，见表 10 - 15。

表 10 - 15 $FX_{2N}$ 系列可编程控制器中的定时器〔T〕地址编号

| 100 ms 型<br>0.1 ~ 3 276.7 s | 10 ms<br>0.01 ~ 327.67 s | 1 ms 积算型<br>0.001 ~ 32.767 s | 100 ms 积算型<br>0.1 ~ 3 276.7 s |
|---|---|---|---|
| T0 ~ T199　200 点<br>其中：T192 ~ T199<br>用于子程序 | T200 ~ T245<br>46 点 | T246 ~ T249<br>4 点<br>执行中断电池备用 | T250 ~ T255<br>6 点<br>电池备用 |

注：1.在子程序中与中断程序内请采用 T192 ~ T199 定时器。这种计时器在执行线圈指令时或执行 END 指令时计时。如果计时达到设定值，则在执行线圈指令或 END 指令时，输出触点动作。

2.普通计时器只是在执行线圈指令时计时。如果仅在某种条件下执行线圈指令的子程序中使用，就不计时,不能正常动作。

3. 如果在子程序或中断程序内采用 1 ms 积算定时器,在其达到设定值之后,在执行最初的线圈指令时,输出触点动作。

可编程控制中的定时器是对机内 1 ms,10 ms,100 ms 等不同规格时钟脉冲累加计时的。定时器除了占有自己编号的存储器外,还占有一个设定值寄存器和一个当前值寄存器。设定值寄存器存放程序赋予的定时设定值,当前值寄存器记录计时的当前值。这些寄存器均为 16 位二进制存储器,其最大值乘定时器的计时单位值即为定时器的最大计时范围值。定时器满足计时条件时,当前寄存器开始计时,当它的当前计数值与设定值寄存器存放的设定值相等时,定时器输出触点动作。定时器可采用程序存储器内的十进制常数(K)作为定时设定值,也可在数据寄存器 D 的内容中进行间接指定,但注意,用数据寄存器内容作为设定值时,一般应使用具有掉电保持功能的数据寄存器。

图 10 - 20 是定时器的应用举例。图(a)为非积算型定时器的梯形图和时序图,图(b)为积算型定时器的梯形图和时序图。图(a)中当 X000 信号接通时,T10 开始计时。K20 为设定值,其时间设定值 $= 20 \times 100$ ms $= 2$ s,当计时当前值为 2 s 时,T10 的常开触点闭合,输出线圈 Y000 动作。在计时中,当 X000 断开或停电,定时器复位,输出触点复位。图(b)中使用的定时器 T250 为积算型定时器。当 X001 信号接通时,开始计时,时间设定值为 35 s。当定时器 X001 断开或 PLC 失电时,其当前值寄存器的内容及触点状态均可保持,当 X001 信号再次接通或来电时可继续计时,计时时间为 35 s 时,T250 常开触点闭合,输出线圈 Y001 动作。T250 积算型定时器只能用专门的复位指令 RST 才能对其复位。图中 X002 为复位信号,当 X002 信号接通时,定时器复位,输出触点复位。

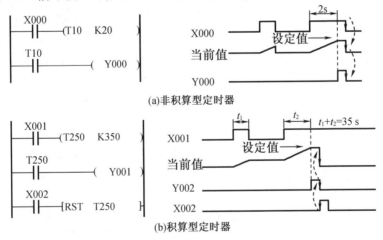

图 10 - 20　定时器的应用

11. 计数器的应用

计数器 C 在程序中用作计数控制。FX$_{2N}$ 系列可编程控制器中的内部计数器 C 有两种类型,其地址编号按十进制分配,如表 10 - 16 所示。

表 10 – 16　FX$_{2N}$ 系列可编程控制器中内部计数器分类地址分配

| 16 位增计数型计数器 (1 ~ 32 767) | | 32 位增/减型双向计数器 ( – 2 147 483 648 ~ + 2 147 483 648) | |
| --- | --- | --- | --- |
| 普通用途 | 停电保持型 | 普通用途 | 停电保持型 |
| C0 ~ C99[①] | C100 ~ C199[②] | C200 ~ T219[①] | C220 ~ C234[②] |
| 100 点 | 100 点 | 20 点 | 15 点 |

注:①非电池后备区域。利用外围设备的参数设定,可变为备用(停电保持)区域。

②电池后备区域(停电保持)。利用参数设定,可变为非电池后备区域。

(1)16 位增计数器型计数的应用

16 位是指其设定值及当前值寄存器为二进制 16 位寄存器,其设定值在 1 ~ 32 767 范围内有效。设定值 K0 与 K1 意义相同,均在第一次计数时,其触点动作。

图 10 – 21 为 16 位计数器的工作过程。计数输入 X011 是计数器的计数条件,X011 每次驱动计数器 C0 的线圈时,计数器当前值加 1。K10 为计数器的设定值。当第 10 次驱动计数器 C0 线圈指令时,计数器的当前值和设定值相等,触点动作,Y000 动作。在 C0 的常开触点闭合后,即使 X011 再动作,计数器的当前状态保持不变。

在电源正常的情况下,计数器的当前值寄存器具有记忆功能,在计数器重新开始计数前,要用复位指令才能对当前值寄存器复位。图中当 X010 接通时,执行复位指令,计数器的当前值复位为 0,输出触点也复位。

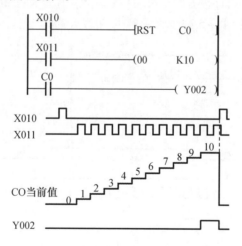

图 10 – 21　16 位计数器的工作时序图

计数器的设定值,除了常数外,也可以间接通过数据寄存器设定。若使用计数器 C100 ~ C199,即使停电,当前值和输出触点状态,也能保持不变。

(2)32 位增/减型双向计数器应用

32 位是指计数器的设定值寄存器为 32 位,32 位中首位为符号位。设定值的最大值是 31 位二进制数所表示的十进制数,即为 – 2 147 483 648 ~ + 2 147 483 647。设定值可直接用常数 K 或间接用数据寄存器 D 的内容设定。间接设定值时,要用组件号紧连在一起的两个数据寄存器表示,例如,C200 用数据寄存器设定初值的表示方法是 D0(D1)。

增/减计数器的方向由特殊辅助寄存器 M8200～M8234 设定,例如当 M8200 接通时,C200 为减计数计数器,当 M8200 断开时,C200 为增计数计数器。32 位计数器增/减计数的方向切换所用的对应特殊辅助寄存器地址号见表 10-17。

表 10-17　32 位增/减计数器计数切换用的辅助继电器的地址号

| 计数器地址号 | 方向切换 | 计数器地址号 | 方向切换 | 计数器地址号 | 方向切换 | 计数器地址号 | 方向切换 |
|---|---|---|---|---|---|---|---|
| C200 | M8200 | C209 | M8209 | C218 | M8218 | C226 | M8226 |
| C201 | M8201 | C210 | M8210 | C219 | M8219 | C227 | M8227 |
| C202 | M8202 | C211 | M8211 | — | — | C228 | M8228 |
| C203 | M8203 | C212 | M8212 | C220 | M8220 | C229 | M8229 |
| C204 | M8200 | C213 | M8213 | C221 | M8221 | C230 | M8230 |
| C205 | M8205 | C214 | M8214 | C222 | M8222 | C231 | M8231 |
| C206 | M8206 | C215 | M8215 | C223 | M8223 | C232 | M8232 |
| C207 | M8207 | C216 | M8216 | C224 | M8224 | C233 | M8233 |
| C208 | M8208 | C217 | M8217 | C225 | M8225 | C234 | M8234 |

图 10-22 为 32 位加减计数器的动作过程。图中 X014 作为计数输入驱动 C200 线圈进行加计数或减计数,X012 为计数方向选择,计数器设定值为 K-5,当计数器的当前值由 -6 增加为 -5 时,其触点置 1,由 -5 减少为 -6 时,其触点置 0。

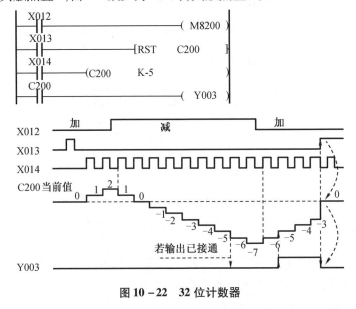

图 10-22　32 位计数器

当复位条件 X013 接通时,执行 RST 指令,则计数器的当前值为 0,输出触点也复位。若使用停电保持计数器,其当前值和输出触点状态皆能断电保持。

12. 步进指令

（1）指令功能

STL,RET 指令功能、梯形图表示、操作软元件、所占程序步数如表 10 - 18 所示。

**表 10 - 18　指令助记符和功能**

| 助记符名称 | 功能说明 | 梯形图表示及可用元件 | 程序步 |
|---|---|---|---|
| 〔STL〕<br>步进阶梯 | 步进阶梯开始 | | 1 |
| 〔RET〕<br>返回 | 步进阶梯结束 | | 1 |

在步进阶梯梯形图中,步进阶梯指令表示的方法是,将机械控制的各个动作或工序用状态(S)表示,然后将输入条件与输出控制按顺序编程。表示工序的状态(S)软元件在 $FX_{2N}$ 型 PLC 中有 S0 ~ S899 共 900 个,其中 S0 ~ S9 为初始状态,S10 ~ S19 供返回原点使用。一般状态从 S20 开始。

步进接点指令只有常开触点,连接步进接点的其他继电器接点用指令 LD 或 LDI 开始。步进返回指令(RET)用于状态(S)流程结束时,返回主程序(母线)。步进指令在状态转移图和状态梯形图中的表示如图 10 - 23 所示。

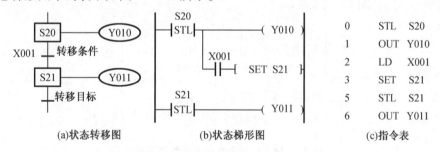

(a)状态转移图　　　(b)状态梯形图　　　(c)指令表

**图 10 - 23　步进指令表示方法**

图 10 - 23 中的每个状态的内母线上都将提供三种功能:①驱动负载(OUT Yi);②指定转移条件(LD/LDI Xi);③指定转移目标(SET Si),称为状态的三要素。后两个功能是必不可少的。

步进指令的执行的过程是:当进入某一状态(例如 S20)时,S20 的 STL 接点接通,输出继电器线圈 Y010 接通,执行操作处理。如果转移条件满足(例如 X001 接通),下一步的状态继电器 S21 被置位,则下一步的步进接点(S21)接通,转移到下一步状态,同时将自动复位原状态 S20(即自动断开)。

使用步进指令时应先设计状态转移图,再由状态转移图转换成状态梯形图。状态转移图中的每个状态表示顺序控制中的每步工作的操作,因此常用步进指令实现时间或位移等顺序控制的操作过程。使用步进指令不仅可以简单、直观地表示顺序操作的流程图,而且可以非常容易设计许多流程顺序控制,并且能够减少程序条数,使程序易于理解。

（2）指令使用说明

①步进接点在状态梯形图中与左母线相连,具有主控制功能,STL右侧产生的新母线上的接点要用LD或LDI指令开始。RET指令可以在一系列的STL指令最后安排返回,也可以在一系列的STL指令中需要中断返回主程序逻辑时使用。

②当步进接点接通时,其后面的电路才能按逻辑动作。如果步进接点断开,则后面的电路全部断开,相当于该段程序跳过。若需要保持输出结果,可用SET和RST指令。

③可以在步进接点内处理的顺控指令如表10 - 19所示。

表10 - 19　可在状态内处理的顺控指令一览表

| 状态 | | 指令 | | |
|---|---|---|---|---|
| | | LD/LDI/LDP/LDF AND/ANI/ANDP/ANDF OR/ORI/ORP/ORF/INV/OUT, SET/RST,PLS/PLF | ANB/ORB MPS/MRD/MPP | MC/MCR |
| 初始状态/一般状态 | | 可以使用 | 可以使用 | 不可以使用 |
| 分支,汇合状态 | 输出处理 | 可以使用 | 可以使用 | 不可以使用 |
| | 转移处理 | 可以使用 | 不可以使用 | 不可以使用 |

表中栈指令MPS/MRD/MPP在状态内不能直接与步进接点后的新母线连接,应在LD或LDI指令之后,如图10 - 24所示。

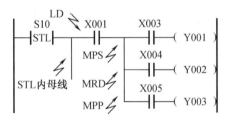

图10 - 24　栈指令在状态内的正确使用

④允许同一元件的线圈在不同的STL接点后面多次使用。但是应注意,定时器线圈不能在相邻的状态中出现。在同一个程序段中,同一状态继电器地址号只能使用一次。

⑤在STL指令的内母线上将LD或LDI指令编程后,将不能对没有触点的线圈进行编程,如图10 - 25(a)所示为错误的编程方法,应改成如图(b)或(c)所示。

为了控制电机正反转时避免两个线圈同时接通短路,在状态内可实现输出线圈互锁,方法如图10 - 26所示。

13. FX$_{2N}$系列PLC的指令系统汇总

FX$_{2N}$系列可编程控制器的编程语言主要是梯形图和指令表。指令表由指令集合而成,且和梯形图有严格的对应关系。FX$_{2N}$系列可编程控制器有基本指令27条,步进顺控指令2条,应用指令128种(298条)。

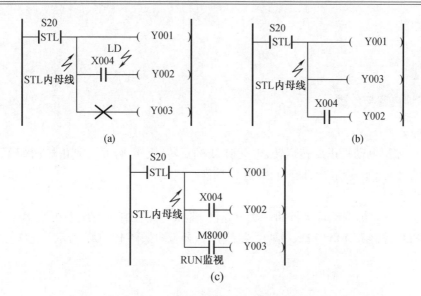

图 10 – 25　状态内没有触点线圈的编程

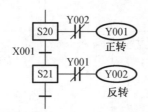

图 10 – 26　输出线圈互锁控制

**技能训练**

# 技能训练一　PLC 控制三相异步电动机正反转电路的安装与调试

## 一、实训目的

1. 正确设计电路图,正确安装电动机主电路及 PLC 外部电路
2. 掌握互锁、自锁的概念及接线方式
3. 独立编写程序实现控制要求

## 二、实训器材

1. 三相交流电源
2. 三菱 PLC
3. 电工通用工具
4. 断路器
5. 熔断器
6. 接触器

7. 按钮开关

8. 电动机

9. 导线

### 三、实训内容与步骤

**1. 任务要求**

用 PLC 控制电动机正反转运转,电动机 M 的正转、反转、停止分别由按钮 SB1,SB2,SB3 控制。电动机的正反转运行具有自锁、互锁功能。

**2. 电路绘制**

正确绘制电动机正反转运行的一次电路图,要求电路控制具有电动机过载保护功能;按规范绘制 PLC 控制 I/O 口(输入/输出)接线图。参考图如图 10 – 27 所示。I/O 分配表见表 10 – 21。

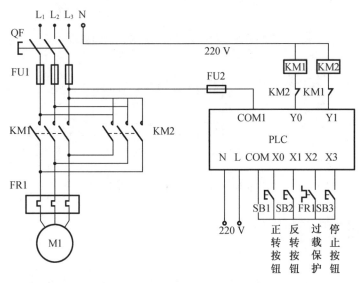

图 10 – 27    电动机正反转接线图

表 10 – 21    I/O 分配表

| 输入 | | | 输出 | | |
|---|---|---|---|---|---|
| 地址 | 符号 | 功能 | 地址 | 符号 | 功能 |
| X0 | SB1 | 正转按钮 | Y0 | KM1 | 正转接触器 |
| X1 | SB2 | 反转按钮 | Y1 | KM2 | 反转接触器 |
| X2 | FR1 | 过载保护 | | | |
| X3 | SB3 | 停止按钮 | | | |

**3. 安装与接线**

按 PLC 控制 I/O 口(输入/输出)接线图在配线板上正确安装,元件在配线板上布置要合理,安装要准确、紧固,配线导线要紧固、美观,导线要垂直进行线槽,导线要有端子标号,引出端要用接线端头。

### 4. 程序编写及下载

正确地将所编程序输入 PLC,按照被控设备的动作要求进行模拟操作调试,达到设计要求。参考程序如图 10-28 所示。

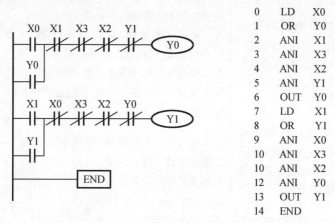

| 0 | LD | X0 |
|---|----|----|
| 1 | OR | Y0 |
| 2 | ANI | X1 |
| 3 | ANI | X3 |
| 4 | ANI | X2 |
| 5 | ANI | Y1 |
| 6 | OUT | Y0 |
| 7 | LD | X1 |
| 8 | OR | Y1 |
| 9 | ANI | X0 |
| 10 | ANI | X3 |
| 10 | ANI | X2 |
| 12 | ANI | Y0 |
| 13 | OUT | Y1 |
| 14 | END | |

**图 10-28　电动机正反转梯形图及指令**

### 5. 通电调试

通电前正确使用电工工具及万用表,进行仔细检查。

### 四、评分标准

评分标准见表 10-22。

**表 10-22　评分标准**

| 序号 | 考核内容 | 考核要点 | 评分标准 | 配分 | 扣分 | 得分 |
|------|----------|----------|----------|------|------|------|
| 1 | 绘图部分 | 按照电气规范,正确绘图 | 1. 按照 PLC 控制的要求,绘制二次控制原理图,本项计 2 分<br>2. 绘制 PLC 的 I/O 接口图,本项计 5 分<br>3. 输入、输出定义号不正确每处扣 1 分<br>4. PLC 电源不正确,扣 1 分<br>5. PLC 继电器输出部分电源不正确,扣 1 分<br>6. 本项配分扣完为止 | 8 | | |
| 2 | 编程部分 | 编制 PLC 程序 | 1. 能将编制的 PLC 程序传输至 PLC,得 2 分<br>2. PLC 程序编制有误,每处扣 2 分<br>3. 本项配分扣完为止 | 10 | | |

表 10 - 22(续)

| 序号 | 考核内容 | 考核要点 | 评分标准 | 配分 | 扣分 | 得分 |
|---|---|---|---|---|---|---|
| 3 | 安装布线 | 按照电气安装规范,依据电路图正确完成本次考核线路的安装和接线 | 1.不按图接线每处扣1分<br>2.电源线和负载接线不正确,每处扣1分<br>3.电器安装不牢固、不平正,不符合设计及产品技术文件的要求,每项扣1分<br>4.电机外壳没有接零或接地,扣1分<br>5.导线裸露部分没有加套绝缘,每处扣1分<br>6.本项配分扣完为止 | 7 | | |
| 4 | 检测和运行 | 1.通电前检测设备、元器件及电路<br>2.通电试运行实现电路功能 | 1.通电运行发生短路和开路现象扣10分<br>2.通电运行异常,每项扣5分<br>3.本项配分扣完为止 | 10 | | |
| 合计 | | | | 35 | | |

注:若考生发生重大设备和人身事故,则应及时终止其考试,考生该试题成绩记为零分。

# 技能训练二　PLC 控制两台电动机顺序启停电路的安装与调试

## 一、实训目的

1.正确识图,绘制 PLC 外部接线图并完成接线任务
2.掌握定时器的使用方法
3.能独立编程及完成调试工作

## 二、实训器材

1.三相交流电源
2.三菱 PLC
3.电工通用工具
4.断路器
5.熔断器
6.接触器
7.按钮开关
8.电动机
9.导线

## 三、实训内容与步骤

1.任务要求
按照电气安装规范,依据图 10 - 29 主电路和绘制的二次图、I/O 接线图正确完成 PLC 控制两台电动机顺序启停线路的安装、接线和调试。

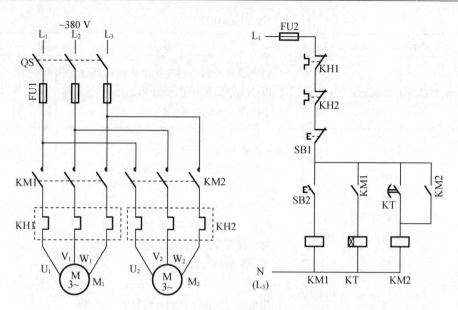

图 10 - 29　两台电动机顺序启停电路图

2.电路图绘制

正确识读给定的电路图;将控制电路部分改为 PLC 控制,正确绘制 PLC 的 I/O(输入/输出)接线图并进行 I/O 分配。

3.安装与接线

按照电气安装规范,依据图 10 - 29 主电路和绘制的 I/O 接线图正确完成 PLC 控制两台电动机顺序启停线路的安装和接线。

4.程序编写及下载

正确地将所编程序输入 PLC,按照被控设备的动作要求进行模拟操作调试,达到设计要求。

5.通电调试

通电前正确使用电工工具及万用表,进行仔细检查。

### 四、评分标准

评分标准见表 10 - 23。

表 10 - 23　评分标准

| 序号 | 考核内容 | 考核要点 | 评分标准 | 配分 | 扣分 | 得分 |
|---|---|---|---|---|---|---|
| 1 | 绘图部分 | 按照电气规范,正确绘图 | 1.按照 PLC 控制的要求,绘制二次控制原理图,本项计 2 分<br>2.绘制 PLC 的 I/O 接口图,本项计 5 分<br>3.输入、输出定义号不正确每处扣 1 分<br>4.PLC 电源不正确,扣 1 分<br>5.PLC 继电器输出部分电源不正确,扣 1 分<br>6.本项配分扣完为止 | 8 | | |

表 10 – 23(续)

| 序号 | 考核内容 | 考核要点 | 评分标准 | 配分 | 扣分 | 得分 |
|---|---|---|---|---|---|---|
| 2 | 编程部分 | 编制 PLC 程序 | 1. 能将编制的 PLC 程序传输至 PLC,得 2 分<br>2. PLC 程序编制有误,每处扣 2 分<br>3. 本项配分扣完为止 | 10 | | |
| 3 | 安装布线 | 按照电气安装规范,依据电路图正确完成本次考核线路的安装和接线 | 1. 不按图接线每处扣 1 分<br>2. 电源线和负载接线不正确,每处扣 1 分<br>3. 电器安装不牢固、不平正,不符合设计及产品技术文件的要求,每项扣 1 分<br>4. 电机外壳没有接零或接地,扣 1 分<br>5. 导线裸露部分没有加套绝缘,每处扣 1 分<br>6. 本项配分扣完为止 | 7 | | |
| 4 | 检测和运行 | 1. 通电前检测设备、元器件及电路<br>2. 通电试运行实现电路功能 | 1. 通电运行发生短路和开路现象扣 10 分<br>2. 通电运行异常,每项扣 5 分<br>3. 本项配分扣完为止 | 10 | | |
| 合计 | | | | 35 | | |

注:若考生发生重大设备和人身事故,则应及时终止其考试,考生该试题成绩记为零分。

# 技能训练三　PLC 控制电动机 Y – △ 启动电路的安装与调试

## 一、实训目的

1. 了解电动机 Y – △ 启动的原理
2. 正确绘制 Y – △ 启动的一次、二次电路
3. 独立正确地完成接线工作
4. 正确编写程序,独立完成调试任务

## 二、实训器材

1. 三相交流电源
2. 三菱 PLC
3. 电工通用工具
4. 断路器
5. 熔断器
6. 接触器
7. 按钮开关
8. 电动机
9. 导线

### 三、实训内容与步骤

#### 1. 任务要求

用 PLC 控制电动机的 Y – △启动,电动机 M 的启动、停止分别由按钮 SB1,SB2 控制。

#### 2. 电路图绘制

正确绘制用 PLC 控制的电动机 Y – △启动电路的一次、二次电路图,要求具有电动机过载保护功能;根据控制要求,按规范绘制 PLC 控制 I/O(输入/输出)接线图,进行 I/O 分配。

#### 3. 安装与接线

根据所绘制的一、二次电路图进行接线,按 PLC 控制 I/O 口(输入/输出)接线图在配线板上正确安装,元件在配线板上布置要合理,安装要准确、紧固,配线导线要紧固、美观,导线要垂直进行线槽,导线要有端子标号,引出端要用接线端头。

#### 4. 程序编写及下载

正确地将所编程序输入 PLC,按照被控设备的动作要求进行模拟操作调试,达到设计要求。

#### 5. 通电调试

通电前正确使用电工工具及万用表,进行仔细检查。

### 四、评分标准

评分标准见表 10 – 24。

表 10 – 24　评分标准

| 序号 | 考核内容 | 考核要点 | 评分标准 | 配分 | 扣分 | 得分 |
|---|---|---|---|---|---|---|
| 1 | 绘图部分 | 按照电气规范,正确绘图 | 1. 按照 PLC 控制的要求,绘制二次控制原理图,本项计 2 分<br>2. 绘制 PLC 的 I/O 接口图,本项计 5 分<br>3. 输入、输出定义号不正确每处扣 1 分<br>4. PLC 电源不正确,扣 1 分<br>5. PLC 继电器输出部分电源不正确,扣 1 分<br>6. 本项配分扣完为止 | 8 | | |
| 2 | 编程部分 | 编制 PLC 程序 | 1. 能将编制的 PLC 程序传输至 PLC,得 2 分<br>2. PLC 程序编制有误,每处扣 2 分<br>3. 本项配分扣完为止 | 10 | | |

表 10 – 24（续）

| 序号 | 考核内容 | 考核要点 | 评分标准 | 配分 | 扣分 | 得分 |
|---|---|---|---|---|---|---|
| 3 | 安装布线 | 按照电气安装规范，依据电路图正确完成本次考核线路的安装和接线 | 1. 不按图接线每处扣 1 分<br>2. 电源线和负载接线不正确，每处扣 1 分<br>3. 电器安装不牢固、不平正，不符合设计及产品技术文件的要求，每项扣 1 分<br>4. 电机外壳没有接零或接地，扣 1 分<br>5. 导线裸露部分没有加套绝缘，每处扣 1 分<br>6. 本项配分扣完为止 | 7 | | |
| 4 | 检测和运行 | 1. 通电前检测设备、元器件及电路<br>2. 通电试运行实现电路功能 | 1. 通电运行发生短路和开路现象扣 10 分<br>2. 通电运行异常，每项扣 5 分<br>3. 本项配分扣完为止 | 10 | | |
| 合计 | | | | 35 | | |

注:若考生发生重大设备和人身事故,则应及时终止其考试,考生该试题成绩记为零分。

# 附录 A　中级维修电工鉴定要求

## 一、知识要求

考试时间 60~120 分钟;满分 100 分,60 分为及格。

**鉴定内容:**

**(一)基本知识**

1. 电路基础和计算知识

(1)戴维南定律的内容及应用知识。

(2)电压源和电流源的等效变换原理。

(3)正弦交流电的分析表示法:解析法、图形法、相量法。

(4)功率及功率因数、效率、相电流、线电流、相电压、线电压的概念及其计算方法。

2. 电工测量技术知识

(1)电工仪器的基本工作原理、使用方法和适用范围。

(2)各种仪器、仪表的正确使用方法和减少测量误差的方法。

(3)电桥和通用示波器、光检流计的使用和保养知识。

**(二)专业知识**

1. 变压器知识

(1)中小型电力变压器的构造及各部分的作用,变压器负载运行的相量图、外特性、效率特性,主要技术指标,三相变压器联结组标号及并联运行。

(2)交、直流电焊机的构造、接线、工作原理和故障排除方法(包括整流式直流电焊机)。

(3)中小型电力变压器的维护、检修项目及方法。

(4)变压器耐压试验的目的、方法,应注意的问题及耐压试验的标准和试验中绝缘击穿的原因。

2. 电机知识

(1)三相旋转磁场产生的条件和三相绕组的分布原则。

(2)中小型单、双速异步电动机定子绕组接线图的绘制方法和用电流箭头方向判别接线错误的方法。

(3)多速异步电动机出线盒的接线方法。

(4)同步电动机的种类、构造、一般工作原理,各绕组的作用及连接、一般故障的分析及排除方法。

(5)直流电动机的种类、构造、工作原理、接线、换向及改善换向的方法,直流发电机的运行特性,直流电动机的特性及故障排除方法。

(6)测速发电机的用途、分类、构造及工作原理。

（7）伺服电动机的作用、分类、构造、基本原理、接线和故障检查知识。

（8）电磁调速异步电动机的构造，电磁转差离合器的工作原理，使用电磁调速异步电动机调速时，采用速度负反馈闭环控制系统的必要性及工作原理、接线，检查和排除故障的方法。

（9）交磁电机扩大机的应用知识、构造、工作原理及接线方法。

（10）交、直流电动机耐压试验的目的、方法及耐压标准规范、试验中绝缘击穿的原因。

3. 电器知识

（1）晶体管时间继电器、功率继电器、接近开关等的工作原理及特点。

（2）额定电压为 10 kV 以下的高压电器，如油断路器、负荷开关、互感器、隔离开关等耐压试验的目的、方法及耐压试验标准规范，试验中绝缘击穿的原因。

（3）常用低压电器交、直流灭弧装置的灭弧原理、作用和构造。

（4）常用电器设备装置，如接触器、继电器、熔断器、断路器、电磁铁等的检修工艺和质量标准。

4. 电力拖动自动控制知识

（1）交、直流电动机的启动、正反转、制动、调速的原理和方法（包括同步电动机的启动和制动）。

（2）数显、程控装置的一般应用知识。

（3）机床电器连锁装置（动作的先后连锁、相互连锁），准确停止（电气制动、机电定位器制动等），速度调节系统（交磁电机扩大机的自动调速系统、直流发电机－电动机调速系统、晶闸管－直流电动机调速系统）的工作原理和调速方法。

（4）根据实物测绘较复杂的机床电气设备电气控制线路图的方法。

（5）几种典型生产机械的电气控制原理，如 20/5 t 桥式起重机、T610 型卧式镗床、X62W 万能铣床、Z37 型摇臂钻床、M7475B 型平面磨床。

5. 晶体管电路知识

（1）模拟电路基础（共发射极电路、反馈电路、阻容耦合多级放大电路、功率放大电路、振荡电路、直接耦合放大电路）及其应用知识。

（2）数字电路基础（晶体二极管、三极管的开关特性，基本逻辑门电路、集成逻辑门电路、逻辑代数的基础）及其应用知识。

（3）晶闸管及其应用知识（晶闸管结构、工作原理、型号及参数；单结晶体管、晶体管触发电路的工作原理；单相半波及全波、三相半波可控整流电路的工作原理）。

（三）相关知识

1. 相关工种工艺知识

（1）焊接的应用知识。

（2）一般机械零部件测绘制图的方法。

（3）设备的起运吊装知识。

2. 生产技术管理知识

（1）车间生产管理的内容。

（2）常用电气设备、装置的检修工艺和质量标准。

（3）节约用电和提高用电设备功率因数的方法。

# 二、技能要求

按照实际需要确定考试时间;满分 100 分,60 分为及格。

**鉴定内容:**

1. 安装、调试操作技能

(1)主持拆装 55 kW 以上异步电动机(包括绕线式异步电动机和防爆电动机)、60 kW 以下直流电动机(包括直流电焊机)并做修理后的接线及一般调试和试验。

(2)拆装中小型多速异步电动机和电磁调速电动机并接线、试车。

(3)安装较复杂电气控制线路的配电板,并选择、整定电器及导线。

(4)安装、调试较复杂的电气控制线路,如 X62 型铣床、M7475B 型磨床、Z37 型钻床、30/5t 起重机等线路。

(5)按图焊接一般的移相触发和调节器放大电路、晶闸管调速器、调功器电路,并通过仪器仪表进行测试、调整。

(6)计算常用电动机、电器、汇流排、电缆等导线截面并计算其安全电流。

(7)主持 10 kV/0.4 kV、1 000 kVA 以下电力变压器吊芯检查和换油。

(8)完成车间低压动力、照明线路的安装和检修。

(9)按工艺使用及保管无纬玻璃丝带、合成云母带。

2. 故障分析、修复及设备检修技能

(1)检修、修理各种继电器装置。

(2)修理 55 kW 以上异步电动机(包括绕线式异步电动机和防爆电动机)和 60 kW 以下直流电动机(包括直流电焊机)。

(3)排除晶闸管调速器触发电路和调节器放大电路的故障。

(4)检修和排除直流电动机及其控制电路的故障。

(5)检修较复杂的电气控制线路,如 X62 型铣床、M7475B 型磨床、Z37 型钻床、30/5t 起重机等线路,并排除故障。

(6)修理中小型多速异步电动机和电磁调速电动机。

(7)检查、排除交磁电机扩大机及其控制线路故障。

(8)修理同步电动机(阻尼环、集电环接触不良,定子接线处开焊,定子绕组损坏)。

(9)检查和处理交流电动机三相绕组电流不平衡故障。

(10)修理 10 kV 以下电流互感器、电压互感器。

(11)排除 1 000 kVA 以下电力变压器的一般故障,并进行维护保养。

(12)检修低压电缆终端和中间接线盒。

3. 工具、设备的使用与维护

(1)合理使用常用工具和专用工具,并做好维护保养工作。

(2)正确选用测量仪表、操作仪表,并做好维护保养工作。

4. 安全文明生产

(1)正确执行安全操作规程,如高压电气技术安全规程的有关要求、电气设备消防规程、电气设备事故处理规程、紧急救护规程及设备起运吊装安全规程等。

(2)按企业有关文明生产的规定,做到工作地整洁,工件、工具摆放整齐。

(3)认真执行交接班制度。

# 附录 B　中级维修电工职业技能鉴定模拟试卷

## 理论模拟试卷一

### 注 意 事 项

1. 考试时间:60 分钟。
2. 本试卷依据 2001 年颁布的《维修电工　国家职业标准》命制。
3. 请仔细阅读各种题目的回答要求,在规定的位置填写您的答案。

| | 一 | 二 | 总　分 |
|---|---|---|---|
| 得　分 | | | |

| 得　分 | |
|---|---|
| 评分人 | |

**一、单项选择(第 1 题～第 60 题。选择一个正确的答案,将相应的字母填入题内的括号中。每题 1 分,满分 60 分。)**

1. 测量 $1\Omega$ 以下的电阻,如果要求精度高,应选用_____。　　　　( )
   A. 万用表 $R \times 1$ 挡　　　　　　　　B. 毫伏表及电流表
   C. 单臂电桥　　　　　　　　　　D. 双臂电桥

2. 用单臂直流电桥测量电阻时,若发现检流计指针向"＋"方向偏转,则需要_____。( )
   A. 增加比例臂电阻　　　　　　　B. 增加比较臂电阻
   C. 减小比例臂电阻　　　　　　　D. 减小比较臂电阻

3. 判断检流计线圈的通断_____来测量。
   A. 用万用表的 $R \times 1$ 挡　　　　　B. 用万用表的 $R \times 1\,000$ 挡
   C. 用电桥　　　　　　　　　　　D. 不能用万用表或电桥直接测量

4. 用钳形电流表测量三相异步电动机的电流时,钳形电流表应_____。　　( )
   A. 串联在电路中　　　　　　　　B. 单相钳在钳口中
   C. 每两相钳在钳口中　　　　　　D. 三相同时钳在钳口中

5. 变压器绕组若交叠式放置,为了绝缘方便,一般在靠近上下磁轭的位置安放___。( )
   A. 低压绕组　　　　　　　　　　B. 高压绕组
   C. 中压绕组　　　　　　　　　　D. 高、中、低压绕组均可

6. 当变压器带电感性负载运行时,副边端电压随负载的增大而_____。　　( )
   A. 升高　　　　B. 降低　　　　C. 不变　　　　D. 先降低后升高

7. 直流电焊机之所以不能被交流电焊机取代,是因为直流电焊机具有 _____。　（　　）

    A. 制造工艺简单,使用控制方便

    B. 电弧稳定,焊接质量高,可焊接碳钢、合金钢、有色金属

    C. 使用直流电源,操作较安全

    D. 故障率明显低于交流电焊机

8. 变压器接交流电源,空载时也有损耗,这种损耗的大部分是_____。　　　（　　）

    A. 铜损　　　　　　B. 铁损　　　　　　C. 负载损耗　　　　　D. 磁滞损耗

9. 三相异步电动机反接制动时,采用对称电阻接法,可以在限制制动转矩的同时,也限制了

    　　　　　　　　　　　　　　　　　　　　　　　　　　　　　　　　　　（　　）

    A. 制动电流　　　　　B. 启动电流　　　　C. 制动电压　　　　D. 启动电压

10. 正常运行的三相异步电动机,其定子电流随转差率 $S$ 的增大而_____。　（　　）

    A. 增大　　　　　　B. 减小　　　　　　C. 不变　　　　　　D. 先增大后减小

11. 在交流电路的功率三角形中,功率因数 $\cos \varphi =$　　　　　　　　　　　　（　　）

    A. 无功功率/视在功率　　　　　　　　B. 无功功率/有功功率

    C. 有功功率/视在功率　　　　　　　　D. 无功功率/视在功率

12. 下列故障的原因中_____会导致直流电动机不能启动。　　　　　　　　（　　）

    A. 电源电压过高　　　　　　　　　　B. 电刷接触不良

    C. 电刷架位置不对　　　　　　　　　D. 励磁回路电阻过大

13. 检查波形绕组短路故障时,在四极绕组里,测量换向器相对的两换向片时,若电压

    _____,则表示这一只线圈短路。　　　　　　　　　　　　　　　　　　（　　）

    A. 很小或者等于零　　　　　　　　　B. 正常的一半

    C. 正常的三分之一　　　　　　　　　D. 很大

14. 正确阐述职业道德与人的事业的关系的选项是_____。　　　　　　　　（　　）

    A. 没有职业道德的人不会获得成功

    B. 要取得事业的成功,前提条件是要有职业道德

    C. 事业成功的人往往并不需要较高的职业道德

    D. 职业道德是人获得事业成功的重要条件

15. 较复杂机械设备电气控制线路调试的原则是_____。　　　　　　　　　（　　）

    A. 先部件,后系统　　　　　　　　　B. 先闭环,后开环

    C. 先外环,后内环　　　　　　　　　D. 先电机,后阻性负载

16. 发电机并网运行时发电机电压的相序与电网电压相序要　　　　　　　　　（　　）

    A. 相反　　　　　　　　　　　　　　B. 相同

    C. 不能一致　　　　　　　　　　　　D. 无关

17. 在图中所示放大电路,已知 $U_{CC} = 6$ V、$R_C = 2$ k$\Omega$、

    $R_B = 200$ k$\Omega$、$\beta = 50$。若 $R_B$ 断开,三极管工作是

    _____状态。　　　　　　　　　（　　）

    A. 放大

    B. 截止

    C. 饱和

    D. 导通

18. 三相不对称负载星形连接在三相四线制电流中则

    　　　　　　　　　　　　　　　　　　（　　）

  A. 各负载电流相等        B. 各负载上电压相等

  C. 各负载电压电流均对称      D. 各负载阻抗相等

19. 用测量换向片间压降的方法检查叠式绕组开路故障时,毫伏表测得的换向片压降
  _____,表示开路故障就在这里。           （   ）

  A. 显著减小    B. 显著增大    C. 先减小后增大   D. 先增大后减小

20. 对于有互供设备的变配电所,应装设符合互供条件要求的电测仪表。例如,对可能出现
  两个方向电流的直流电路,应装设有双向标度尺的_____。    （   ）

  A. 功率表     B. 直流电流表    C. 直流电压表    D. 功率因数表

21. 三相异步电动机在空载时其转差率 $S$ 为            （   ）

  A. 1            B. $0 < S < 1$

  C. 0.004 ~ 0.007        D. 0.01 ~ 0.07

22. 在纯电感电路中,端电压_____电流90°。         （   ）

  A. 滞后      B. 超前      C. 等于      D. 与电流同相

23. 下列属于直流电动机起动方法的是           （   ）

  A. 电枢电路内串接启动变阻器启动    B. 定子绕组中串接电抗器降压启动

  C. 自耦变压器降压启动       D. 延边三角形降压启动

24. 晶闸管过电流保护方法中,最常用的是保护_____。      （   ）

  A. 瓷插熔断器   B. 有填料熔断器   C. 无填料熔断器   D. 快速熔断器

25. 下列不属于电力拖动优点的是            （   ）

  A. 电能的输送简便经济且分配方便    B. 便于自动控制且动作速度快

  C. 具有良好的启动、制动和调速性能   D. 电力拖动系统效率高,不易连接

26. 直流电压表主要采用_____测量机构。         （   ）

  A. 电磁系     B. 磁电系     C. 静电系     D. 电动系

27. 直流电动机因电刷牌号不相符会致电刷下火花过大时,所以应更换_____的电刷。

                            （   ）

  A. 高于原规格   B. 低于原规格    C. 原牌号     D. 任意

28. 通常采用提高功率因数的方法是_____。         （   ）

  A. 并联补偿法         B. 提高自然功率因数

  C. 降低感性无功功率       D. A 和 B 说法正确

29. 晶体三极管要处于饱和状态必须满足_____。        （   ）

  A. 发射结、集电结均正偏      B. 发射结、集电结均反偏

  C. 发射结正偏,集电结反偏     D. 发射结反偏,集电结正偏

30. 反复短时工作制的周期时间 $T \leqslant 10$ min,工作时间 $t_g \leqslant 4$ min 时,导线的允许电流由下述
  情况确定:截面小于_____的铜线,其允许电流按长期工作制计算。  （   ）

  A. 1.5 mm$^2$    B. 2.5 mm$^2$    C. 4 mm$^2$     D. 6 mm$^2$

31. 在单相桥式全控整流电路中,当控制角 $\alpha$ 增大时,平均输出电压 $U_d$ _____。（   ）

  A. 增大      B. 下降      C. 不变      D. 无明显变化

32. 变压器具有改变 _____的作用。            （   ）

  A. 交变电压    B. 交变电流    C. 变换阻抗    D. 以上都是

33. 采用那种_____放大电路具有倒相作用。         （   ）

  A. 共集电极　　　　　　　　　　　　B. 共发射极

  C. 共基极　　　　　　　　　　　　　D. 共栅极

34. 同一照明方式的不同支线可共管敷设,但一根管内的导线数不宜超过_____。(　　)

  A. 4 根　　　　　　B. 6 根　　　　　　C. 8 根　　　　　　D. 10 根

35. 企业生产经营活动中,促进员工之间平等尊重的措施是_____。(　　)

  A. 互利互惠,平均分配　　　　　　　B. 加强交流,平等对话

  C. 只要合作,不要竞争　　　　　　　D. 人心叵测,谨慎行事

36. 对于每个职工来说,质量管理的主要内容有岗位的质量要求、质量目标、质量保证措施和_____等。(　　)

  A. 信息反馈　　　B. 质量水平　　　C. 质量记录　　　D. 质量责任

37. 电力变压器由_____主要部分构成。(　　)

  A. 铁芯、绕组　　　　　　　　　　　B. 绝缘结构、油箱

  C. 绝缘套管、冷却系统　　　　　　　D. 以上都包括

38. 安装低压开关及其操作机构时,其操作手柄中心距离地面一般为_____毫米。(　　)

  A. 500 ~ 800　　B. 1 000 ~ 1 200　　C. 1 200 ~ 1 500　　D. 1 500 ~ 2 000

39. 提高电力系统功率因数的方法是_____。(　　)

  A. 与容性负载串联电感　　　　　　　B. 与感性负载串联电容

  C. 与电阻负载并联电容　　　　　　　D. 与感性负载并联电容

40. 单向可控硅由导通变为截止要满足_____条件。(　　)

  A. 升高阳极电压　　　　　　　　　　B. 降低阴极电压

  C. 断开控制电路　　　　　　　　　　D. 正向电流小于最小维持电流

41. 扩大交流电流表量程应采用_____方法。(　　)

  A. 并联分流电阻　　　　　　　　　　B. 串联分压电阻

  C. 配用电流互感器　　　　　　　　　D. 配用电压互感器

42. 高压电气设备单独装设的接地装置,其接地电阻应不大于_____。(　　)

  A. 0.5 Ω　　　　　B. 4 Ω　　　　　C. 10 Ω　　　　　D. 20 Ω

43. 45 号绝缘油的凝固点为_____。(　　)

  A. −25 ℃　　　　B. −35 ℃　　　　C. −40 ℃　　　　D. −45 ℃

44. 将零线多处接地,叫_____。(　　)

  A. 零线接地　　　B. 保护接地　　　C. 系统接地　　　D. 重复接地

45. 白铁管和电线管径可根据穿管导线的截面和根数选择,如果导线的截面积为 1 mm²,穿导线的根数为两根,则线管规格为_____ mm²。

  A. 13　　　　　　B. 16　　　　　　C. 19　　　　　　D. 25

46. 6/0.4 kV 电力变压器低压侧中性点应进行工作接地,其接地电阻值应不大于_____。(　　)

  A. 0.4 Ω　　　　B. 4 Ω　　　　　C. 8 Ω　　　　　D. 10 Ω

47. 电工指示仪表的准确等级通常分为七级,它们分别为 0.1 级、0.2 级、0.5 级、_____等。(　　)

  A. 0.6 级　　　　B. 0.8 级　　　　C. 0.9 级　　　　D. 1.0 级

48. 小容量晶闸管调速电路要求调速平滑、_____、稳定性好。　　　　（　　）

　　A. 可靠性高　　　　　B. 抗干扰能力强　　　C. 设计合理　　　　D. 适用性好

49. 直流耐压试验中,试验电压升高的速度控制为_____。　　　　　　（　　）

　　A. 1~2 kV/s　　　　　B. 5 kV/s　　　　　C. 10 kV/s　　　　D. 0.5 kV/s

50. 下列_____场合不适宜放置交直流耐压试验设备及仪器仪表。　　（　　）

　　A. 无污染　　　　　　B. 无腐蚀　　　　　C. 无强电磁场　　　D. 潮湿

51. 做电缆耐压试验时,试验电压的升高速度约为_____。　　　　　　（　　）

　　A. 每秒0.5~1 kV　　　　　　　　　　　B. 每秒1~2 kV

　　C. 每秒2~4 kV　　　　　　　　　　　D. 每秒2~3.5 kV

52. 对于一级负荷的用电设备,应由_____电源供电。　　　　　　　（　　）

　　A. 一个　　　　　　　　　　　　　　B. 两个

　　C. 两个及以上的独立　　　　　　　　D. 无规定

53. 运行中的变压器发出强烈而不均匀的"噪声",可能是由于变压器内部_____原因造

　　成的。　　　　　　　　　　　　　　　　　　　　　　　　　　　（　　）

　　A. 过负荷　　　　　　　　　　　　　B. 内部绝缘击穿

　　C. 有大容量动力设备启动　　　　　　D. 个别零件松动

54. 劳动者的基本义务包括_____等。　　　　　　　　　　　　　　（　　）

　　A. 执行劳动安全卫生规程　　　　　　B. 超额完成工作

　　C. 休息　　　　　　　　　　　　　　D. 休假

55. 变压器由于夏季低负荷而允许冬季过负荷的最高限额是其额定容量的_____。（　　）

　　A. 5%　　　　　　　　　　　　　　B. 10%

　　C. 15%　　　　　　　　　　　　　　D. 25%

56. 三相异步电动机在运行时出现一相电源断电,对电动机带来的影响是_____。（　　）

　　A. 电动机立即停转　　　　　　　　　B. 电动机转速降低、温度增设

　　C. 电动机出现振动和异声　　　　　　D. 电动机外壳带电

57. 绝缘摇表的输出电压端子L、E、G的极性_____。　　　　　　　（　　）

　　A. E端为正极,L和G端为负极　　　　B. E端为负极,L和G端为正极

　　C. L端为正极,E和G端为负极　　　　D. L端为负极,E和G端为正极

58. 当负荷较大线路较长时,导线的选择应采用_____。　　　　　　（　　）

　　A. 最小截面法　　　　　　　　　　　B. 允许电流法

　　C. 允许电压损失法　　　　　　　　　D. 经济电流密度法

59. 三相异步电动机启动转矩不大的主要原因是_____。　　　　　　（　　）

　　A. 启动时电压低　　　　　　　　　　B. 启动时电流不大

　　C. 启动时磁通小　　　　　　　　　　D. 启动时功率因数低

60. 已知正弦交流电流 $i=100\pi\sin(100\pi t+\varphi)$,则电流的有效值为_____。（　　）

　　A. 70.7　　　　　　　B. 100　　　　　　　C. 70.7π　　　　　D. 100π

| 得 分 | |
|---|---|
| 评分人 | |

**二、判断题**(第 61 题~第 100 题。将判断结果填入括号中。正确的填"√",错误的填"×"。每题 1 分,满分 40 分。)

61. 交流电动机做耐压试验时,试验电压从零逐步升高到规定的数值,历时 5 分钟后,再逐步减小到零。　　　　　　　　　　　　　　　　　　　　　　　　　　　　( 　 )

62. 交流伺服电动机电磁转矩的大小取决于控制电压的大小。　　　　　　　　( 　 )

63. 三相异步电动机的变极调速属于无级调速。　　　　　　　　　　　　　　( 　 )

64. 测量电路中的电阻值时,应将被测电路的电源切断,如果电路中有电容器,应先放电后才能测量。切勿在电路带电的情况下测量电阻。　　　　　　　　　　　　　( 　 )

65. 生态破坏是指由于环境污染和破坏,对多数人的健康、生命、财产造成的公共性危害。　　　　　　　　　　　　　　　　　　　　　　　　　　　　　　　　　( 　 )

66. 低频信号发生器的频率完全由 $RC$ 决定。　　　　　　　　　　　　　　　( 　 )

67. 通电直导体在磁场中所受力方向,可以通过右手定则来判断。　　　　　　( 　 )

68. 测量电路中的电阻值时,应将被测电路的电源切断,如果电路中有电容器,应先放电后才能测量。切勿在电路带电的情况下测量电阻。　　　　　　　　　　　　　( 　 )

69. 三相电路中,三相有功功率等于任何一相有功功率的三倍。　　　　　　　( 　 )

70. 钳形电流表测量时应选择合适的量程,不能用小量程去测量大电流。　　　( 　 )

71. 电气测量仪表的准确度等级一般不低于 1.0 级。　　　　　　　　　　　　( 　 )

72. 大功率三极管工作时应该具有良好的散热条件。　　　　　　　　　　　　( 　 )

73. 用钳形电流表测量三相平衡负载电流时,钳口中放入两相导线时的指示值与放入一条导线时的指示值相同。　　　　　　　　　　　　　　　　　　　　　　　　( 　 )

74. 相序表是检测电源的正反相序的电工仪表。　　　　　　　　　　　　　　( 　 )

75. 在中小型电力变压器的检修中,用起重设备吊起器身时,应尽量把吊钩装得高一些,使吊起身的钢丝绳的夹角不大于 45°,以避免油箱盖板弯曲变形。　　　　　　　( 　 )

76. 交流伺服电动机电磁转矩的大小取决于控制电压的大小。　　　　　　　　( 　 )

77. 小容量交流电器多采用多断点电动力综合灭弧。　　　　　　　　　　　　( 　 )

78. 接地摇表的电位探测针和电流探测针应沿直线相距 20 m 分别插入地中。　　( 　 )

79. 解决饱和失真的办法是使工作点 $Q$ 提高。　　　　　　　　　　　　　　　( 　 )

80. 发电机发出的"嗡嗡"声,属于气体动力噪声。　　　　　　　　　　　　　( 　 )

81. 好的晶闸管控制极与阳极间的正反向电阻都很小。　　　　　　　　　　　( 　 )

82. CW7805 的 $U_0 = 5$ V,它的最大输出电流为 1.5 A。　　　　　　　　　　　( 　 )

83. 晶闸管加正向电压,触发电流越大,越容易导通。　　　　　　　　　　　　( 　 )

84. 电容两端的电压超前电流 90°。　　　　　　　　　　　　　　　　　　　　( 　 )

85. 晶闸管门极电压消失,晶闸管立即关断。　　　　　　　　　　　　　　　　( 　 )

86. 过电流保护的作用是:一旦有大电流产生威胁晶闸管时,能在允许时间内快速地将过电流切断,以防晶闸管损坏。　　　　　　　　　　　　　　　　　　　　　　　( 　 )

87. 电力电缆直流耐压试验每相试验完毕后,必须将该相直接接地对地放电。　( 　 )

88. 电力电缆泄漏电流的试验可与直流耐压试验同时进行。 （　　）

89. 整台电动机一次更换半数以上的电刷之后，最好先空载或轻载运行 6 h,使电刷有较好的配合后再满载运行。 （　　）

90. 小容量晶体管调速器电路由于主回路串接了平波电抗器 $L_d$,故电流输出波形得到改善。 （　　）

91. 电动机轴承损坏或内部被异物卡死，需清洗或更换电动机轴承或检修、清理电动机。 （　　）

92. 测量介质损失角的正切值，可判断电气设备的绝缘状况，且比较灵敏有效。 （　　）

93. 分析控制电路时，如线路较简单，则可先排除照明、显示等与控制关系不密切的电路，集中进行主要功能分析。 （　　）

94. 电子测量的频率范围极宽，其频率低端已进入 $10^{-3} \sim 10^{-2}$ Hz 量级，而高端已达到 $4 \times 10^8$ Hz。 （　　）

95. 电动机受潮，绝缘电阻下降，可进行烘干处理。 （　　）

96. 直流电动机换向极的结构与主磁极相似。 （　　）

97. 电压互感器的变压比与其原、副绕组的匝数比相等。 （　　）

98. 钻夹头用来装夹直径 12 mm 以下的钻头。 （　　）

99. 频率越高或电感越大，则感抗越大，对交流电的阻碍作用越大。 （　　）

100. 交流耐压试验能有效地发现电气设备存在的较危险的集中性缺陷。 （　　）

## 理论模拟试卷一参考答案

### 一、单项选择

| | | | | | | | |
|---|---|---|---|---|---|---|---|
| 1. B | 2. D | 3. B | 4. A | 5. A | 6. B | 7. B | 8. B |
| 9. A | 10. A | 11. C | 12. B | 13. A | 14. D | 15. B | 16. C |
| 17. B | 18. B | 19. B | 20. B | 21. C | 22. B | 23. A | 24. D |
| 25. C | 26. D | 27. C | 28. A | 29. A | 30. D | 31. B | 32. B |
| 33. B | 34. C | 35. B | 36. D | 37. D | 38. C | 39. D | 40. D |
| 41. C | 42. C | 43. D | 44. D | 45. A | 46. B | 47. D | 48. B |
| 49. A | 50. D | 51. A | 52. C | 53. D | 54. A | 55. C | 56. B |
| 57. A | 58. C | 59. D | 60. A | | | | |

### 二、判断题

| | | | | | | | |
|---|---|---|---|---|---|---|---|
| 61. × | 62. × | 63. × | 64. ✓ | 65. × | 66. ✓ | 67. × | 68. ✓ |
| 69. × | 70. ✓ | 71. × | 72. ✓ | 73. ✓ | 74. ✓ | 75. ✓ | 76. × |
| 77. × | 78. ✓ | 79. × | 80. × | 81. × | 82. × | 83. ✓ | 84. × |
| 85. × | 86. ✓ | 87. × | 88. ✓ | 89. × | 90. ✓ | 91. ✓ | 92. ✓ |
| 93. × | 94. × | 95. ✓ | 96. ✓ | 97. ✓ | 98. × | 99. ✓ | 100. ✓ |

# 理论模拟试卷二

## 注 意 事 项

1. 考试时间:60 分钟。

2. 本试卷依据 2001 年颁布的《维修电工 国家职业标准》命制。

3. 请仔细阅读各种题目的回答要求,在规定的位置填写您的答案。

| | 一 | 二 | 总 分 |
|---|---|---|---|
| 得 分 | | | |

| 得 分 | |
|---|---|
| 评分人 | |

**一、单项选择( 第 1 题 ~ 第 60 题。选择一个正确的答案,将相应的字母填入题内的括号中。每题 1 分,满分 60 分。)**

1. 使用直流双臂电桥测量电阻时,动作要迅速,以免_____。　　　　( )

   A. 烧坏电源　　　　B. 烧坏桥臂电阻　　　C. 烧坏检流计　　　　D. 电池耗电量过大

2. 下列电工指示仪表中若按仪表的测量对象分类,主要有_____等。　　( )

   A. 实验室用仪表和工程测量用仪表　　　　B. 电能表和欧姆表

   C. 磁电系仪表和电磁系仪表　　　　　　　D. 安装式仪表和可携带式仪表

3. 20/5 t 桥式起重机限位开关的安装要求是:依据设计位置安装固定限位开关,限位开关的型号、规格要符合设计要求,以保证安全撞压、动作灵敏、_____。　( )

   A. 绝缘良好　　　　B. 安装可靠　　　　C. 触头使用合理　　D. 便于维护

4. 测速发电机可以作为_____。　　　　　　　　　　　　　　　　　( )

   A. 电压元件　　　　B. 功率元件　　　　C. 检测元件　　　　D. 电流元件

5. 测速发电机是一种将_____转换为电气信号的机电式信号元件。　　( )

   A. 输入电压　　　　B. 输出电压　　　　C. 转子速度　　　　D. 电磁转矩

6. 用万用表测量控制极和阴极之间正向阻值时,一般反向电阻比正向电阻大,正向几十欧姆以下,反向_____以上。　　　　　　　　　　　　　　　　　　　　( )

   A. 数十欧姆以上　　B. 数百欧姆以上　　C. 数千欧姆以上　　D. 数十千欧姆以上

7. 在商业活动中,不符合待人热情要求的是_____。　　　　　　　　( )

   A. 严肃待客,表情冷漠　　　　　　　　　B. 主动服务,细致周到

   C. 微笑大方,不厌其烦　　　　　　　　　D. 亲切友好,宾至如归

8. 直流永磁式测速发电机_____。　　　　　　　　　　　　　　　　( )

A. 不需要另加励磁电源      B. 需要另加励磁电源

C. 需要加交流励磁电源      D. 需要加直流励磁电源

9. 起重机桥箱内电风扇和电热取暖设备的电源用_____电源。      ( )

A. 380 V      B. 220 V      C. 36 V      D. 24 V

10. 有功功率主要是_____元件消耗的功率。      ( )

A. 电感      B. 电容

C. 电阻      D. 感抗

11. 在测量额定电压为 500 V 以上的电气设备的绝缘电阻时,应选用额定电压为_____
的兆欧表。      ( )

A. 500 V      B. 1 000 V      C. 2 500 V      D. 2 500 V 以上

12. 功率因数与_____是一回事。      ( )

A. 电源利用率      B. 设备利用率

C. 设备效率      D. 负载效率

13. 用示波器测量脉冲信号时,在测量脉冲上升时间和下降时间时,根据定义应从脉冲幅度
的 10% 和_____处作为起始和终止的基准点。      ( )

A. 20%      B. 30%      C. 50%      D. 90%

14. 保护接零指的是低压电网电源的中性点接地设备外壳_____。      ( )

A. 与中性点连接      B. 接地

C. 接零或接地      D. 不接零

15. 根据导线共管敷设原则,下列各线路中不得共管敷设的是_____。      ( )

A. 有连锁关系的电力及控制回路      B. 用电设备的信号和控制回路

C. 同一照明方式的不同支线      D. 事故照明线路

16. 磁吹式灭弧装置的灭弧能力与电弧电流的大小关系是_____。      ( )

A. 电弧电流越大磁吹灭弧能力越小      B. 电弧电流越大磁吹灭弧能力越大

C. 没有固定规律      D. 无关

17. _____电力网一般采用中性点不接地方式。      ( )

A. 3 ~ 10 kV      B. 220 kV

C. 110 kV      D. 400 kV

18. 检查波形绕组开路故障时, 在六极电动机里,换向器上应有_____烧毁的黑点。      ( )

A. 两个      B. 三个      C. 四个      D. 五个

19. 在容性电路中电压与电流的相位差_____。      ( )

A. 小于零      B. 等于零

C. 大于零      D. 不确定

20. 便携式交流电压表,通常采用_____测量机构。      ( )

A. 磁电系      B. 电磁系

C. 静电系      D. 电动系

21. 电工指示仪表的准确等级通常分为七级,它们分别为 0.1 级、0.2 级、0.5 级、_____
等。      ( )

A. 0.6 级      B. 0.8 级      C. 0.9 级      D. 1.0 级

22. 交流接触器铁芯端部截面上的短路环的作用是_____。　　　（　　）
　　A. 增大吸合力　　　　　　　　　　　B. 减小涡流损耗
　　C. 消除 100 Hz 的低频噪声　　　　D. 使衔铁释放时触头之间不产生电弧

23. 小容量晶闸管调速电路要求调速平滑、_____、稳定性好。　　　（　　）
　　A. 可靠性高　　　　B. 抗干扰能力强　　　　C. 设计合理　　　　D. 适用性好

24. 由于衔铁不能吸合,造成线圈和铁芯发热而损坏的电器是_____。　　　（　　）
　　A. 交流接触器　　　　　　　　　　　B. 直流接触器
　　C. 交流电流继电器　　　　　　　　　D. 直流电流继电器

25. 交、直流两用钳形电流表采用_____测量机构。　　　（　　）
　　A. 电动系　　　　　　　　　　　　　B. 电磁系
　　C. 感应系　　　　　　　　　　　　　D. 静电系

26. 爱岗敬业的具体要求是_____。　　　（　　）
　　A. 看效益决定是否爱岗　　　　　　　B. 转变择业观念
　　C. 提高职业技能　　　　　　　　　　D. 增强把握择业的机遇意识

27. 利用热继电器对电动机实现过载保护时,热继电器整定值一般是按照_____来确定
的。　　　（　　）
　　A. 电动机额定电流的 2 倍　　　　　　B. 电动机的启动电流
　　C. 电动机启动电流的 1.5 倍　　　　　D. 电动机的额定电流

28. 岗位的质量要求,通常包括操作程序、工作内容、工艺规程及_____等。　　　（　　）
　　A. 工作计划　　　　B. 工作目的　　　　C. 参数控制　　　　D. 工作重点

29. 安装电度表时,表的中心应装在离地面_____处。　　　（　　）
　　A. 1 m 以下　　　　　　　　　　　　B. 不低于 1.3 m
　　C. 1.5 ~ 1.8 m　　　　　　　　　　　D. 高于 2 m

30. 在单相半波可控整流电路中,α 越大,输出 $U_d$_____。　　　（　　）
　　A. 越大　　　　B. 越小　　　　C. 不变　　　　D. 不一定

31. 直流双臂电桥适用于测量_____的电阻。　　　（　　）
　　A. 1 Ω 以下　　　　　　　　　　　　B. 1 ~ 100 kΩ
　　C. 100 kΩ　　　　　　　　　　　　　D. 1 MΩ 以上

32. 接地体制作完成后,应将接地体垂直打入土壤中,至少打入 3 根接地体,接地体之间相
距_____。　　　（　　）
　　A. 5 m　　　　　　B. 6 m　　　　　　C. 8 m　　　　　　D. 10 m

33. 并励电动机出现"飞车"事故的主要原因是_____。　　　（　　）
　　A. 电源电压过高　　　　　　　　　　B. 电枢电流太大
　　C. 电刷与换向器接触不良　　　　　　D. 励磁绕组电路断线

34. 放大电路放大的实质就是_____。　　　（　　）
　　A. 用输入信号控制输出信号　　　　　B. 直接将输入信号的能量增大
　　C. 输出信号控制输入信号　　　　　　D. 直接将输出信号的能量增大

35. 乙类功率放大器所存在的一个主要问题是_____。　　　（　　）
　　A. 截止失真　　　　　　　　　　　　B. 饱和失真
　　C. 交越失真　　　　　　　　　　　　D. 零点漂移

36. 做交流耐压试验,主要考验被试品绝缘的_____能力。 （　　）

    A. 承受过负荷                         B. 绝缘水平

    C. 绝缘状态                          D. 承受过电压

37. 运行中的变压器发出"噼啪"声时,是_____原因造成的。 （　　）

    A. 过负荷                           B. 内部绝缘击穿

    C. 有大容量动力设备启动         D. 个别零件松动

38. 交流耐压试验规定试验电压一般不大于出厂试验电压值的_____。 （　　）

    A. 70%                           B. 75%

    C. 80%                          D. 85%

39. 耐压试验现场工作必须执行工作票制度工作许可制度、工作监护制度和_____制度。

                                                                 （　　）

    A. 工作间断                         B. 工作转移

    C. 工作总结                         D. 工作间断、转移及总结

40. 钳形电流表每次测量只能钳入一根导线,并将导线置于钳口_____,以提高测量准确性。

    A. 上部          B. 下部          C. 中央          D. 任意位置

41. 《规程》规定 FS 型避雷器绝缘电阻不应低于_____ MΩ。 （　　）

    A. 1 000                         B. 2 000

    C. 2 500                       D. 3 000

42. 运行中的 DB-45 型绝缘油的闪点应不比新油标准降低_____。 （　　）

    A. 3 ℃                         B. 5 ℃

    C. 7 ℃                         D. 9 ℃

43. 运行中的 DB-45 型绝缘油,电气强度试验电压不低于_____。 （　　）

    A. 25 kV                       B. 30 kV

    C. 35 kV                       D. 40 kV

44. 高压架空输电路线,通常采用_____防雷措施。 （　　）

    A. 避雷针                         B. 避雷器

    C. 避雷线                       D. 防雷防电间隙

45. 25#绝缘油表示凝固点为_____。 （　　）

    A. -15 ℃                       B. -20 ℃

    C. -25 ℃                       D. -35 ℃

46. 干燥场所内明敷线路时,一般采用管壁较薄的_____。 

    A. 硬塑料管        B. 电线管        C. 软塑料管        D. 水煤气管

47. 将零线多处接地,叫_____。 （　　）

    A. 零线接地                       B. 保护接地

    C. 系统接地                       D. 重复接地

48. 在市场经济条件下,_____是职业道德社会功能的重要表现。 （　　）

    A. 克服利益导向                 B. 遏制牟利最大化

    C. 增强决策科学化               D. 促进员工行为的规范化

49. 低压架空线路的耐织杆需要打_____拉线。 （　　）

  A. 1 条     B. 2 条     C. 3 条     D. 4 条

50. 多芯塑料绝缘电缆的最小弯曲半径是电缆外径的_____倍。  (  )

  A. 5           B. 10

  C. 15          D. 20

51. 电缆直流耐压试验,每相试验完毕后,应按下列_____操作。  (  )

  A. 先将调压器退回零位,再切断总电源

  B. 先将调压器退回零位,再切断调压器电源

  C. 先将调压器退回零位,切断调压器电源,再切断总电源

  D. 先切断调压器电源,再切断总电源

52. 一般总是在电路的输出端并联一个_____二极管。  (  )

  A. 整流    B. 稳压    C. 续流    D. 普通

53. 电工指示仪表按测量机构的结构和工作原理分为_____等。  (  )

  A. 直流仪表和交流仪表     B. 电流表和电压表

  C. 磁电系仪表和电磁系仪表    D. 安装式仪表和可携带式仪表

54. 较复杂机械设备电气控制线路的调试原则是_____。  (  )

  A. 先闭环,后开环      B. 先系统,后部件

  C. 先外环,后内环      D. 先阻性负载,后电机负载

55. 交磁电机扩大机补偿程度的调节时,对于负载为直流电机时,其欠补偿程度应欠得多一些,常为全补偿特性的_____。  (  )

  A. 75%     B. 80%     C. 90%     D. 100%

56. _____的工频电流通过人体时,就会有生命危险。  (  )

  A. 0.1 mA    B. 1 mA    C. 15 mA    D. 50 mA

57. 导线截面选择应符合_____条件。  (  )

  A. 发热条件和电压损失     B. 经济电流密度

  C. 机械强度和工作电压的要求    D. 以上都正确

58. 电力变压器并联运行是将满足条件的两台或多台电力变压器_____端子之间通过同一母线分别互相连接。  (  )

  A. 一次侧同极性      B. 二次侧同极性

  C. 一次侧和二次侧同极性    D. 一次侧和二次侧异极性

59. 单相桥式全控整流电路的优点是提高了变压器的利用率,不需要带中间抽头的变压器,且_____。  (  )

  A. 减少了晶闸管的数量     B. 降低了成本

  C. 输出电压脉动小      D. 不需要维护

60. 高压电动机过负荷保护的动作时间应大于电动机起动时间,一般取_____。  (  )

  A. 4~6 s       B. 6~8 s

  C. 10~16 s      D. 20~26 s

61. 当断路器与控制开关的位置不对应时,信号灯会发生_____现象。  (  )

  A. 闪烁        B. 熄灭

  C. 正常发光      D. 上述说法都不对

62. 下列属于变压器轻瓦斯保护动作的原因是_____。  (  )

  A. 空气进入变压器     B. 油面缓慢降落

  C. 变压器内部故障产生少量气体  D. 上述说法都对

63. 提高功率因数的主要目的是_____。         (  )

  A. 节约用电,增加电动机的输出功率  B. 提高电动机的效率

  C. 减少无功功率,提高电源的利用率  D. 降低用户电气设备的损坏率

64. 变压器连接组别是指变压器原、副边绕组按一定接线方式连接时,原、副边电压或电流

  的_____关系。                (  )

  A. 频率    B. 数量    C. 相位    D. 频率、数量

65. 电力工业中为了提高功率因数,常在感性负载两端_____。   (  )

  A. 串一电容        B. 并一适当电容

  C. 串一电感        D. 并一电感

66. 油浸自冷式变压器在其事故过负荷 1.5 倍、环境温度 20℃时,允许持续时间为_____

  小时。                  (  )

  A. 2      B. 4      C. 8      D. 12

67. 在低压配电装置中,低压空气断路器一般不装设_____。   (  )

  A. 过电流脱扣器      B. 失压脱扣器

  C. 热脱扣器        D. 复式脱扣器

68. 三相异步电动机的转矩特性曲线是_____。     (  )

  A. $T = f(s)$   B. $T = f(n)$   C. $u = f(I)$   D. $u = f(n)$

69. 他励直流电动机在所带负载不变的情况下稳定运行,若此时增大电枢电路的电阻,待重

  新稳定运行时,电枢电流和转矩将_____。       (  )

  A. 增大         B. 减小

  C. 不变         D. 电枢电流改变、转矩不变

70. 下列数据中,属于用电特性指标的资料数据是_____。   (  )

  A. 月平均负荷       B. 最大负荷利用小时数

  C. 日负荷率        D. 负荷逐月变化曲线

71. 室内变压器的正常过负荷值不得超过其额定容量的_____。  (  )

  A. 5%     B. 20%     C. 40%     D. 50%

72. 竖直运输的互感器搬运时,其倾斜角度不得超过_____。   (  )

  A. 5°      B. 15°     C. 30°     D. 45°

73. 为保证电能质量对负荷调整,下列说法_____不正确。   (  )

  A. 可提高供电的可靠性    B. 提高电能质量

  C. 提高电网的输送能力    D. 保证供电的合理性

74. 下列关于钳形电流表的使用,_____是不正确的。   (  )

  A. 测量前应先选择合适的量程挡

  B. 导线在钳口中时,可由大到小切换量程

  C. 测量时被测载流导线应放在钳口内的中心位置

75. 发电机并网运行时发电机电压的有效值应等于电网电压的_____。 (  )

  A. 有效值   B. 最大值   C. 瞬时值   D. 平均值

76. 若变压器的额定容量是 Ps,功率因数是 0.8,则其额定有功功率是_____。 (  )

A. $P_s$        B. 1.25$P_s$        C. 0.8$P_s$        D. 0.64$P_s$

77. 运行中的变压器发出的是连续的"嗡嗡"声比平常加重,就要检查_____。 （ ）

     A. 电压                        B. 油温

     C. 电压和油温            D. 上述说法都不对

78. 管型避雷器是在大气过电压时用以保护_____的绝缘薄弱环节。 （ ）

     A. 电缆线路       B. 架空线路       C. 变压器       D. 高压断路器

79. 变电所信号灯闪烁故障是由于_____原因造成的。 （ ）

     A. 断路器拒合                  B. 控制回路故障

     C. 信号母线故障              D. 灯泡故障

80. 对电缆进行直流耐压试验时,其优点之一是避免_____对良好绝缘起永久性破坏作用。 （ ）

     A. 直流电压       B. 交流低压       C. 交流高压       D. 交流电流

| 得 分 | |
|---|---|
| 评分人 | |

**二、判断题**（第 81 题~第 100 题。将判断结果填入括号中。正确的填"√",错误的填"×"。每题 1 分,满分 40 分。）

81. 三相对称电路中,相电压超前相应的线电压30°。 （ ）

82. 三相负载做星形连接时,无论负载对称与否,线电流必等于相电流。 （ ）

83. 大功率三极管工作时应该具有良好的散热条件。 （ ）

84. 电能表铝盘旋转的速度与通入电流线圈中的电流成正比。 （ ）

85. 差动放大器是为克服零点漂移而设计。 （ ）

86. 晶闸管门极上不加正向触发电压,晶闸管将永远不会导通。 （ ）

87. 放大电路放大的实质就是用输出信号控制输入信号。 （ ）

88. 晶闸管正向阻断时,阳极与阴极间只有很小的正向漏电流。 （ ）

89. 测量 1 000 V 以上的电力电缆的绝缘电阻时,应选用 1 000 V 的兆欧表进行测量。 （ ）

90. 测量接地装置的接地电阻宜在刚下过雨后进行。 （ ）

91. 用接地电阻测量仪测量线路杆塔接地体的接地电阻时,测量仪电压极与电流极的布置宜取与线路相垂直的方向。 （ ）

92. 阀型避雷器火花间隙正常时起隔离作用,过电压出现并消失后起辅助灭弧作用。 （ ）

93. 使用普通的兆欧表也可以测量接地电阻。 （ ）

94. 晶闸管门极电压消失,晶闸管立即关断。 （ ）

95. 户外户内电缆终端头的制作工艺工基本相同,所以可以互换作用。 （ ）

96. 变压器的一次绕组和二次绕组通过铁芯建立电的联系。 （ ）

97. 可以利用分合 10 kV 跌落式熔断器熔断管的方法来分合空载线路或空载变压器。 （ ）

98. 三相异步电动机的转差率 s 是恒量异步电动机性能的一个重要参数。 （ ）

99. 测速发电机在自动控制系统中常作为测速元件使用。　　　　　　　( 　 )
100. 直流电动机的励磁方式可分为他励、并励、串励和复励。　　　　　( 　 )

## 理论模拟试卷二参考答案

### 一、单项选择

1. D　2. B　3. B　4. C　5. C　6. B　7. A　8. A　9. B　10. C　11. C　12. A　13. D　14. B

15. D　16. B　17. A　18. B　19. A　20. D　21. D　22. C　23. B　24. A　25. B　26. C

27. D　28. C　29. C　30. B　31. A　32. A　33. C　34. A　35. C　36. D　37. B　38. D

39. D　40. C　41. C　42. B　43. A　44. C　45. A　46. A　47. D　48. D　49. B　50. B

51. C　52. C　53. C　54. B　55. D　56. D　57. B　58. C　59. C　60. C　61. A　62. D

63. C　64. C　65. B　66. A　67. B　68. A　69. D　70. C　71. B　72. B　73. C　74. B

75. A　76. C　77. C　78. B　79. A　80. C

### 二、判断题

81. ×　82. √　83. √　84. √　85. √　86. ×　87. ×　88. √　89. ×　90. ×　91. √

92. √　93. ×　94. ×　95. ×　96. ×　97. √　98. √　99. √　100. √

# 技能模拟试卷一

**试题1　较复杂继电－接触式控制线路的设计、安装与调试**

有一台机床设备,由型号为 Y160M1－2、功率 11 kW、定子绕组△接法的三相异步电动机拖动,电动机轻载启动,试设计一个两地控制(启动、停止)且具有短路保护、过载保护、失压保护和欠压保护的继电－接触式自动降压启动线路,并按图进行安装与调试。

考核要求:

(1)按要求设计继电－接触式电气控制线路,并进行正确熟练地安装;元件在配线板上布置要合理,安装要准确、紧固,配线要求美观、牢固,导线要进行线槽。正确使用工具和仪表。

(2)按钮盒不固定在配线板上,电源和电动机配线、按钮接线要接到端子排上,进出线槽的导线要有端子标号,引出端要用别径压端子。

(3)安全文明操作。

(4)考核注意事项:满分 40 分,考试时间 240 分钟。

**试题2　PLC 控制三相交流异步电动机位置控制装调**

(1)考试时间:120 分钟

(2)考核方式:实操＋笔试

(3)本题分值:35 分

(4)具体考核要求:按照电气安装规范,依附图 B－1 主电路和绘制的 I/O 接线图正确完成 PLC 控制电动机位置控制线路的安装、接线和调试。

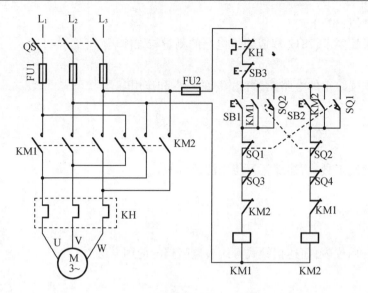

附图 B-1

笔试部分：

(1)正确识读给定的电路图；将控制电路部分改为 PLC 控制，在答题纸上正确绘制 PLC 的 I/O 口(输入/输出)接线图并设计 PLC 梯形图。

(2)正确使用工具；简述电烙铁使用注意事项。

答：

(3)正确使用仪表；简述指针式万用表电阻挡的使用方法。

答：

(4)安全文明生产；在室外地面高压设备四周的围栏上悬挂什么内容的标示牌？

答：

操作部分：

(5)按照电气安装规范，将控制电路部分改为 PLC 控制，依据附图 B-2 主电路和绘制的 I/O 接线图正确完成 PLC 控制电动机位置控制线路的安装和接线。

(6)正确编制程序并输入 PLC 中。

(7)通电试运行。

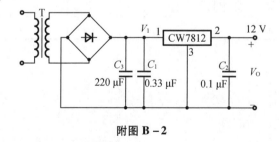

附图 B-2

### 试题 3　7812 集成稳压电路的测量与维修

(1)考试时间：60 分钟。

(2)考核方式：实操 + 笔试。

(3)试卷抽取方式：由考生随机抽取故障序号。

(4)本题分值:30分。

(5)具体考核要求:7812集成稳压电路的测量与维修。

笔试部分:

(1)正确识读给定的电路图;简述 $C_3$ 的特点和作用。

答:

(2)正确使用工具;简述螺丝刀使用注意事项。

答:

(3)正确使用仪表;简述指针式万用表电阻挡的使用方法。

答:

(4)安全文明生产;何为安全电压?

答:

操作部分:排除3处故障,其中线路故障1处,器件故障2处。

(5)在不带电状态下查找故障点并在原理图上标注。

(6)排除故障,恢复电路功能。

(7)通电运行,实现电路的各项功能。

**总成绩表**

| 序号 | 试题名称 | 配分 | 得分 | 权重 | 最后得分 | 备注 |
|------|---------|------|------|------|---------|------|
| 1 | 较复杂继电–接触式控制线路的设计、安装与调试 | 35 | | | | |
| 2 | PLC控制三相交流异步电动机位置控制装调 | 35 | | | | |
| 3 | 7812集成稳压电路的测量与维修 | 30 | | | | |
| 合计 | | 100 | | | | |

统分人:　　　　　　　　　　　　　　　　　　　　　　　　　年　　月　　日

# 技能模拟试卷二

**试题 1 检修通电延时带直流能耗制动的 Y － △ 启动的控制电路(附图 B － 3)**

在其电路板上,设隐蔽故障 3 处,其中主回路 1 处,控制回路 2 处。考生向考评员询问故障现象时,考评员可以将故障现象告诉考生,考生必须单独排除故障。

考核要求:

(1)从设故障开始,考评员不得进行提示。

(2)根据故障现象,在电气控制线路图上分析故障可能产生的原因,确定故障发生的范围。

(3)排除故障过程中如果扩大故障,在规定时间内可以继续排除故障。

(4)正确使用工具和仪表。

(5)考核注意事项:

①满分 40 分,考试时间 45 分钟。

②在考核过程中,要注意安全。

否定项:故障检修得分未达 20 分,本次鉴定操作考核视为不通过。

**试题 2 用 PLC 控制的电动机 Y － △ 启动电路的设计、安装与调试**

(1)考试时间:120 分钟。

(2)考核方式:实操 ＋ 笔试。

(3)本题分值:35 分。

(4)具体考核要点:用 PLC 控制电动机的 Y － △ 启动电路的设计、安装与调试

(5)任务:用 PLC 控制电动机的 Y － △ 启动,电动机 M 的启动、停止分别由按钮 SB1,SB2 控制。

(6)要求:

①正确绘制用 PLC 控制的电动机 Y － △ 启动电路的一次、二次电路图,要求具有电动机过载保护功能;写出下列图形文字符号的名称。

QF1( );FR1( );KM1( )。

②电路绘制:根据控制要求,在答题纸上正确设计 PLC 梯形图及按规范绘制 PLC 控制 I/O(输入/输出)接线图。

③安装与接线:按 PLC 控制 I/O 口(输入/输出)接线图在配线板上正确安装,元件在配线板上布置要合理,安装要准确、紧固,配线导线要紧固、美观,导线要垂直进行线槽,导线要有端子标号,引出端要用接线端头。

④正确地将所编程序输入 PLC,按照动作要求进行操作调试,达到设计要求。

⑤通电试验:通电前正确使用电工工具及万用表,仔细检查。

⑥用 PLC 控制电动机 Y － △ 启动,一次、二次电路原理图。

⑦PLC 输入/输出接线图。

⑧PLC 梯形图。

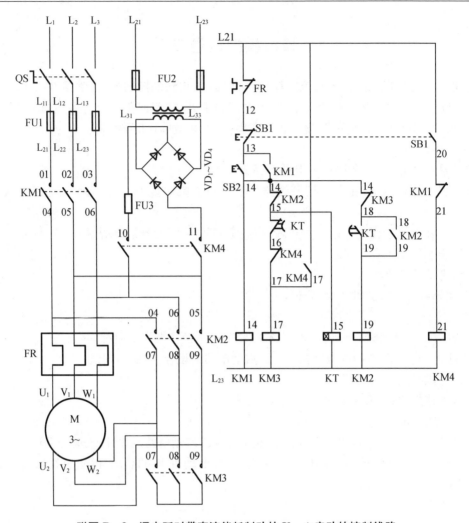

附图 **B-3**　通电延时带直流能耗制动的 **Y-△**启动的控制线路

**试题 3　单相晶闸管电路的测量与维修(附图 B-4)**

(1)考试时间:60 分钟。

(2)考核方式:实操 + 笔试。

(3)试卷抽取方式:由考生随机抽取故障序号。

(4)本题分值:30 分。

(5)具体考核要求:单相晶闸管电路的测量与维修。

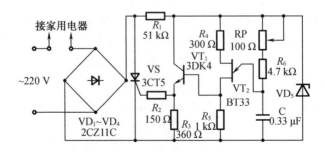

附图 **B-4**　单相晶闸管电路

笔试部分:

(1)正确识读给定的电路图;写出下列图形文字符号的名称。

VS(　　　　　　); VT$_1$(　　　　　　); VT$_2$(　　　　　　);

RP(　　　　　　); VD$_5$(　　　　　　)。

(2)正确使用工具;简述电烙铁使用注意事项。

答:


(3)正确使用仪表;简述万用表检测无标志二极管的方法。

答:


(4)安全文明生产;合闸后可送电到作业地点的刀闸操作把手上应悬挂什么文字的标示牌?

答:


操作部分:排除 3 处故障,其中线路故障 1 处,器件故障 2 处。

(5)在不带电状态下查找故障点并在原理图上标注。

(6)排除故障,恢复电路功能。

(7)通电运行,实现电路的各项功能。

**总成绩表**

| 序号 | 试题名称 | 配分 | 得分 | 权重 | 最后得分 | 备注 |
|---|---|---|---|---|---|---|
| 1 | 检修通电延时带直流能耗制动的 Y - △启动的控制电路 | 35 | | | | |
| 2 | 用 PLC 控制的电动机 Y - △启动电路的设计、安装与调试 | 35 | | | | |
| 3 | 单相晶闸管电路的测量与维修 | 30 | | | | |
| | 合计 | 100 | | | | |

# 参 考 文 献

[1] 中华人民共和国职业技能鉴定辅导丛书编审委员会.维修电工职业技能鉴定指南[M].
    北京:机械工业出版社,2001.
[2] 王广仁,韩晓东,王长辉.机床电气维修技术[M].北京:中国电力出版社,2004.
[3] 刘介才.工厂供电[M].北京:机械工业出版社,2000.